Susanne Orrù-Benterbusch

Katzen

Seelengefährten & Herzeroberer

Ganzheitlicher
PRAXIS-LEITFADEN

Schirner Verlag

Die Ratschläge in diesem Buch sind sorgfältig erwogen und geprüft. Sie bieten jedoch keinen Ersatz für kompetenten medizinischen Rat. Alle Angaben in diesem Buch erfolgen daher ohne Gewährleistung oder Garantie seitens der Autorin oder des Verlages. Eine Haftung der Autorin bzw. des Verlages und seiner Beauftragten für Personen-, Sach- und Vermögensschäden ist ausgeschlossen.

Dieses Buch enthält Verweise zu Webseiten (zuletzt abgerufen am 04.04.2018), auf deren Inhalte der Verlag keinen Einfluss hat. Für diese Inhalte wird seitens des Verlags keine Gewähr übernommen. Für die Inhalte der verlinkten Seiten ist stets der jeweilige Anbieter oder Betreiber der Seiten verantwortlich.

ISBN 978-3-8434-1334-3

Susanne Orrù-Benterbusch:
Katzen –
Seelengefährten & Herzeroberer
Ganzheitlicher Praxis-Leitfaden

Umschlag: Simone Fleck, Schirner,
unter Verwendung von # 690980011
(© Soru Epotok) und # 138599810
(© Peter Wollinga), www.shutterstock.com
Layout: Marie Springer, Schirner
Lektorat: Claudia Simon, Schirner
Printed by: Ren Medien GmbH, Germany

www.schirner.com

1. Auflage Mai 2018

Inhalt

Mutig durch die Dunkelheit – die merkwürdigen Begrenzungen meines Menschen und was ich darüber denke 8
Einleitung 11
Mein Weg zu den Tieren 13
Die Kraft der Natur 18

Katzen – unsere Seelengefährten – Geschichtliches und Allgemeines 22

Die Geschichte der Wohnungskatze 23
Katzenvielfalt 24
- Zuchtkatzen 24
- Wohnungskatzen 24
- Freigänger 25
- Gehegekatzen 26
- Tierheimkatzen 26
- Tierschutzkatzen aus dem Ausland 26
- Hofkatzen 27
- Wild lebende Katzen 28

Der Unterschied zwischen Katze und Hund 29
Die Botschaft der Katzen 32

Ernährung und Naturheilkunde – Ganzheitliche Wege zu einem gesunden und glücklichen Katzenleben 33

Ernährung, Gesundheit und Ethik 34
- Warum ökologisch? 37
- Eintagsküken, Futtertiere und Fütterung von Fleisch 38
- Katzen vegetarisch oder vegan ernähren? 39
- Mäuse, Vögel und Glyphosat 42
- Junkfood-Katzen 42
- Futterumstellung bei Katzen 43

Der Stoffwechsel der Katze 45
Was sollte in Katzennahrung enthalten sein? 46
Möglichkeiten der Katzenernährung 53
Die optimale Zusammenstellung einer BARF-Mahlzeit 66
Futterergänzungen 72
Milchprodukte 74
Propolis 75
Wasser und Näpfe 76
Leckerlis 78
Allergien und Futtermittelunverträglichkeiten 78

Der Darm und seine Bewohner – Bakterien, Würmer, Giardien und Co 84
Der Darm und das Immunsystem 84
Darmsanierung 85
Unerwünschte Darmbewohner 87

Grobstoffliche Therapiemethoden 93
Phytotherapie – Heilpflanzenkunde 93
Vitalpilze – Mykotherapie 100
Die Verabreichung grobstofflicher Medizin 105

Feinstoffliche Therapiemethoden – Schwingungsmedizin 108
Homöopathie 108
Spagyrik 123
Bachblüten, Chakraessenzen, energetische Sprays und andere Seelenhelfer 124
Schüßlersalze 126
Energiearbeit 129
Licht, Farben und Klänge 133

Wegweiser zur ganzheitlichen Katzenhaltung – Tipps und Themen rund um die Katze 146

Abgabekatzen – Herausforderungen meistern und Verantwortung übernehmen 147

Spiel, Spaß und Bewegung – Beschäftigungsmöglichkeiten 153
Wann und wie lange sollte man mit der Katze spielen? 156
Klickern für Katzen 157

Katzengemeinschaften – brauchen Katzen die Gesellschaft von Artgenossen? 161
Katze und Hund – geht das? 166
Katzenkinder – Herzenswunsch oder Illusion? 169
Kastration und Narkosen bei der Katze – was du wissen solltest 173
Kastration 173
Narkosen 178
Körperinspektion – was sagen Fell, Haut und Sinnesorgane über die Gesundheit der Katze aus? 180
Fell 180
Haut 181
Ohren 181
Augen 183
Nase 184
Flöhe, Zecken und Co – keine Panik vor Parasiten 185
Flöhe 185
Milben 186
Zecken 187
Häufig auftretende Katzenkrankheiten – erkennen und behandeln 189
Zahn- und Zahnfleischerkrankungen 190
Schilddrüsenerkrankungen 193
Nieren- und Blasenerkrankungen 194
Arthrose 199
Diabetes 200
Overgrooming 201
Geistige Aspekte und seelische Hintergrundthemen 203
Elektrosmog und andere Strahlungen – gefährlich für Katzen? 207
Geruchs- und Geräuschbelästigungen – was Katzen nicht ertragen sollten 210
Impfungen – was ist zu beachten? 213
Krankheiten, gegen die eine Katze geimpft werden kann 215
(Über-)Lebenswichtig: Das Immunsystem 218
Du hast dich für eine Impfung entschieden – was ist zu beachten? 219
Wusstest du, dass 220
Verhaltensauffälligkeiten – Ursachen und Lösungen 222

Markieren ... 222
Unsauberkeit ... 224
Aggression ... 227
Krallenwetzen an Möbeln ... 230
Noxen und andere Gefahren – lieber auf Nummer sicher gehen ... 232
Gifte ... 232
Sonstige Gefahren für Katzen ... 237
Saisonale Gefahren ... 242
Besonderheiten bei verhaltensauffälligen Katzen ... 245
Vergiftungen erkennen ... 245
Urlaub und Katze – die beste Lösung finden ... 248
Was muss die Urlaubsvertretung erledigen? ... 249
Möglichkeiten der Urlaubsbetreuung ... 250
Systemische Aufstellungsarbeit – Beziehungen heilen und Ordnung wiederherstellen ... 254
Mit Katzen kommunizieren – Verständigung auf telepathischer Ebene ... 258
Kindern Empathie und Tierliebe vermitteln – eine Investition in eine liebevolle Zukunft ... 260
Tiere und das Innere Kind – warum ein Leben mit Tieren heilsam ist ... 263
Regenbogenbrücke – die letzte Reise und die Zeit danach ... 266
Wenn die Katze diese Dimension verlässt ... 269
Die Zeit der Trauer und Schmerzverarbeitung ... 274
Mein geliebter Seelengefährte … gehe auch du mutig durch die Dunkelheit ... 280
Danksagung ... 283
Quellennachweis ... 284
Bildnachweis ... 286

Mutig durch die Dunkelheit –

die merkwürdigen Begrenzungen meines Menschen und was ich darüber denke

Manchmal sagst du zu mir: »Katzen gehören nicht auf den Tisch.« Doch das stimmt nicht, denn ich bin das wunderbarste Geschöpf dieses Planeten und lege mich genau an den Platz, an den es mich ruft. Auf den Terrassentisch, in dein Bett, in deinen Kleiderschrank zwischen die frisch gewaschene Wäsche, auf deine Computertastatur, während du eilig etwas schreiben musst, oder einfach mitten auf deinen Schoß, obwohl du gerade beschlossen hast, dich anders hinzusetzen. Weil ich ein göttliches Wesen auf vier Pfoten bin, macht es dir sicherlich auch nichts aus, dass ich durch den Regen ziemlich nass geworden bin – deine kuschelige, weiße Hose ist für mich zum Aufwärmen genau richtig. Ich bin wie ein göttlicher Funke, der durch dein Leben huscht und sämtliche anerzogenen Gedankenblasen zum Platzen bringt. Sei froh darüber, dass ich dich als meinen Menschen ausgewählt habe!

Dann fragst du dich selbst immerzu: »Was die anderen wohl über mich denken?« Mich interessiert nicht die Bohne, was andere über mich denken. Ich mache mein Ding und kümmere mich um mein eigenes Wohlbefinden. Denn nur, wenn es mir gut geht, kann ich ein schönes Leben führen. Ich handle immer aus dem Moment und einem Impuls heraus, denn ich lebe im Hier und Jetzt. Das soll nicht heißen, dass mir andere gleichgültig sind. Aber sie sollten mich um meiner selbst willen lieben und nicht, weil ich Dinge tue, die sie von mir erwarten.

Beim Mittagessen erzählst du deinen Kindern: »Es wird gegessen, was auf den Tisch kommt. Das Leben ist ja schließlich kein Wunschkonzert.« Oh Mann, wie kann man nur so etwas glauben? Das Leben ist kein Wunschkonzert? Aber natürlich ist es das! Ihr Menschen seid echt merkwürdig. Wenn mir schmeckt, was in meinen Napf kommt, fresse ich es gern, und wenn nicht, fange ich mir lieber ein paar Mäuse oder schnorre jämmerlich maunzend von der Nachbarin ein Stück Fleischwurst. Eigentlich ist das Leben herrlich einfach, doch ihr Menschen habt es lieber kompliziert.

Du bist außerdem der Überzeugung: »Erst müssen Familie und Freunde zufrieden sein, dann komme ich. Wenn ich auf diese Art und Weise lebe, bin ich ein guter Mensch und werde geliebt.« So ein Opferverhalten kenne ich gar nicht, das muss etwas Menschliches sein. Für mich selbst bin ich das wichtigste Individuum auf dieser Welt. Zuerst einmal muss es mir gut gehen. Dann kommt die Person, die mich füttert, und danach die Mäuse, die ich fresse. Alles andere ergibt doch gar keinen Sinn.

Du glaubst: »Die Welt ist gefährlich – man muss gut auf sich aufpassen.« Darüber muss ich schmunzeln, denn ich bin einfach nur ich selbst, authentisch und frei, und ich tue, was mir Spaß macht und mir mein Bauchgefühl sagt. Es gibt Gottpersonal, das auf mich aufpasst. Mir passiert schon nichts, solange ich leben soll. Ich laufe mutig durch die Dunkelheit, denn ich weiß, dass die Naturgeister an meiner Seite sind. Und wenn meine Lebenszeit eines Tages abgelaufen ist, werde ich zur großen Muttergöttin zurückkehren. Das ist doch wunderbar! Davor brauchst du keine Angst zu haben.

Manchmal gibst du kleinlaut zu: »Ich bin harmoniebedürftig und will keinen Ärger haben. Konflikten gehe ich lieber aus dem Weg.« So könnte ich niemals leben! Ich zeige, wenn mir etwas nicht passt. Wenn das Ärger provoziert, ist das nicht mein Problem, sondern das Problem der anderen. So tun, als wäre alles gut, obwohl mich etwas stört? Das ist nicht mein Ding, dann fühle ich mich unwohl. Außerdem ist es nicht ehrlich, und auf die Dauer macht es mich krank. Heruntergeschluckter Ärger hat nichts mit Harmonie zu tun.

Zu deinen Freunden sagst du stolz: »Was hat meine Katze doch für ein Riesenglück, bei mir leben zu dürfen.« Da muss ich fast lachen. Was für eine herzallerliebste Fehleinschätzung. DU kannst dich glücklich schätzen, ein perfektes Geschöpf Gottes wie mich beherbergen und umsorgen zu dürfen!

Neulich hast du lange nachgedacht und deiner Freundin dann erzählt: »Ich glaube, ich lasse meine Katze bald nicht mehr nach draußen. Ich habe Angst, dass ihr etwas zustößt.« Ich soll auf ein wunderschönes, aufregendes Katzenleben verzichten, weil du kein Vertrauen und Angst vor Schmerz und Tod hast? Sperrst du auch die Menschen, die du liebst, im Haus ein? Ich glaube, du darfst noch viel von mir lernen. Ich freue mich auf einen lehrreichen, gemeinsamen Weg mit dir.

Mein lieber Mensch, deine Spezies ist schon recht eigentümlich, aber ich liebe dich trotzdem sehr. Ich bin hier, um dir zu helfen, dich zu stärken, deine Energien zu reinigen und dir zu zeigen, wie schön ein Leben ohne Angst und beschränkende Glaubensmuster sein kann. Vielleicht wirst du am Ende dieses Buches verstehen, dass Dinge niemals aus Angst getan werden sollten, sondern stets aus Liebe.

Also los … gehen wir ein Stück gemeinsam.

Deine Katze

Einleitung

Ich habe mich in diesem Buch für das Du in der Anrede entschieden, denn ich möchte ganz nah bei dir sein. In diesem Werk geht es nicht nur um Katzen, sondern um viele weitere Themen, die deine Überzeugungen und dein Leben betreffen. Mit einem freundschaftlichen Du gelingt es mir sicher leichter, neben deinem Verstand auch dein Herz zu erreichen, und du kannst meine Ratschläge besser prüfen oder gar annehmen.

Dieses Buch ist eine Komposition aus Fakten und Erfahrungen. So gehören beispielsweise einige Bereiche aus der Naturheilkunde zur sogenannten Erfahrungsmedizin. Die Wirksamkeit sämtlicher Therapieformen, die der Schwingungsmedizin angehören, ist bis heute wissenschaftlich nicht belegt worden. Dennoch haben sie ihre Berechtigung und bereits unzähligen Tieren geholfen. Zu diesen wie auch zu anderen Themen der Naturheilkunde und Ernährung existieren unterschiedliche Meinungen. Ich habe stets versucht, mehrere Seiten zu beleuchten und dir ein möglichst ausgewogenes Spektrum an Möglichkeiten aufzuzeigen. Ich bin davon überzeugt, dass es keine Standardlösungen gibt, sondern für jedes Lebewesen ein individuelles Konzept erarbeitet werden sollte. Dieses Konzept sollte stets Körper, Geist und Seele in Einklang bringen, denn ein Lebewesen kann sich nur dauerhaft wohlfühlen, wenn man es ganzheitlich betrachtet. Für die Zukunft würde ich mir wünschen, dass Tierärzte vermehrt mit Tierheilpraktikern, Osteopathen und Physiotherapeuten zusammenarbeiten, damit Tiere optimal versorgt werden können.

Gerade unsere hochsensiblen Katzen benötigen neben guter Zellnahrung auch jede Menge Seelennahrung. Im Grunde haben Katzen neben ihrem angeborenen Jagdinstinkt dieselben Grundbedürfnisse wie wir Menschen: liebevolle Zuwendung, gesunde Ernährung, Freiheit, Spaß und Bewegung. Wenn wir ihnen diese Bedürfnisse bestmöglich erfüllen, werden sie es uns mit ihrer Liebe danken.

Ich hoffe, dieser Leitfaden wird dir ein nützliches Werkzeug für ein glückliches und gesundes Leben mit deiner geliebten Katze sein. Ein ganzheitlicher Wegweiser zurück zur Natur und zu einem selbstbestimmten Leben.

In Deutschland leben Schätzungen zufolge über 13 Millionen Katzen, von denen die meisten in der Wohnung gehalten werden. Viele dieser Katzen sind akut oder bereits chronisch krank. Ich bin nicht allwissend und darf selbst noch unendlich viel lernen. Doch ich möchte meine Erfahrungen und mein Wissen mit dir teilen, damit du in Zukunft selbst die Verantwortung für deine Katze übernehmen und entscheiden kannst, wann du ihr selbst helfen darfst oder mit ihr zu einem Tiertherapeuten gehen solltest. Vor allem möchte ich dir Wege aufzeigen, wie du die Gesundheit deiner Katze erhalten kannst. Mit diesem Buch möchte ich in dir das Bewusstsein erwecken, dass die Natur alles bietet, was Mensch und Tier benötigen. Dass wir für Notfälle die Schulmedizin im Rücken haben, ist ein Segen. Ich freue mich darüber, dass du dieses Buch in den Händen hältst, und wünsche dir viel Freude damit.

Deine Susanne Orrù-Benterbusch

Mein Weg zu den Tieren

Das erste persönliche Erlebnis mit einer Katze hatte ich gegen Ende der 1980er-Jahre in dem Heimatdorf meines Vaters auf Sardinien, wo ich meinen Sommerurlaub verbrachte. Meine Eltern besaßen dort ein kleines Häuschen, auf dessen Terrasse ich auf einem weißen Gartenstuhl sitzend die Ruhe der Mittagszeit genoss. Heute leben im Mittelmeerraum viele Familien mit Hunden und Katzen zusammen und umsorgen diese genauso liebevoll wie wir Mitteleuropäer. Doch damals hatten Tiere noch einen schwierigeren Stand, und besonders Katzen wurden vielfach verjagt. Es war daher ein ganz besonderes Erlebnis für mich, als auf der Mauer, die unseren Garten umgab, plötzlich eine Katze auftauchte, hinuntersprang, auf mich zugelaufen kam und es sich mit einem Satz in meinem Schoß bequem machte. Ich war von diesem ersten Gruß aus der Katzenwelt wie verzaubert. Obwohl mich diese Katze nie zuvor gesehen hatte, vertraute sie mir und ließ sich sanft streicheln. Schon damals liebte ich Tiere sehr.

Noch bevor im November 2006 ein Schäferhund namens Basco mein Leben umkrempelte, hatte ich einen wunderbaren, vierbeinigen Wegbegleiter: einen Kater, der mich auf Themen wie Verantwortung, Vertrauen und Ernährung aufmerksam machte und der so unendlich viel Freude in mein Leben brachte, dass ich noch heute beim Gedanken an ihn lächeln muss und unbeschreibliche Liebe und Dankbarkeit empfinde. Streuner, mein geliebter Kater. Über neun Jahre hat er mich begleitet und ist während dieser Zeit dreimal mit mir umgezogen. Erst am Ziel angekommen, als ich so leben durfte, wie ich es mir immer gewünscht hatte, hat er sich in die ewigen Jagdgründe aufgemacht. Er war es, der begann, meinen Lebensfokus auf das Thema Tiere zu lenken. Streuner – mein Seelenkater, mein Freund.

Durch »Lichtblick«, meinen Laden für lebensbejahende Produkte, den ich von 2001 bis 2008 in Recklinghausen führte, lernte ich unglaublich viele interessante Menschen kennen, von denen mich manche noch heute begleiten. Auch untereinander entstanden wichtige Netzwerke. Einer dieser Menschen war Inge, eine Vorruheständlerin, die im Tierschutzverein des Nachbarortes, wo man sich um Katzen kümmerte, tätig war. Wenn Inge mich im Laden besuchte, erzählte sie stets von dieser Arbeit, und ich hörte ihr gebannt zu. Den Gedanken an eine eigene Katze verfolgte ich zu diesem Zeitpunkt noch nicht, weil ich der Überzeugung war, ein Haustier würde sich nicht mit meiner zeitintensiven beruflichen Tätigkeit vereinbaren lassen. Außerdem hatte mein damaliger Lebensgefährte Angst vor Pflichten und Dreck.

Zum Ende des Jahres 2003 zog ich mit ihm und seiner Tochter in eine neue Wohnung. Gegenüber wohnte ein älteres Ehepaar, das täglich eine wild lebende Katze fütterte. Eines Tages baten sie uns, das Füttern zu übernehmen, weil sie mit ihrem Wohnmobil zu einem achtwöchigen Urlaub aufbrechen wollten. Also kauften wir ein paar Futterdosen in der Drogerie und übernahmen diese Aufgabe. Ich gab der Katze den Namen Mausi. Dieser Name blieb auch dann noch bestehen, als sich nach einiger Zeit herausstellte, dass Mausi ein Kater war. Und zwar einer, der über das billige Dosenfutter aus der Drogerie die Nase rümpfte. Von den sehr appetitlich riechenden Biofleischschälchen, die ich stattdessen besorgte, verschlang er hingegen insgesamt vier Stück pro Tag. Schnell legte er sein anfänglich zögerliches, vorsichtiges Verhalten mir gegenüber ab, und zwischen uns entwickelte sich eine vertrauensvolle Beziehung, in der ich ganz klar die Personalrolle und Mausi die Chefrolle innehatte. Laut maunzend kam er in unser Wohnzimmer, sobald ich die Terrassentür öffnete, und forderte seine Mahlzeit ein. Die Nächte verbrachte er mit der Jagd und gelegentlichen Ruhepausen in einer Styroporhütte, die wir ihm mit einer Decke ausgestattet auf die Terrasse gestellt hatten. Mausi war kein Schmusekater, der gern gestreichelt werden wollte, trotzdem suchte er immer meine Nähe und schlich um meine Beine herum. Ich fing an, ihn zu lieben. Heute weiß ich, dass die Knubbelchen auf seiner Haut Zecken gewesen waren, die hätten entfernt werden müssen. Außerdem war Mausi mit Sicherheit nicht kastriert gewesen, was zur Folge hatte, dass er sich unkontrolliert fortpflanzen konnte. Zudem hatte er durch diese Triebgesteuertheit ein weitaus größeres Revier als ein kastrierter Kater und war im Straßenverkehr unaufmerksamer. Am

2. November 2004 – es war der Tag, an dem George W. Bush zu meinem Entsetzen wiedergewählt wurde, und drei Monate nachdem ich Mausi in mein Herz geschlossen hatte – erblickte ich ihn morgens auf dem Weg zur Arbeit tot im Straßengraben. Es zerriss mir das Herz. Ich war so unglaublich traurig und gleichzeitig furchtbar wütend auf das Universum, das mir dieses Glück anscheinend nicht gönnte. Von Fügungen wollte ich zu diesem Zeitpunkt nichts mehr wissen.

Im Januar 2005 erzählte mir Inge, mit der ich meinen Verlust und meine Trauer teilte, immer wieder von den Katzen ihres Tierhilfevereins. Von denen, die in ein neues Zuhause einziehen durften, und denen, die neu dazukamen. »Und gestern haben wir Streuner bekommen, der ist so süß! Komm doch mal vorbei, und schau ihn dir an.« Doch noch wollte ich das nicht. Der Verlust von Mausi, die damit verbundenen Gefühle und auch ein wenig Selbstmitleid nagten an meinem Herzen. Außerdem war mein Lebensgefährte gegen Haustiere. Mausi war ja nicht unser eigenes Tier gewesen, wir waren nur mehr oder weniger seine Dosenöffner gewesen. Dennoch informierte ich mich nach und nach über Katzenhaltung. Ich erkannte, dass sich eine Freigängerkatze sehr wohl für einen vollberufstätigen Menschen eignet, weil sie nachts aktiv ist und den Tag in der Regel verschläft. Außerdem bekommt sie so viele Eindrücke, Spiel und Spaß während ihrer Ausflüge in der Natur, dass sie von ihrem Menschen meist gar nicht mehr unterhalten werden möchte.

Und dann kam er, dieser besondere Tag, der 26. Februar 2005, es war ein Samstag. Der Wecker klingelte, ich schlug die Augen auf und wusste, ich würde an diesem Tag eine Katze aus dem Tierheim nach Hause holen. Es war Wunsch und Pflicht kombiniert in einem einzigen Gefühl. Ein Herzenswunsch und die Aufforderung des Universums, den nächsten Schritt auf meinem Lebensweg zu tun. In diesem Moment interessierte es mich nicht mehr, ob mein Lebensgefährte damit einverstanden war oder nicht, denn es war ein Ruf meiner Seele. Hätte er es mir verbieten wollen, hätte ich mich von ihm getrennt. Es gab nichts und niemanden, der mich hätte aufhalten können.

Also stand ich auf, kaufte auf dem Weg zu meinem Laden eine Katzentoilette und Zubehör und fuhr nach Ladenschluss zum Tierheim. Niemals werde ich den Moment vergessen, als ich im Badezimmer vor der Katzentoilette kniend seinen Tragekorb öffnete: Streuner. Neugierig kletterte er hinaus und platzte mitten in mein Leben und in mein Herz. So, als wäre er immer da gewesen.

In der ersten Nacht streunte er ohne Pause durch die Wohnung. Dabei schnurrte er lauter als eine Waschmaschine, und ich machte kein Auge zu. Streuner war ein Freigänger, und zwar durch und durch. Seine Qualen durch die wochenlange Gefangenschaft in der Quarantänebox und seinen späteren Aufenthalt im Zwinger des Tierheims konnte ich nur erahnen. Bei uns durfte er das Haus vorerst auch nicht verlassen, doch er hatte zumindest etliche Quadratmeter Freilauf. Manche Katzenexperten sprechen von vier, andere von acht und im Internet ist mitunter auch von zwölf Wochen die Rede, wenn es darum geht, wie lange ein Freigänger aus dem Tierschutz vor seiner Entlassung in die Freiheit im Haus bleiben sollte, um sich an den Geruch der neuen Besitzer zu gewöhnen. Bei uns dauerte es 14 Tage lang. Es war an einem Sonntag, und wir frühstückten. Streuner saß vor dem Tisch und sah mir direkt in die Augen. Dann ein Maunzen: »Komm schon!« Ich wusste, der Moment war gekommen. Der Zeitpunkt, an dem ich loslassen und vertrauen musste. Ich öffnete die Terrassentür, und Streuner ging überglücklich seines Weges – an diesem Morgen und weitere neun Jahre lang, in denen er mein Leben bereicherte.

Durch Streuner begann ich, mich mit Futterqualitäten auseinanderzusetzen, denn er verschmähte die von Mausi so innig geliebten Schälchen mit Fleischhappen von Tieren aus artgerechter, biologischer Haltung. Stattdessen fiel er über billiges Dosenfutter aus dem Discounter her wie ein Junkie über seine Drogen.

Oftmals wird behauptet, Katzen hätten anders als Menschen keine kognitiven Fähigkeiten. Ehrlich gesagt kann ich hier weder einen Beweis noch einen Gegenbeweis anführen. Doch ich kann dir von Streuners Vorliebe berichten, meinen Hund Basco und mich im Morgengrauen fast zu Tode zu erschrecken. Es waren geplante Attacken, hinterlistig und durchdacht. Sie ließen mir das Blut in den Adern gefrieren, und die Erinnerung daran bringt mich noch heute zum Lachen.

So liebte er es, mit einem Satz hinter einem parkenden Auto hervor- und genau vor unsere Füße auf die Straße zu springen. Früh morgens, wenn man an nichts Böses dachte, sorgte er dafür, dass unser Kreislauf in Schwung kam. An einem verschneiten Wintermorgen tarnte er sich als Maulwurfshügel, und als Basco und ich nach Beendigung unseres Ballspiels auf dem Feld wieder nach Hause liefen und ich dabei slalommäßig über die aus dem Schnee ragenden, vereisten Maulwurfshügel hüpfte, schnellte mein weiß-grau-melierter Kater

Pure Freude!
Diese kleinen Schnecken sind flott unterwegs und ganz aus dem Häuschen.
Martina Trimpin
Total aus dem Häuschen
Gute-Laune-Karten für jeden Tag
44 Karten mit Anleitung
Schirner Verlag
Mit den Karten dieser lebenslustigen Schnecken kommst du aus deinem Schneckenhaus heraus, öffnest weit dein Seelenfenster und lädst Freude und Lachen in deinen Tag ein. So hinterlässt du in deinem Leben jederzeit eine Spur von Glückseligkeit.
Martina Trimpin
Kartenset: Total aus dem Häuschen
Gute-Laune-Karten für jeden Tag
44 Karten mit Anleitung
978-3-8434-9101-3 | D € 14,95 | A € 15,40
Schirner Verlag
Jetzt bestellen unter 06151-39183128 • oder gleich in Ihrer Buchhandlung kaufen • www.schirner.com

aus seiner geduckten Haltung und machte einen Satz nach vorne. Ich stolperte, fiel fast in den Schnee und hatte irgendwie das Gefühl, Streuner lachte in sich hinein. Er begleitete uns nach Hause, um sich ein üppiges Frühstück abzuholen. Seine Bespaßungseinlagen gipfelten allerdings an einem frühen Septembermorgen. Der Mais neben unserer Spielwiese stand mannshoch, und auch diesmal waren Basco und ich nach einem Ballspiel auf dem Weg zu unserer Wohnung, als wir im Maisfeld ein Rascheln vernahmen. Es war ein lautes Geräusch, das mich am ansonsten stillen, frühen Morgen etwas verunsicherte. Ich redete mir ein, eine übergroße Feldmaus oder ein verängstigtes Reh wahrzunehmen. Als dieses Rascheln allerdings immer lauter wurde und sich blitzschnell in unsere Richtung zu bewegen begann, war ich plötzlich sicher, ein ausgehungertes Raubtier würde uns Sekunden später an die Kehle springen. Starr vor Schreck blieben Basco und ich stehen, als Streuner wie ein Blitz aus dem Maisfeld geschossen kam und direkt vor unserer Nase den Weg kreuzte, bevor er mindestens fünf Meter an einem senkrechten Baumstamm hinauflief, um anschließend wieder herunter- und direkt vor unsere Füße zu springen, als wollte er Applaus einfordern. Noch heute ist es mir ein Rätsel, wie er die zeitliche und räumliche Genauigkeit seiner Attacke trotz versperrter Sicht durch den Mais berechnen konnte, doch sie war nahezu perfekt. In der Psychologie und Verhaltensforschung ist mitunter von der »Theory of Mind« die Rede, der Fähigkeit, sich in andere hineinzuversetzen. Wer ein Haustier wie Streuner besitzt, weiß, dass neben den Menschen weitaus mehr Lebewesen aus der Tierwelt über diese Fähigkeit verfügen, als es die Wissenschaft derzeit noch für möglich hält.

Streuner war großartig. Ich werde noch an vielen Stellen in diesem Buch von ihm erzählen. Am 30. Juni 2014, zwei Monate nach dem Umzug in das Haus mit großem Garten und eigener Praxis, das mein Mann und ich gekauft hatten, verließ mein vierbeiniger Seelenfreund seinen Körper. Er wurde vor unserem Haus überfahren und war sofort tot, musste nicht leiden. Es war wie das Ende seiner Mission, mich über unwegsame Wege an einen sicheren Ort zu begleiten. Streuner ist ca. zwölf Jahre alt geworden, von denen er mehr als neun Jahre an meiner Seite verbrachte. Dafür bin ich unendlich dankbar.

Wenn wir davon ausgehen, dass Haustiere eine höhere Aufgabe für ihre Menschen erfüllen und kein Tier rein zufällig in unser Leben tritt, kann ich von meinen Tieren Streuner und Basco auf jeden Fall sagen, dass Basco derjenige war, der mir meine unsicheren Anteile spiegelte. Durch Basco bin ich stark geworden. Streuner hingegen hat mir Tag für Tag vor Augen geführt, wie frei und unbeschwert ein Leben ohne Angst und Zweifel sein kann. Wie es wäre, wenn ich mich trauen würde, mutig durch die Dunkelheit zu gehen, und es mir egal wäre, was andere über mich denken. Streuner war eigenwillig, selbstständig und selbstbewusst und hat mir genau diese Anteile deutlich gemacht. Streuner hat mir geholfen, authentisch zu werden.

Und auch Mausi, der mich nur drei Monate lang begleiten durfte, hat eine große Aufgabe für mein Leben erfüllt, denn durch ihn wurde der »Katzenfunke« in mir erst entzündet.

Ich danke euch allen von Herzen!

Die Kraft der Natur

Sie ist da – in jedem Einzelnen von uns. Diese unbeschreibliche Sehnsucht nach Ganzheit, innerem Frieden und dem Verschmelzen mit der Natur. Wir lieben es, am Meer zu stehen und die salzige Luft einzuatmen. Den Blick auf die Brandung gerichtet, die Wellen und das Wasser, das alle Spuren beseitigt. Das alles, was nicht verwurzelt ist, einfach mitnimmt in den großen Ozean, um es kurze Zeit später gereinigt und machtvoll erneut an den Strand zu spülen. Auch der Blick auf einen smaragdgrünen See bringt unser Herz zum Schmelzen und macht uns glücklich. So muss das Paradies aussehen. In der Nähe eines Wasserfalls zu stehen ist wie eine Seelendusche, die wir mit Worten nur schlecht beschreiben können. Wenn wir die Berge bevorzugen und uns lieber weit über dem Meeresspiegel aufhalten, bringt uns das dem Himmel ein Stück näher, und bei einer Wanderung durch den Wald atmen wir die Energie der Bäume, die uns Kraft gibt und unsere Sorgen zu transformieren scheint, tief ein.

Die Natur – sie ist großartig, sie ist einzigartig, sie ist die Schöpfung, und sie steht jedem von uns kostenlos zur Verfügung. Die Natur ist der Gott, nach dem wir alle suchen und von dem jeder spricht, in sämtlichen Kulturen. Die Natur hält alles bereit, was wir zur Heilung benötigen. Sie erschafft Sträucher, Bäume und viele andere Pflanzen, die Früchte tragen. Die Natur beherbergt Tiere aller Art, Tausende von Spezies. Vögel, Marder, Füchse, Rehe, Wildschweine, Kleintiere. Auch im Totholz wimmelt es nur so von Leben. In den Bächen schwimmen Fische, und mit etwas Glück kann man sogar in kleinen Naturschutzgebieten, die sich mitten in Industrieregionen befinden, einen Blick auf Eisvögel erhaschen. Dann gibt es noch die kleinen, unsichtbaren Bewohner aus anderen Dimensionen. Nur wenige Menschen können sie sehen oder anderweitig wahrnehmen – die Naturgeister und Elfen. In Island gibt es eine offizielle Beauftragte für diese kleinen Beschützer der Natur. Bevor dort gebaut oder betoniert werden darf, muss diese prüfen, ob auf dem betreffenden Areal Naturgeister wohnen. Im Zweifelsfalle wird die Straße dann um den Grüngürtel herumgebaut, oder es erfolgt ein Bauverbot.

Die Natur hat heilsame Kräfte.

In Japan wird das sogenannte Waldbaden (Shinrin Yoku) vom staatlichen Gesundheitswesen gefördert und an Japans medizinischen Universitäten und

Kliniken erforscht. Waldluft ist ein Cocktail aus bioaktiven Substanzen, z. B. Terpene, die von Pflanzen abgegeben werden. Unser Immunsystem kann diese Terpene entschlüsseln. Es reagiert direkt mit der Stärkung der Abwehrkräfte durch die Steigerung der natürlichen Killerzellen sowie mit der Senkung der Produktion von Stresshormonen wie Cortisol und Noradrenalin*.

Nicht nur die Energien der Berge, des Wassers und der Bäume machen uns wieder ganz und erfüllen uns mit Lebenskraft. Auch die Kräuter und Früchte haben alles zu bieten, was Menschen und Tiere für ihre Gesundheit brauchen. In der Natur ist gegen jedes Leiden ein Kraut gewachsen. So war es bereits vor Jahrhunderten, und daran hat sich bis heute nichts geändert. In der Verbindung zwischen dem menschlichen Bewusstsein und der Natur liegen die Lösungen für fast alle Probleme dieser Welt.

Die Natur ist so einfach, so unkompliziert. Wir alle können ihre Früchte ernten und ihre Schönheit genießen. Dafür braucht man keinen großen Garten. Doch die Menschen haben die Verbindung zur Natur verloren. Hunde werden von Menschen mit Knöpfen in den Ohren, den Blick auf das Smartphone gerichtet, durch den Wald gezerrt. Die Jahreszeiten – das Blühen im Frühling, das Reifen im Sommer, die Ernte im Herbst und das Ruhen im Winter – sind nichts als Theorien aus dem Biologieunterricht. Von heilender Naturmedizin wird abgeraten, stattdessen werden synthetische Mittel verordnet. Anstatt Ursachen zu beheben, werden Symptome unterdrückt. Orangen werden geschält, um dann in Plastik verpackt im Supermarkt zum Kauf angeboten zu werden. Vor Zeckenbissen wird gewarnt, der Aufenthalt in der Natur als lebensgefährlich suggeriert. Biolebensmittel sind noch immer etwas Besonderes und Teures, obwohl sie doch der Normalfall sein sollten. Stattdessen findet man immer mehr Kunstprodukte in den Regalen der Supermärkte, die immer höheren Schadstoffgrenzwerten entsprechen. Und noch immer sterben Menschen aufgrund von Dürren, weil Geld für Waffen ausgegeben wird, anstatt tiefere Brunnen zu bohren und Früchte anzubauen, die in diesen Regionen wachsen und die Bewohner ernähren könnten.

Die Welt scheint aus dem Gleichgewicht geraten zu sein. Yin und Yang, die Polarität – eigentlich sollte immer alles in der Balance sein. Ist es gar nicht so schlimm auf dieser Erde, wie wir glauben? Ist es nur die selektive Wahr-

---

* Mehr dazu in: Clemens G. Arvay: Der Biophilia-Effekt – Heilung aus dem Wald, Ullstein Verlag 2016.

nehmung, weil wir ständig mit schlechten Nachrichten konfrontiert werden und keinen Raum mehr finden, uns mit den guten Dingen, die passieren, zu beschäftigen oder sie überhaupt wahrzunehmen? Wir, jeder Einzelne von uns, sind die Welt. Ob die Welt gut oder schlecht ist, lebenswert oder nicht, das hängt einzig und allein von jedem Individuum dieses Planeten ab. Jeder von uns kann die Welt verändern, ihre Schwingung erhöhen, die Natur respektieren, Gutes tun, bewusst einkaufen, Liebe verbreiten und seinen Mitmenschen ein Lächeln schenken. Wir alle können an uns selbst arbeiten, alte Belastungen loslassen, um Raum für Freiheit und Frieden, Berufung und Erfüllung zu schaffen.

Eines der erstaunlichsten Geschöpfe, das die Natur hervorgebracht hat, hat vier Beine, samtweiche Pfoten und trägt Fell. Es hat einen ganz eigenen, unverwechselbaren Charakter und ist von unbeschreiblicher Schönheit: deine Katze. Sie ist nicht durch Zufall in dein Leben getreten, sondern hat eine wichtige Botschaft für dich: »Sei immer nur du selbst, und finde zurück zur Natur. Wenn du dein Leben mit mir bewusst wahrnimmst, kannst du viel von mir lernen.«

Katzen –

unsere Seelengefährten

Geschichtliches und Allgemeines

Die Geschichte der Wohnungskatze

Sie reicht 9.000–10.000 Jahre zurück. Damals erkannten die Wildkatzen, ähnlich wie die Wölfe, dass ihnen die Nähe zum Menschen einen Vorteil bot. Deren Vorräte zogen Mäuse und Ratten an, und so hatten die Katzen stets frische Nahrung. Den Menschen kam die Hilfe der Katzen sehr entgegen, und so entstand eine enge Beziehung.

Vor ca. 5.000 Jahren wurde die Katze im alten Ägypten als Göttin verehrt. Der in der ägyptischen Mythologie als Katze dargestellten Tochter des Sonnengottes Ra mit dem Namen Bastet wurden mumifizierte Katzen als Opfergaben angeboten. Außerhalb dieser sakralen Rituale war das Töten einer Katze strafbar. Knochenfunde beweisen, dass bereits vor 7.000 Jahren auch in China domestizierte Katzen gelebt haben.

Die Katze ist ursprünglich ein Wüstentier, das sich selbst domestiziert hat. Sie nimmt von Natur aus wenig Wasser zu sich, sondern versucht stets, die nötige Flüssigkeit über ihre feste Nahrung zu generieren. Ein Freigänger, der Beute frisst und von seinen Menschen zusätzlich mit frischer Nahrung gefüttert wird, trinkt daher so gut wie kein zusätzliches Wasser. Eine Wohnungskatze, die mit Trockenfutter ernährt wird, sollte dagegen stets zum Trinken von reichlich Wasser animiert werden, um Gesundheitsschäden zu minimieren. Noch immer verfügt die Katze neben dem kurzen Verdauungstrakt eines Fleischfressers über ihren jahrtausendealten Jagdinstinkt und das Gebiss eines Jägers.

Katzenvielfalt

Gemäß einer repräsentativen Erhebung des Marktforschungsinstituts SKOPOS haben im Jahr 2016 etwa 13 Millionen Katzen in 22 % der deutschen Haushalte gelebt. Eine genauere Bezifferung ist nicht möglich, weil Katzen nicht angemeldet werden müssen. Zusätzlich zu diesen Katzen gibt es noch immer etliche wild lebende Katzen, die ohne die Unterstützung von ehrenamtlich arbeitenden Menschen wahrscheinlich keine guten Überlebenschancen hätten, und an die 100.000 Katzen, die in deutschen Tierheimen ein trauriges Dasein fristen. Im Folgenden möchte ich ein paar Katzenbegriffe erklären, weil sie später im Buch an der einen oder anderen Stelle auftauchen werden.

Zuchtkatzen

Bei Zuchtkatzen handelt es sich in der Regel um reinrassige Maine Coon, Britisch Kurzhaar, Perser- oder Siamkatzen. Die Europäisch Kurzhaar, die in Deutschland am weitesten verbreitete Katze, wurde erst 1982 als Rassekatze anerkannt. Sie wird nur selten gezüchtet, vermutlich, weil Zehntausende von ihr in deutschen Tierheimen auf ihre Vermittlung warten. Bei der Auswahl eines Züchters ist äußerste Wachsamkeit geboten. Bitte kaufe eine Katze niemals aufgrund von Kleinanzeigen im Internet oder in der Zeitung. In einer von Geiz und Ignoranz geprägten Zeit stellt die Hobbyzucht von Tieren ein lukratives Nebeneinkommen dar – leider immer auf Kosten der Tiere.

Wohnungskatzen

Die Wohnungskatze verbringt ihr komplettes Leben innerhalb einer Wohnung oder eines Hauses. Ihr Freigang beschränkt sich höchstens auf einen katzengesicherten Balkon. Sie ist keiner Gefahr durch Verkehr oder Revierkämpfe ausgesetzt, führt jedoch nur ein bedingt artgerechtes Leben, weil sie weder richtige Beutetiere jagen noch auf Bäume klettern kann. Die naturgemäße Nachtaktivität ist bei den meisten Wohnungskatzen nicht mehr vorhanden.

Sie benötigen mehr als Freigänger eine gute, ausgewogene Ernährung und intensive Spieleinheiten mit ihren Menschen, die sie sowohl körperlich als auch geistig fordern sollten.

Freigänger

Der Freigänger hat ein Zuhause, in dem er bei Bedarf schlafen kann, das ihn mit Nahrung und, falls nötig, mit medizinischen Behandlungen versorgt. Trotzdem darf er viele Stunden täglich draußen verbringen. Entweder wird er durch die Haus- oder Terrassentür hinaus- und hereingelassen, oder es ist eine Katzenklappe vorhanden, durch die er grenzenlose Freiheit genießen kann. Die meisten Freigänger kommen morgens von ihren nächtlichen Streifzügen nach Hause, frühstücken dann und schlafen anschließend den ganzen Tag durch, um sich von den Strapazen der Nacht zu erholen. Manche Freigänger müssen jedoch tagsüber draußen sein und werden abends von ihren besorgten Besitzern ins Haus geholt, wo sie die Nacht verbringen. Ihnen wurde die Nachtaktivität quasi aberzogen. Noch sehr junge Katzen können sich an den Lebensrhythmus ihrer Menschen gut anpassen.

Gehegekatzen

Den Begriff »Gehegekatze« wirst du wahrscheinlich in keinem Wörterbuch finden. Damit sind Katzen gemeint, die in einem geräumigen Freigehege im Garten ein durchaus interessantes Leben führen können. Meist handelt es sich um Tiere wertvoller Rassen, die sich aufgrund von Diebstahlgefahr nicht frei in der Natur bewegen sollten. Oder die Katzen sollen vor anderen Gefahren, z. B dem Straßenverkehr, geschützt werden. Manche Menschen haben auch ethisch-moralische Bedenken, wenn ihre Katzen Jungvögel aus Nestern rauben, und versuchen daher, mit einem Freigehege einen für alle Beteiligten akzeptablen Weg zu finden. Ein Freigehege mit Zugang zum Haus ist sicher eine gute Lösung für Katzen. Alternativ zum Freigehege ist es auch möglich, den Garten mit einem speziellen Katzenzaun zu umgeben.

Tierheimkatzen

Zehntausende Katzen verbringen teilweise Jahre ihres Lebens in deutschen Tierheimen. Je nach Tierheim existieren schöne, geräumige Freigehege oder große Zwinger. In Ballungsräumen wie dem Ruhrgebiet platzen die Tierheime jedoch regelmäßig zur Kätzchenzeit im Mai oder vor den Sommerferien aus allen Nähten, und viele Katzen können nur noch in kleinen Boxen untergebracht werden. Ein jämmerlicher Zustand, den wir uns ins Bewusstsein rufen sollten, bevor wir nach einem Katzenbaby Ausschau halten.

Tierschutzkatzen aus dem Ausland

Das Tierleid auf dieser Welt ist unermesslich. Leider ist es uns nicht möglich, jedes Tier zu retten, und wir sollten uns gut überlegen, unsere ohnehin bereits überfüllten Tierheime mit weiteren Katzen aus dem Ausland zu belasten. Wer einmal einer Katze, die gemeinsam mit Trinkwasser und Katzentoilette in einer kleinen Box kauern musste, weil kein Zwinger mehr frei war, in die traurigen Augen gesehen hat, weiß, dass dies ein unwürdiges Katzenleben ist. Es ist grausam und meiner Meinung nach keinesfalls besser als ein sicherlich hartes, aber dafür freies Leben in den Dörfern Südeuropas. Wenn ich das sage, habe ich die Katzen vor Augen, die sich glücklich über die Essensreste hermachten, die meine Großmutter ihnen stets auf die Steintreppe im Hinterhof ihres kleinen Häuschens auf Sardinien legte. Würde man die Kastrationsprogramme für diese Katzen ausweiten und eine regelmäßige medizinische Versorgung gewährleisten, hätten sie alles andere als ein schlechtes Leben. Hinzu kommt, dass sich auch in Südeuropa die Mentalität bezüglich der Haltung und Versorgung von Haustieren über die Generationen hin verändert hat. Ähnlich wie in unseren Breitengraden haben viele Menschen dort mittlerweile Respekt vor Tieren und behandeln sie gut. Nicht wenige halten sogar einen Hund oder eine Katze bei sich zu Hause und versorgen das Tier genauso liebevoll, wie wir es in der Regel tun.

Trotz der großen Tierliebe, die Menschen dazu bringt, Tiere aus dem Ausland mit nach Hause zu nehmen, sollten wir uns auch das Risiko von eingeschleppten Infektionskrankheiten vor Augen führen, das nicht zu unterschätzen ist.

Hofkatzen

Diese Katzen bedürfen einer besonderen Beschreibung, denn sie sind weder Freigänger noch völlig verwilderte Tiere. Das Zuhause der Hofkatze ist der Bauernhof, und ihre Aufgabe ist das Reduzieren der Mäuse- und Rattenpopulation. Die meisten Bauern füttern ihre Katzen, halten es mit der medizinischen Versorgung und der Kastration allerdings nicht so genau. Während meiner fünfjährigen Arbeit auf einem Bioland-Bauernhof konnte ich die dort ansässigen Hofkatzen intensiv beobachten. Ähnlich wie bei streunenden Hunden wurde deutlich, dass nur die intelligenten und dominanten Tiere sehr alt wurden und sich durchsetzen konnten. Die rangniedrigen Katzen wurden leider oftmals überfahren oder verschwanden anderweitig. Die starken Katzen hatten auch eine bessere Konstitution und waren ohne Zeckenmittel und Impfungen sehr gut lebensfähig. Ab und zu war ein Wurmbefall sichtbar, und sie bekamen eine Wurmkur. Alle weiteren kleineren Beschwerden behandelte ich so gut es ging. Bei schwerwiegenden Verletzungen oder Erkrankungen wurde der Bauer überredet, einen Tierarzt zu konsultieren. Bei den Hofkatzen waren die zwei Seiten der Freiheit deutlich erkennbar. Das Minimum an Chemie und das Maximum an artgerechtem

Leben taten ihnen sicher gut. Auf der anderen Seite hätte ihnen bei Minustemperaturen eine kuschelige Decke an der Heizung sicherlich auch gute Dienste geleistet.

Wild lebende Katzen

Schätzungen zufolge soll es ca. 2.000.000 wild lebende Katzen in Deutschland geben, und es ist ausschließlich dem Einsatz von aktiven Tierschützern zu verdanken, dass ihre Population nicht noch weiter steigt. Diese durch private Spenden finanzierten Vereine bestehen aus ehrenamtlichen Mitgliedern, die täglich feste Futterstellen mit Katzennahrung versorgen. Neue, unregistrierte Katzen werden umgehend eingefangen und kastriert. Nach ihrer kompletten Genesung werden sie wieder dort hingebracht, wo sie eingefangen wurden, weil die Philosophie besagt, dass es keinen Sinn ergibt, das Leben in Freiheit mit einem Leben hinter den Türen eines Tierheims einzutauschen. Auch eine Vermittlung in Wohnungshaltung würde mit großer Sicherheit nicht funktionieren und wäre für Mensch und Katze eine Zumutung.

Sicher kann man bei dem einen oder anderen Punkt geteilter Meinung sein. Alles im Leben hat zwei Seiten. Daher ist es nicht so einfach, die für deine Katze optimale Lebensart zu finden, denn diese ist von mehreren Faktoren abhängig. Manchmal müssen wir im Leben Kompromisse eingehen und versuchen, aus der Sicht der Katze und für alle Beteiligten die beste Lösung zu finden. In diesem Buch versuche ich, auf viele Fragen Antworten zu geben und für Probleme Lösungen aufzuzeigen, damit wir unseren Katzen und uns selbst zu einem glücklicheren Leben verhelfen können.

Der Unterschied zwischen Katze und Hund

Die Katze ist anders als der Hund kein Aasfresser und ähnlich wie der Hund kein Getreidefresser. Auch haben sich Genetik und Jagdinstinkt der Katze kaum verändert. Sie ist daher noch immer ein Jäger und ein fett- und proteinliebender Beutefresser mit einem dementsprechenden Darmtrakt und dem Gebiss eines Tieres, das Beute fängt, erlegt, auseinanderreißt, Fleisch vom Knochen schneidet und verspeist. Sie beherrscht dieses Handwerk heute noch so gut wie vor Tausenden von Jahren. Katzen lauern ihrer Beute geduldig auf, schlagen dann blitzschnell zu und verspeisen sie bis auf den Magen oder andere wenig schmackhafte Innereien komplett. Selbst die taurinhaltige Gallenblase wird meist gefressen. Mein Kater Streuner erlegte einst ein ausgewachsenes Kaninchen. Es dauerte zwei ganze Tage, bis er es auf meinem Stellplatz vor der Wohnung mitsamt Fell, Innereien und Knochen gefressen hatte. Nur irgendein undefinierbares Organ durfte ich entsorgen. Zwar war das Kaninchen während dieser Zeit auch zu Aas geworden, doch durch den Dauerregen bei tiefen Temperaturen zwischen 0 und 5 °C stets frisch geblieben. Während ein Freigänger ein über weite Strecken selbstständiges Leben führt, ist der domestizierte Hund in vollem Umfang von seinem Menschen abhängig und wäre mit Ausnahme eines ausgebildeten Jagdhundes vermutlich niemals in der Lage, ein Tier zu erlegen, um es zu fressen. Während sich der Hund im Laufe der Jahrzehnte zu einem Omnivoren, einem Allesfresser, entwickelt hat, der neben Beutetieren auch Gemüse, Früchte, Kräuter und teilweise sogar Getreide aufspalten und verdauen kann, handelt es sich bei der Katze noch immer um einen 100%igen Fleischfresser, der keinen pflanzlichen Anteil in seiner Nahrung braucht und oftmals auch nicht mag. Des Weiteren benötigt die Katze Tag für Tag eine ausgewogene Mahlzeit, während der Hund seinen Nährstoffbedarf über einen längeren Zeitraum hinweg regeln kann. Sein Organismus ist darauf ausgerichtet, auch magere Zeiten zu überstehen. Eine Katze darf nicht hungern und wird im Falle von Mangelernährung schnell Leberschäden davontragen. Katzen haben einen hohen täglichen Bedarf an Proteinen und können eine Verringerung nicht ausgleichen, daher ist in Katzenfutter bis zu siebenmal so viel Eiweiß wie in Hundefutter enthalten. Aufgrund dieser und anderer Unterschiede im Stoffwechsel sollte man Katzen und Hunde unterschiedlich ernähren und Katzen niemals mit Medikamenten oder pflanzlichen Mitteln versorgen, die nicht ausdrücklich für sie geeignet sind.

Leider haben Katzen die auf uns etwas befremdlich wirkende Angewohnheit, mit ihrer Beute, insbesondere Mäusen, zu spielen, bevor sie diese töten. Die Natur schreibt ihre eigenen Gesetze, die wir akzeptieren sollten. Des Weiteren teilen Katzen ihre Beute auch gern mit nahestehenden Menschen oder Hunden. Ich glaube nicht, dass ein Labrador ein Stück seiner Lieblingswurst als Geschenk vor das Bett seines Menschen legen würde – auch wenn er diesen über alles liebt. Katzen ein Glöckchen umzuhängen, damit Beutetiere vor ihnen flüchten können, halte ich für absurd. Jede Maus ist für eine Katze ein gesunder Leckerbissen, und sicher sind Mäuse nicht vom Aussterben bedroht. Einzig und allein die Tatsache, dass die von Menschen aufgebrachten Herbizide und Pestizide Mäuse und andere Kleintiere vergiften, wenn diese über die Felder streifen, ist für Katzen gesundheitsgefährdend. Wir Menschen sollten nicht die Katzen, die ihrem Instinkt folgend Kleinsäugetiere jagen und fressen, verurteilen, sondern die immer stärkere Verseuchung von Böden und Grundwasser durch Gifte und Düngemittel, was viele Tiere und auch Menschen mit ihrem Leben bezahlen. Hast du Bedenken, deine Katze könnte Singvögel fangen, füttere sie mit guter, fleischhaltiger Nahrung, damit sie sich nicht völlig ausgehungert über jeden Jungvogel hermacht.

Noch heute leben Katzen gern in der Nähe von Menschen. Sicher wissen sie die Versorgung mit Nahrung durch diese zu schätzen. Doch anders als die meisten Hunde, die sich naturgemäß sehr eng an ihre Menschen binden, sind Katzen eigenständige Individuen, die als Freigänger absolut freiwillig zu ihren Menschen zurückkehren und dies sicher nicht tun würden, wenn sie die Zuneigung ihrer Menschen nicht deutlich wahrnehmen könnten. Die meisten Hunde lassen sich bedauerlicherweise auch liebloses und teils gewalttätiges Verhalten seitens ihrer Besitzer gefallen.

Die Botschaft der Katzen

Katzen wurden nicht nur im alten Ägypten als spirituelle Wesen verehrt. Sie sind es tatsächlich und mehr als jede andere Tierart mit anderen Dimensionen verbunden, die für einen Großteil der Menschen unsichtbar sind. Wer kennt nicht die Situation, wenn die Katze starr und fasziniert einen bestimmten Punkt im Zimmer fixiert und man erstaunt feststellen muss, dort selbst nichts entdecken zu können? Die Katze aber sieht dort sehr wohl etwas – nur auf einer anderen, feinstofflichen Ebene.

Alle Katzen sind Unikate, Individuen mit ganz eigenen, wunderbaren Eigenschaften, die viele verschiedene, teils gegensätzliche Charakterzüge in sich bergen. Sie sind verschmust, aber können sich auch raufen. Sie schnurren zärtlich und beschweren sich lautstark, wenn sich das Frühstück nicht pünktlich im Napf befindet. Sie ruhen und schlafen stundenlang, um dann die Nacht mit Streifzügen und Baumakrobatik zu verbringen. Die meisten von ihnen laufen ängstlich davon, wenn der Staubsauger angeschaltet wird, während sie den wirklichen Gefahren des Alltags kaum Beachtung schenken und mutig ihrer Wege gehen. Kaum ein anderes Lebewesen dieses Planeten verkörpert das Yin und Yang des Universums so beeindruckend wie die Katze. Sie weiß, dass es nicht nur Weiß und Schwarz gibt, sondern dass ein gesunder Ausgleich lebenswichtig ist. Sie muss keine teuren Ausbildungen machen, um zu wissen, dass Gegensätze einander bedingen und sich gegenseitig im Kern enthalten. Katzen sind durch und durch faszinierende und wunderschöne Wesen, die unser Leben bereichern. Sie sind selbstsicher und sich ihrer Faszination bewusst. Sie sind äußerst spirituell und können belastende Energien transformieren. Sicher ist es kein Zufall, dass gerade in Zeiten von Angst, Chaos und mangelnder Selbstliebe immer mehr Menschen ihr Herz für Katzen öffnen und sie an ihrem Leben teilhaben lassen wollen. Sie werden regelrecht magisch von ihnen angezogen.

Katzen sind bezaubernd. Sie sind witzig, geben uns ein Stück Sicherheit, wollen von uns beachtet und respektiert werden und sagen uns durch ihren Blick immer und immer wieder: »Hab keine Angst! Alles ist gut! Liebe das Leben, und sei mutig!«

Ernährung und Naturheilkunde

Ganzheitliche Wege zu einem gesunden und glücklichen Katzenleben

Ernährung, Gesundheit und Ethik

Bereits Hippokrates machte die Menschen darauf aufmerksam, dass ihre Nahrung gleichzeitig ihre Medizin sein sollte und umgekehrt. Und obwohl dies mittlerweile wissenschaftlich bewiesen ist und wir aus einer Vielzahl großartiger Lebensmittel wählen können, die viele bereits für sich und ihre Tiere nutzen, steigt bei einem anderen Teil der Bevölkerung zusehends das Desinteresse am eigenen Körper. Das höchste Gut, das wir besitzen, unsere Gesundheit, scheint bei vielen auf der Prioritätenliste nicht mehr ganz oben zu stehen.

Gesundheit hat viele Aspekte und findet auf verschiedenen Ebenen statt. Es gibt die körperliche, die geistige und die seelische Gesundheit – und alle Aspekte tragen gleichermaßen zu einem rundum gesunden Organismus bei.

Beschäftigen wir uns einmal mit dem körperlichen Aspekt unserer Gesundheit. Auch in der Traditionellen Chinesischen Medizin (TCM) spielt das Nahrungs-Qi neben den Erbanlagen, also dem Ursprungs-Qi und dem Atmungs-Qi, eine große Rolle. Wenn unsere Zellen mit guter Nahrung versorgt werden, fühlen wir uns stark, sind widerstandsfähig gegenüber Erregern und können sowohl körperliche als auch emotionale Herausforderungen besser meistern. Gute Nährstoffe werden in Energie umgewandelt, und Verbrauchtes wird ohne Probleme abtransportiert. Gleiches passiert bei unseren Katzen.

Während die Zahl der fleischlos lebenden Menschen in Deutschland stetig zunimmt, steigt parallel dazu der Konsum von Billigfleisch aus der Massentierhaltung. Fast Food und konservierte Fertigprodukte tun ihr Übriges, um die körperliche und geistige Gesundheit negativ zu beeinflussen. Auch viele junge Menschen sind bereits mangelernährt, dadurch nur gering belastbar und leiden an Hautproblemen. Dabei spielt es keine Rolle, ob sie tierisches Eiweiß zu sich nehmen oder nicht. Es gibt keine Ernährungsformen, die man in jeder Hinsicht als gesund oder ungesund bezeichnen kann. Gesund sind immer nur die in unseren Lebensmitteln enthaltenen Stoffe und die Art und Weise, wie wir diese unserem Körper zuführen.

Die Investition von Zeit und Ruhe in die Zubereitung und den Verzehr von Mahlzeiten scheint für viele Menschen nicht mehr zeitgemäß zu sein. Dabei können Mangelzustände schwerwiegende Folgen haben. Insbesondere die Muskeln, also auch das Herz, benötigen Calcium, und B-Vitamine sind unerlässlich für starke Nerven. Doch der grüne Smoothie kann keinen positiven Effekt auf unsere Körperzellen haben, wenn er zwischen Tür und Angel heruntergewürgt wird. Eine hektische Nahrungsaufnahme belastet sämtliche Verdauungsorgane, weil eine enzymatische Vorverdauung im Mund nicht stattfinden kann. Ein täglicher Verzehr von in Palmöl gebratenen Sojaschnitzeln ist für den Körper ebenso wenig gesund wie der einer Currywurst. Von der ethischen Sichtweise in Anbetracht der Vernichtung von Regenwäldern zugunsten von Soja- und Ölpalmplantagen ganz zu schweigen.

Parallel zu diesen Ernährungsdefiziten steigt der Druck im Beruf, und es gibt immer mehr Impfempfehlungen. Es ist nicht zu übersehen: Die Menschen verlieren zunehmend den Bezug zur Natur und zu ihren Lebensmitteln. Zwar finden sie den Anblick toter Tiere ekelhaft, doch in Wurst verarbeitet sind die Schlachtabfälle auf einmal schmackhaft. Viele Kinder wissen gar nicht, wie die Bockwurst in den Kühlschrank kommt, oder kennen nicht den Unterschied zwischen verschiedenen Obst- und Gemüsesorten.

Wir können diesen Zustand nur ändern, indem wir es anderen entsprechend vorleben und mit ihnen ins Gespräch kommen. Ich habe eine Zeit lang in einem Biosupermarkt gearbeitet und konnte die Einkäufe der jungen Leute fast täglich auf dem Laufband sehen. Gemüse? Obst? Omega-3-Fettsäuren? Nüsse, Mandeln, Hülsenfrüchte und Vollkornprodukte? Fehlanzeige! An der Kasse sitzend bin ich mit vielen von ihnen, spielerisch und ohne belehrend zu wirken, ins Gespräch gekommen. Was hilft es dem Gewissen eines jungen, tierlieben Veganers, wenn er schwer krank wird und dauerhaft Medikamente einnehmen muss, die zuvor an Tausenden von Tieren getestet wurden?

Wir müssen uns nicht dafür schämen, »Gutmenschen« zu sein, die Verantwortung für ihren Planeten übernehmen und anderen Menschen helfen wollen. Ganz im Gegenteil. Es macht Freude und lässt uns mit einem guten Gefühl durch das Leben gehen.

Spätestens dann, wenn eine Katze ins Haus kommt, machen sich viele Menschen erstmalig Gedanken über die Herkunft der Lebensmittel. Die Katze ist von Natur aus ein reiner Fleischfresser. Ein Großteil des Katzenfutters, das im konventionellen Tierfutterhandel oder im Supermarkt angeboten wird, ist kein wirkliches Lebensmittel, sondern ein Kunstprodukt. Es sättigt die Katze zwar, macht sie aber abhängig von den darin enthaltenen Lockstoffen und dauerhaft verfüttert krank. Entscheide dich hier und jetzt für einen anderen Weg, der die Interessen deiner Katze ebenso berücksichtigt wie dein Gewissen und das Wohl dieses Planeten.

Wenn es um eine möglichst artgerechte und gleichzeitig ethisch vertretbare Ernährung der Katze geht, kommen wir spätestens bei der Frage, ob Fleisch oder gar ganze Futtertiere verfüttert werden sollen, an unsere moralischen Grenzen und werden schmerzhaft daran erinnert, in welchem Ausmaß der Mensch bereits in das Ökosystem der Erde eingegriffen hat. Mit einem Fleischfresser als Haustier haben wir die Aufgabe, Tierliebe und Ethik in einen vernünftigen Kontext zu bringen.

Warum ökologisch?

Wir wollen nicht nur uns selbst und unsere Haustiere vor Pestiziden, Herbiziden und Medikamentenrückständen im Fleisch schützen, sondern unseren Kindern und Enkelkindern eine bessere Welt hinterlassen.

Ist biologisch und kontrolliert ökologisch wirklich teurer als konventionell? Nein, ist es nicht! Denn wir alle tragen die Milliarden Euro an Kosten für die Reinigung von Böden und Grundwasser, für unzählige an Asthma erkrankte Bauern und dadurch steigende Berufsgenossenschaftsbeiträge. Außerdem für ein »Gesundheitssystem«, das immer mehr Allergie- und Krebskranke sowie psychisch labile Menschen zu beklagen hat. Ökologisch bedeutet auch: zurück zur Natur, gute Ernährung, Naturheilkunde, Bewegung, Freude, Gesundheit auf allen Ebenen, um Herausforderungen im Berufs- und Privatleben besser meistern zu können.

Wir alle sollten die artgerechte Haltung von Nutztieren anstreben, wenn wir diese Welt langfristig besser machen wollen. Täglich wird in deutschen Mastanlagen millionenfach gegen das Tierschutzgesetz verstoßen, und nur wir als Verbraucher haben die Macht, das zu ändern. Wir dürfen nicht wegschauen, sondern müssen handeln.

Was können wir tun?

- ✓ wertvolles Fleisch aus artgerechter Haltung für uns und unsere Tiere kaufen
- ✓ den lokalen Biobauern unterstützen und bei ihm einkaufen
- ✓ selbst auf Fleisch verzichten oder den Verzehr reduzieren
- ✓ Parteien wählen, die sich für Tier- und Umweltschutz einsetzen
- ✓ seriöse Organisationen finanziell unterstützen, die sich unermüdlich für bessere Haltungsbedingungen und Naturschutz einsetzen
- ✓ Kindern verantwortungsbewusstes Handeln vorleben

Eintagsküken, Futtertiere und Fütterung von Fleisch

Zurzeit wird viel über das Schicksal männlicher Eintagsküken geredet. Die Menschen möchten lieber Eier aus Haltungen kaufen, bei denen die männlichen Küken überleben dürfen. Wir brauchen nicht darüber zu diskutieren, ob ein Schreddern von Eintagsküken genauso respektlos und inakzeptabel ist wie das Vergasen. Wenn wir jedoch wollen, dass männliche Küken allesamt am Leben bleiben, müssen wir uns auch fragen, was anschließend mit ihnen passieren soll. Wer soll das ganze Fleisch essen? Bereits jetzt exportieren deutsche Firmen jährlich mehrere zehntausend Tonnen Geflügelfleisch nach Afrika und ruinieren den dortigen Markt, was wiederum zu Armut und Flucht in Richtung Norden führt.

Auch hier wird deutlich, dass die einzige Lösung dieses moralischen Problems in einer respektvollen, artgerechten Haltung liegt. Für Menschen würde das einen geringeren Konsum von Fleisch bedeuten, das zwar teurer, dafür aber wesentlich gesünder und schmackhafter als Billigfleisch wäre. So könnten Hennen und Hähne eine Zeit lang glücklich leben, und unsere Katzen würden sicherlich gern auf Eintagsküken verzichten. Vielleicht hältst du dir selbst ein paar Hennen in einem kleinen Gartengehege mit Stall. Hühner sind pflegeleicht, und es macht Spaß, sie zu halten. Zudem hast du bis auf einige Legepausen immer frische Eier und lebst eine artgerechte Nutztierhaltung vor. Ohne die Existenz eines Hahnes in deiner Hühnergruppe musst du dir keine Sorgen um Nachwuchs oder Ruhestörungsbeschwerden machen. Wenn ich in unserem Hühnerstall die Eier einsammle, bedanke ich mich immer bei den Hennen. Ich fände es ihnen gegenüber respektlos, die Eier aus einem Tierschutzgedanken heraus verkommen zu lassen.

Katzen und Hunde benötigen für ihre Ernährung keine Filets, sie geben sich sehr wohl mit dem Fleisch zufrieden, das für den menschlichen Verzehr nicht gern genommen wird. Daher muss sich niemand sorgen, eine artgerechte Ernährung unserer Haustiere könnte den Klimaschutz gefährden.

Katzen vegetarisch oder vegan ernähren?

Die Katze ist ein 100%iger Fleisch- bzw. Beutefresser. Sie braucht normalerweise kaum Wasser, weil sie die benötigte Flüssigkeit aus ihrer festen Nahrung bezieht.

Fleischloses Feuchtfutter und solches mit nur einem geringen Fleischanteil sind ebenso wie Trockenfutter absolut gesundheitsschädlich und bedeuten für die ohnehin genetisch als nierenschwach vorbelastete Katze einen langen Leidensweg. Stoffwechsel, Magensäure und Verdauungstrakt der Katze sind noch heute auf Fleischverzehr ausgelegt. Eine andere Ernährungsweise führt zu diversen Krankheiten und verstößt außerdem gegen § 2 des Tierschutzgesetzes, der eine seiner Art angemessene Ernährung des Tieres vorschreibt.

Was den Tieren in der Massentierhaltung angetan wird, ist furchtbar, und wir sollten es nicht hinnehmen. Wir können uns jedoch nicht für das Ende des Leids dieser Tiere einsetzen, indem wir unsere Katzen nicht artgerecht füttern. Auf meine schriftlich formulierte Frage an eine recht bekannte Tierschutzorganisation, wie sie den Tierschutzgedanken mit dem gleichzeitigen Verkauf von veganem Getreidetrockenfutter für Katzen vereinbaren könne, bekam ich die Antwort, sie und viele Katzenbesitzer könnten es nicht ertragen, dass Tiere für die Fütterung von Katzen sterben müssten. Das langsame Dahinsiechen der Katzen, die durch den Verzehr dieses Futters Harnsteine, Nierenerkrankungen, Diabetes und diverse andere Beschwerden bekommen, wird anscheinend in Kauf genommen. In meinen Augen ist das Doppelmoral. Auch ich wünschte mir, Katzen wären Veganer und wir müssten uns nicht mit diesen Themen beschäftigen, aber so ist es eben nicht. Und wenn wir das nicht ertragen können, sollten wir konsequent sein und uns für ein anderes Haustier entscheiden.

In der Praxis lernte ich einst einen Kater kennen, den ich auf akuten Flohbefall hin untersuchen sollte. Normalerweise führe ich zu Beginn eines jeden Termins eine Anamnese durch, bei der ich Informationen über Ernährung und Haltungsbedingungen erfrage. Aufgrund der Dringlichkeit begann ich in diesem Fall jedoch mit der Untersuchung, die er, ohne mit der Wimper zu zucken, über sich ergehen ließ. Als ich nichts finden konnte, sagte mir die Besitzerin, sie hätte den Kater einen Tag zuvor bereits gründlich eingeseift und abgeduscht, was ich erstaunt zur Kenntnis nahm und worauf ich mir grinsend vorstellte, wie mein Streuner mich bei solch einem Unterfangen wohl zugerichtet hätte. Dann ermittelte ich mithilfe meines Tensors den Energiestatus dieses wunderschönen, regungslos auf dem Behandlungstisch liegenden Katers auf elektromagnetischer Schwingungsebene. Das Ergebnis machte mich fassungslos. Sein kompletter Organismus war dermaßen in Unterenergie, wie ich es bei keinem noch so kranken oder alten Tier bislang ermittelt hatte. Er konnte sich gar nicht wehren, weil er nicht die nötige Kraft dazu hatte. Erst jetzt fragte ich die Haltungsbedingungen ab und erfuhr, dass der Kater mit einem veganen Nassfutter ernährt wurde, das er gemäß den Angaben seiner Besitzerin mit großem Eifer verschlang. Dieses Futter war nicht nur fleischlos, sondern offensichtlich mit Lockstoffen und Geschmacksverstärkern versetzt, weil eine Katze es ansonsten niemals anrühren würde. Da lag er nun, dieser hübsche Kater, und hatte bis auf tränende Augen und schmutzige Ohren keine offensichtlichen akuten Leiden.

Ich finde, dieses Beispiel ist bezeichnend für die Frage nach der Definition von Gesundheit. Für mich persönlich bedeutet der Begriff »Gesundheit« nicht nur die Abwesenheit von schweren Erkrankungen und Tumoren, sondern v. a. auch ein Leben in optimaler Ausnutzung der eigenen Energie und Kreativität. Dabei spielt es keine Rolle, wie viel Zeit man auf der Erde zur Verfügung hat. Auch ein schwaches und in meinen Augen nicht gesundes Lebewesen kann sehr alt werden. Die Qualität unserer Lebenszeit ist das einzig Wichtige. Gesund zu sein ist meiner Meinung nach gleichbedeutend mit Lebenskraft und Lebensfreude pur. Doch davon war dieser Kater meilenweit entfernt.

Solltest du deine Katze vegan ernähren und mir nun in einem Leserbrief von ihrem guten Gesundheitszustand berichten wollen, freue ich mich. Wunder gibt es immer wieder auf dieser Welt, trotzdem würde ich eine derartige Ernährungsform niemals empfehlen.

Wir sollten uns mit aller Kraft für artgerechte Tierhaltung und biologischen Obst- und Gemüseanbau einsetzen und die Natur schützen und respektieren. Dazu gehören auch die natürlichen Ernährungsgewohnheiten eines Tieres. Ich selbst lebe seit Jahrzehnten vegetarisch, doch Katzen sind und bleiben Fleischfresser. Wir können durch sie wieder erkennen, was tierschutzrechtlich und ethisch gesehen in unserem Land und in der Welt nicht richtig läuft.

Vielleicht kannst du es dir sogar leisten, deine Katze mit Biofleisch zu füttern, das bereits in vielen BARF-Geschäften angeboten wird. Anders als ein groß gewachsener Hund frisst eine Katze nur sehr kleine Mengen und kann von einem verantwortungsvollen Normalverdiener ohne Weiteres mit Fleisch von artgerecht gehaltenen Tieren ernährt werden. Das ist lediglich eine Frage der Prioritätensetzung und Einstellung.

In jedem Fall solltest du darauf achten, wie die Tiere gelebt haben, die für die Ernährung deiner Katze verarbeitet werden. Viele Hersteller von hochwertigem Futter verwenden beispielsweise das Fleisch von freilaufenden Hühnern und Weiderindern, was sicherlich eine artgerechte Alternative zu Tieren aus biozertifizierter Haltung darstellt. Einige Futtermittelhersteller beziehen das Lammfleisch aus Irland oder Schottland, wo die Schafe ein herrliches Leben führen, bevor sie sich für die Ernährung von Mensch und Tier zur Verfügung stellen. Ich schreibe bewusst »zur Verfügung stellen«, denn mir haben bereits mehrere Tierkommunikatoren unabhängig voneinander bestätigt, dass unseren Nutztieren sehr wohl bewusst ist, welchen Platz sie in der Nahrungskette einnehmen. Alles, was sie sich von uns wünschen, ist ein schönes Leben und eine respektvolle Behandlung. Und genau dafür sollte jeder Mensch seine Stimme erheben, der selbst Fleisch isst oder seine Tiere mit Fleisch ernährt.

Deine Katze hat genau wie du ein Recht auf gesunde Ernährung.
Habe etwas Geduld, und gib nicht sofort auf,
wenn sie das Futter nicht sofort akzeptiert.

Mäuse, Vögel und Glyphosat

Mäuse und andere Kleinsäugetiere aller Art stellen die perfekte Nahrung für Katzen dar, denn sie enthalten neben diversen gesunden Vitaminen und Mineralstoffen auch einen hohen Anteil des lebenswichtigen Taurins. Das Verspeisen mehrerer Mäuse täglich ist außerdem das beste Zahnreinigungsprogramm für Katzen, und das Fell der Mäuse reinigt den Darm. Bedauerlicherweise gibt es immer weniger Freigänger. Oftmals haben die Menschen Angst um das Leben ihrer Tiere, oder aufgrund der Wohnsituation ist nur die Haltung einer Wohnungskatze möglich. Es gibt auch Tierschutzvereine, die eine merkwürdige Auffassung von Tierschutz haben und eingefangene wilde Katzen nach deren Kastration nicht wieder in die Freiheit entlassen, sondern in ihre Katzenhäuser sperren, um sie anschließend als Wohnungskatzen zu vermitteln. Ein Drama für die Katzen, die nicht selten aus Protest unsauber werden. Manchen Behauptungen zufolge hat sich die Vogelpopulation aufgrund von Freigängern verringert. Eine Aussage, die ich nicht glauben kann. Was das Verschwinden von Tiergattungen wie Vögel, Bienen und anderer Insekten angeht, sollten wir uns lieber für ein Verbot von Glyphosat einsetzen.

Junkfood-Katzen

Wer das hervorragend recherchierte Buch von Hans-Ulrich Grimm »Katzen würden Mäuse kaufen« gelesen hat, weiß, wie ein Großteil des konventionellen Katzenfutters auf dem Markt hergestellt wird. Eine Katze, die verdorbenes Aas niemals anrühren würde, muss durch hochmoderne, chemische Zusätze überlistet werden, damit sie sich minderwertigem Futter überhaupt nähert. Diese machen Katzen regelrecht abhängig. Beginnst du erst einmal, deine Katze mit derartigem Futter zu ernähren, machst du sie zum Junkie, und es ist meist sehr schwierig, einen Entzug mit ihr durchzuführen. Insbesondere bei Freigängern, die jederzeit das Haus verlassen und Ausschau nach einer anderen Futterquelle halten können. Auch Tierheimkatzen sind oftmals an minderwertiges Futter gewöhnt, und die neuen Besitzer brauchen Zeit und Geduld, diesen Katzen natürliche Nahrung schmackhaft zu machen. Gib nicht auf, es lohnt sich!

Junkfood-Katzen, die unverhältnismäßig stark aktiv sind, kaum Ruhe finden und trotz normaler Futteraufnahme abmagern, leiden vermutlich an einer Schilddrüsenüberfunktion. Diese Dysfunktion tritt nicht selten bei Tieren auf, die nicht artgerecht gefüttert werden. Sie ist im Zuge der Industriefutterrevolution vor einigen Jahrzehnten aufgetreten, und ihre genauen Ursachen wurden bislang noch nicht erforscht. Mehr zu diesem Thema im Kapitel »Häufig auftretende Katzenkrankheiten« (S. 189).

Futterumstellung bei Katzen

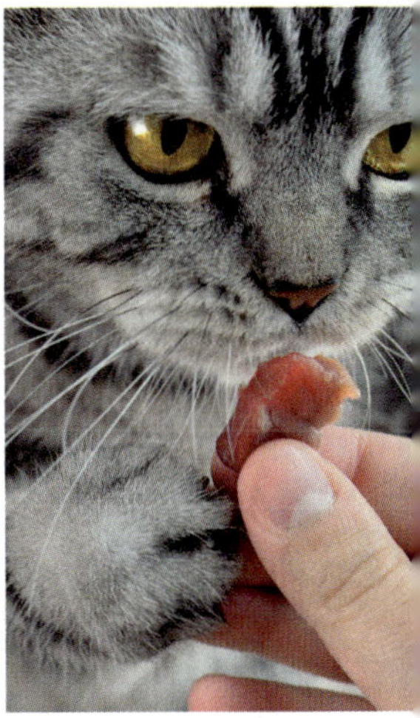

Vorab sollte man sich darüber im Klaren sein, dass es einfacher ist, eine Wohnungskatze von Industriefutter auf Fleisch oder hochwertiges Feuchtfutter umzustellen, weil sie zu 100 % auf deine Futtergabe angewiesen ist. Ein selbstbewusster Freigänger wird sich nicht lange von dir an der Nase herumführen lassen und das Weite suchen, wenn du ihm plötzlich ein Futter servierst, das er nicht ausstehen kann. Und obwohl der Freigänger den natürlichen Fleischgeschmack von Mäusen kennt, kann er gesundes Futter verschmähen. Eine Tatsache, die ich selbst erlebt, aber nie verstanden habe. Egal, ob Freigänger oder Wohnungskatze, eine konsequente Futterumstellung ist immer einen Versuch wert. Füttere deine Katze während der Futterumstellung keinerlei Leckerlis nebenbei, damit sie mit großem Heißhunger auf ihre Mahlzeiten wartet. Werden diese länger als eine Stunde lang verschmäht, kommen sie in den Kühlschrank und werden zur nächsten Fütterung erneut zimmerwarm serviert. Eine Katze sollte allerdings niemals länger als einen Tag lang hungern. Wende in diesem Fall die nachfolgend beschriebene Häppchenmethode an.

Futterumstellung von Industriefutter auf hochwertige Fertignahrung

Die Turbomethode: Du servierst deiner Katze von einem Tag auf den anderen die gesünderen Mahlzeiten. Bei manchen Katzen funktioniert das hervorragend, bei anderen nicht. Einer Katze, die ausschließlich mit Trockenfutter ernährt wurde, bröselst du in den ersten Wochen noch Trockenfutterkrümel auf die gesunden Mahlzeiten, um sie ihr schmackhafter zu machen. Je nach Vorliebe kannst du auch Parmesankäse, ihr absolutes Lieblingsleckerli oder Biofleischbrühe zum Verfeinern nehmen und die Mahlzeit leicht erwärmen. Wenn die Turbomethode gar nicht funktioniert, wähle die folgende Variante.

Die Häppchenmethode: Du rührst deiner Katze ein Löffelchen gesundes Futter in ihr Junkfood und erhöhst diese Dosis jeden Tag um einige Gramm. Das ist langwierig, aber effektiv. Bei meinem Streuner hat die Umstellung über ein Jahr gedauert. Doch es hat funktioniert, obwohl er ein sehr eigenwilliger Dickkopf war.

Futterumstellung auf BARF (Rohfütterung)

Auch hier kannst du die Turbomethode anwenden und deiner Katze direkt eine BARF-Mahlzeit vorsetzen. Mit etwas Glück wird sie sie sofort akzeptieren. Du solltest ihr zu Beginn jedoch nicht sofort große Fleischstücke geben, die sie lange durchkauen und zerreißen muss, um die Gefahr von Muskelkater in der Kaumuskulatur zu vermeiden.

Bei der Häppchenmetode mischst du deiner Katze Tag für Tag ein Fleischbröckchen mehr in ihr Dosenfutter. Wenn dieses Fleischgemisch nicht gut vertragen wird, sollte die Umstellungszeit nicht länger als zwei bis drei Wochen betragen.

Mäkelt deine Trockenfutter-Katze bei der Umstellung, brösle ihr zu Beginn reichlich von ihrem Trockenfutter über das rohe Fleisch.

Brate das Fleisch in der ersten Zeit kurz an, oder dünste es in Biofleischbrühe. Mache deiner Katze die rohen Mahlzeiten schmackhaft, indem du sie mit ihrem Lieblingsleckerli oder geriebenem Käse verfeinerst. Würde deine

Katze für Leberwurst sterben, löse etwas davon in warmem Wasser auf, und gieße das Ganze über das Fressen. Auch erhitzter Gänse- oder Schweineschmalz kann manche Gourmetkatze schwach werden lassen.

Im Zuge einer Futterumstellung hat es sich bewährt, mit Hühner- oder Putenbrustfleisch sowie mit Hühnerherzen und -leber zu beginnen, weil dieses Fleisch von vielen Katzen akzeptiert wird.

Mache dir die Neugier deiner Katze zunutze, und lasse während des Spiels oder ganz beiläufig beim Kochen ein Stück Fleisch fallen. Vielleicht wird sie es gern »jagen« und »erbeuten«. So könnte sie auf den Geschmack kommen.

Eine Futterumstellung ist nur erfolgreich, wenn die Besitzer den nötigen Willen und viel Geduld aufbringen. Wer bei dem ersten schiefen Blick seiner Katze mitleidig aufgibt, braucht gar nicht erst damit zu beginnen. Ich kann dir jedoch nur ans Herz legen, dieses Projekt zu starten, denn das Resultat könnte dich überraschen. Es ist ein Erlebnis, wenn eine Wohnungskatze, die sonst immer den ganzen Tag träge auf dem Sofa lag, auf einmal das Springen und Spielen für sich entdeckt, weil ihre Zellen genährt werden und die Mitochondrien jede Menge Energie produzieren. Die vielen Kohlenhydrate im Industriefutter machen Katzen dick und faul. Energie und Lebenskraft werden dadurch nicht erzeugt, sondern ausschließlich durch möglichst natürliche Proteine und Fette, die im Fleisch zu finden sind.

Der Stoffwechsel der Katze

Wie funktioniert der Stoffwechsel eigentlich – was passiert in den Zellen?

Zelle: Sie ist die kleinste selbstständige Funktionseinheit eines Organismus mit allen Kennzeichen des Lebens: Stoffwechsel, Wachstum und Entwicklung, Fortpflanzung, Reaktionsvermögen und Regulation, Bewegungsfähigkeit, Nekrose (Zelltod). Einfacher gesagt: Gutes muss in die Zelle hinein, um in Energie umgewandelt zu werden, und Verbrauchtes muss aus der Zelle heraus, um ausgeschieden werden zu können.

Zellmembran: Sie schützt die Zelle und kontrolliert, welche Stoffe in die Zelle gelangen und welche sie wieder verlassen (Diffusionsbarriere). Zudem erfüllt sie spezifische Transportaufgaben wie das Ein- und Ausschleusen bestimmter Stoffe gegen Konzentrationsgefälle.

Mitochondrien: Sie sind die Kraftwerke der Zelle. In den Mitochondrien findet der Zitronensäurezyklus statt. Das ist ein Kreislauf biochemischer Reaktionen, der u. a. der Energiegewinnung dient. Gesunde und gut funktionierende Mitochondrien sind also die Voraussetzung für Leistungsvermögen und Belastbarkeit. Ihre Hauptaufgabe ist es, die in organischen Molekülen (Kohlenwasserstoffe) gebundenen Nährstoffe in eine Energieform (Adenosintriphosphat, kurz: ATP) umzuwandeln, die die Zelle für Prozesse wie Synthesen, Bewegungsvorgänge und aktive Transportleistungen verwerten kann. Damit ein gesunder Stoffwechsel (Gutes rein, Schlechtes raus) stattfinden kann, benötigen die Zellen eine gute und ausgewogene Ernährung.

Was sollte in Katzennahrung enthalten sein?

Mineralstoffe, Spurenelemente, Vitamine, Aminosäuren, Flüssigkeit, Ballaststoffe und Omega-3-Fettsäuren – in der Literatur werden stark voneinander abweichende Bedarfswerte genannt. Weil Nährstoffe je nach Herkunft der Lebensmittel grundlegend voneinander abweichen und Katzen gemäß ihres Alters und ihrer Aktivität völlig unterschiedliche Nahrungsbedürfnisse haben, macht eine mikrogrammgenaue Berechnung bei der Rohfütterung wenig Sinn, sondern verursacht nur Stress. Du solltest besser auf eine gute Fleisch- und Ölqualität achten und einen gewissen Rahmen einhalten. Ganz genaue Nährstoffangaben sind nur bei Industriefutter und synthetischen Nährstoffen möglich.

Ein Mangel oder Überschuss an Mineralstoffen, essenziellen Spurenelementen und fettlöslichen Vitaminen kann sich bei Katzen in kurzer Zeit negativ auf den gesamten Organismus auswirken. Die nachfolgend aufgeführten ungefähren Bedarfsangaben* sollen eine Hilfestellung sein und beziehen sich auf erwachsene, gesunde Katzen. Trächtige, säugende, kranke sowie sehr junge Katzen im ersten Lebensjahr haben einen erhöhten Bedarf an Nährstoffen und sollten so viel fressen dürfen, wie sie wollen. Nachfolgend eine Übersicht der wichtigsten Stoffe.

Mineralstoffe

Mineralstoffe sind lebensnotwendige anorganische Stoffe, die von den Lebewesen nicht selbst gebildet werden können und darum über die Nahrung, das Trinkwasser oder die Atemluft aufgenommen werden müssen. Mineralstoffe werden durch Erhitzen oder Einfrieren nicht zerstört, können beim Kochen jedoch ins Kochwasser übergehen.

Calcium: wichtig für Blutgerinnung, Knochen- und Zahnwachstum, normalen Herzrhythmus sowie Nerven- und Muskelfunktionen
Vorkommen: Knochen, Knochenmehl, Eierschalen, Algenkalk
Tagesbedarf pro kg Körpergewicht: 45 mg

Kalium: wichtig für Nerven- und Muskelfunktionen, Säure-Basen-Haushalt und Wasserhaushalt
Vorkommen: Fleisch
Tagesbedarf pro kg Körpergewicht: 80 mg

Magnesium: wichtig für Knochen- und Zahnwachstum, Nerven- und Muskelfunktionen sowie Enzymaktivierung
Vorkommen: Knochen, Knochenmehl, Spirulina
Tagesbedarf pro kg Körpergewicht: 6 mg

Natrium: wichtig für Säure-Basen-Haushalt, Wasserhaushalt sowie Nerven- und Muskelfunktionen; regelt den osmotischen Druck der Körperflüssigkeiten

* Gemäß den Empfehlungen von Peter Alm, Buchautor und BARF-Spezialist.

Vorkommen: Salz, Fisch, Blut, Knochen, Nieren, Meeresalgen
Tagesbedarf pro kg Körpergewicht: 80 mg

Phosphor: wichtig für Wachstum, Knochen- und Zahnbildung, Verwertung von Eiweißen, Fetten und Kohlenhydraten
Vorkommen: Knochen, Muskelfleisch, Innereien
Tagesbedarf pro kg Körpergewicht: 40 mg

Das Calcium-Phosphor-Verhältnis sollte bei einer gesunden Katze zwischen 1,1–1,3:1 liegen und bei einer Katze, die nierenbewusst ernährt werden muss, bei 1,5:1.

Essenzielle Spurenelemente

Essenzielle, also lebenswichtige Spurenelemente sind anorganische Stoffe, die der Körper selbst nicht herstellen kann und die ihm deshalb zugeführt werden müssen.

Eisen: wichtig für Blutbildung, Sauerstofftransport und -speicherung sowie Bildung von Enzymen
Vorkommen: Blut, Fleisch, Innereien
Tagesbedarf pro kg Körpergewicht: 1,3 mg

Jod: wichtig für Schilddrüsenfunktion; reguliert den Energiehaushalt
Vorkommen: Meeresalgen, Fisch, Geflügel
Tagesbedarf pro kg Körpergewicht: 0,034 mg

Kupfer: wichtig für Herz, Nervensystem, Bindegewebe und Knorpel; erleichtert Aufnahme von Eisen aus der Nahrung; hilft bei der Bildung roter Blutkörperchen
Vorkommen: Fleisch, Leber, Knochen
Tagesbedarf pro kg Körpergewicht: 0,08 mg

Mangan: hilft bei der Verwertung von Calcium und Phosphor und bei der Verstoffwechselung von Eiweißen, Fetten und Kohlenhydraten

Vorkommen: Fisch (insbesondere Sprotten), Muscheln, Austern
Tagesbedarf pro kg Körpergewicht: 0,08 mg

Selen: Antioxidans; unterstützt Immunsystem
Vorkommen: Fisch, Fleisch, Innereien, Eier, Nüsse, Samen
Tagesbedarf pro kg Körpergewicht: 0,006 mg

Zink: wichtig für Knochenwachstum, Wundheilung und Insulinproduktion
Vorkommen: Muskelfleisch, Leber, dunkles Geflügelfleisch, Fisch
Tagesbedarf pro kg Körpergewicht: 1,2 mg

Fettlösliche Vitamine

Diese Vitamine werden von der Katze gespeichert und reichern sich in ihrer Leber an, eine dauerhafte Überdosierung kann daher körperliche Schäden zur Folge haben. Bei einem Zuviel an Vitamin A kann es zu Knochenentkalkung kommen, während eine dauerhafte Überdosierung von Vitamin D zu Durchfall und Gefäßverkalkung führen kann.

Vitamin A: unterstützt die Sehkraft; erhöht die Infektabwehr der Schleimhäute; wichtig für die Eiweißsynthese; beteiligt an Plazenta- und Embryonalentwicklung; Verwertung nur aus tierischem Ursprung möglich
Vorkommen: Leber, Dorschlebertran
Tagesbedarf pro kg Körpergewicht: 100 IE (internationale Einheit)

Vitamin D: wichtig für Knochen, Zähne, Haut und Schleimhäute; Verwertung ausschließlich von Vitamin D3 und aus tierischem Ursprung möglich; kann von der Katze nicht über die Haut gebildet werden
Vorkommen: Leber, Fisch, Dorschlebertran
Tagesbedarf pro kg Körpergewicht: 5 IE

Vitamin E: wichtig für Herz, Kreislauf, Immunsystem, Bindegewebe und Wundheilung; wirkt hauptsächlich als Antioxidans für den Zellschutz
Vorkommen: Weizenkeime, Weizenkeimöl
Tagesbedarf pro kg Körpergewicht: 2 IE

Wasserlösliche Vitamine

Ein Überschuss dieser Vitamine wird über den Harn ausgeschieden.

B-Vitamine: lebenswichtig; steuern sämtliche Stoffwechselvorgänge und die richtige Verwertung von Fetten, Kohlenhydraten und Eiweißen; außerdem wichtig für Wundheilung, Nervensystem, Zellaufbau, Appetit und Wachstum
Vorkommen: Fleisch, Innereien, Fisch, Eier, Bierhefe, grünes Blattgemüse
Tagesbedarf pro kg Körpergewicht: B1: 100 µg; B2: 50 µg; B6: 80 µg; B12: 0,4 µg

B-Vitamine werden von der Katze nicht selbst gebildet und müssen über die Nahrung zugeführt werden. Einige Katzenbesitzer verabreichen synthetische Vitamin-B-Komplex-Präparate. Eine Zufuhr über ausgewogene, innereienhaltige Ernährung oder eine Supplementierung mit biologischen B-Vitaminen, beispielsweise in Form von Bierhefe, ist allerdings natürlicher. Hefen im Allgemeinen können jedoch Reize auslösen und unter Umständen auch Störungen der Darmflora begünstigen, weswegen eine tägliche Fütterung von Bierhefe von einigen Ernährungsexperten kritisch betrachtet wird.

Vitamin C: wichtig für eine starke Abwehr, bei Infektionen, Entzündungen, Wachstumsstörungen, Zahnfleisch- und Stoffwechselproblemen
Vorkommen: Mäuse, Hagebuttenpulver, Acerolapulver
Tagesbedarf: Je nach Gesundheitszustand der Katze muss der Tagesbedarf individuell bestimmt werden. Der Hersteller einer hochwertigen Nahrungsergänzung empfiehlt bei kranken bzw. bedürftigen Katzen je nach Größe eine Tagesmenge zwischen 0,05 und 0,1 g.

Vitamin C wird von der Katze selbst gebildet und ist daher weder in den meisten Futterzusätzen noch im Fertigfutter zu finden. Weil viele Katzen an Infektionskrankheiten sowie Zahn- und Zahnfleischerkrankungen leiden, ist jedoch davon auszugehen, dass der Organismus der Katze nicht genug Vitamin C bildet, um die Gesundheit in vollem Umfang zu erhalten. Ein Grund dafür könnte sein, dass die Wildkatze durch den Verzehr von Kleintieren jahrhundertelang über genug Vitamin C verfügte und der Körper daraufhin die Produktion gedrosselt hat. Daher sehe ich es als ratsam an, das Futter einer Wohnungskatze in einem gesunden Maß mit natürlichem Vitamin C anzureichern. Dass hierdurch Oxalatsteine entstehen könnten, halte ich für mehr als fraglich, weil mäuseliebende Freigänger dann vermehrt darunter leiden würden, was aber nicht der Fall ist. Bei einer Überdosierung von Vitamin C wird der Kot zu dünn, dann muss die Dosis reduziert werden.

Taurin

Die Aminosäure Taurin stärkt das Herz, reguliert die Kontraktionsfähigkeit, unterstützt die Zellfunktionen, fördert die Fettverdauung und Wundheilung, wirkt entgiftend und stabilisiert die Netzhaut des Auges. Ein Taurinmangel über einen längeren Zeitraum kann schwere Gesundheitsschäden, Herzmuskelerkrankungen und sogar die Erblindung der Katze verursachen.

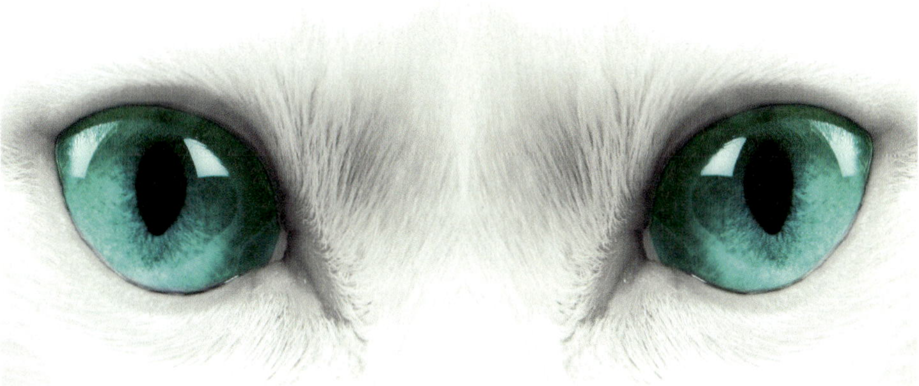

Vorkommen: Mäuse, Hühnerherzen, Muskelfleisch (wobei es zu bedenken gilt, dass Muskelfleisch einen hohen Phosphorgehalt hat), dunkles Fleisch, Muschelfleisch, Grünlippmuschelpulver, Krabben, Thunfisch, Austern
Tagesbedarf pro kg Körpergewicht: 30 mg

Taurin ist eine essenzielle (lebenswichtige) Aminosäure, die eine Katze selbst nicht synthetisieren kann, weil ihr das nötige Enzym fehlt. Der Grund kann auch hier der extrem hohe Tauringehalt in Mäusen sein, die Wildkatzen über

Jahrhunderte als nahezu alleinige Nahrungsquelle dienten. Dementsprechend ist es möglich, dass der Körper die Synthese (Bildung) von Taurin – anders als bei Hunden und anderen Säugetieren – mit der Zeit zurückgefahren hat. Wild lebende Katzen gewinnen Taurin aus dem Gewebe und der Gallenblase ihrer Beutetiere. Die Symptome einer Überdosierung sind bislang nicht erforscht.

Omega-3-Fettsäuren

Weil Fleisch, insbesondere das von Schlachttieren, größtenteils Omega-6-Fettsäuren enthält, sollten Omega-3-Fettsäuren supplementiert werden, um einen gesunden Ausgleich zu schaffen. Diese ungesättigten essenziellen Fettsäuren sind für viele wichtige Stoffwechselprozesse im Körper unverzichtbar. Katzen verwerten und vertragen tierische Öle in der Regel besser als pflanzliche. Mittlerweile gibt es Wildlachsöl zu kaufen, das frei von Schadstoffen ist, die ansonsten in Aquakulturen über die Fütterung in die Fische gelangen.

Ballaststoffe

Manche Katzen benötigen bei einer knochenhaltigen Rohfütterung für eine normale Darmtätigkeit zusätzliche Ballaststoffe. Diese können in Form von etwas geraspeltem Gemüse, beispielsweise Möhren oder Zucchini, ergänzt werden. Im Normalfall ist es jedoch nicht nötig. Insbesondere der Freigänger ist mit genug Ballaststoffen, Faserstoffen und dem Darminhalt der Mäuse bestens versorgt.

Flüssigkeit

Die Vorfahren unserer Wohnungskatze waren afrikanische Wüstenbewohner, die ihren Flüssigkeitsbedarf über die Nahrung deckten, welche aus Beutetieren bestand. Aus diesem Grund nehmen unsere Katzen bis heute eher geringe Mengen an Wasser auf. Sie sind in der Lage, ihren Harn zu konzentrieren. Insbesondere die Fütterung von Trockenfutter führt daher zu erheblichen Belastungen des Stoffwechsels und des Urogenitaltraktes. Nieren-

und Blasenerkrankungen sind die Folge. Flüssigkeit in der Nahrung ist daher die Voraussetzung für ein gesundes Katzenleben. Manche Katzen haben die Angewohnheit, Wasser ausschließlich aus dem laufenden Wasserhahn oder den Pfützen im Garten zu trinken. Einige sind auch verrückt nach ihrem Wasserbrunnen. Wenn ihre Hoheit es so möchte, bitteschön! Hauptsache, sie nimmt genug Flüssigkeit zu sich.

Möglichkeiten der Katzenernährung

In diesem Kapitel möchte ich möglichst übersichtlich die verschiedenen Ernährungsmöglichkeiten aufzeigen. Der Markt ist unendlich groß, und der nötige Durchblick fehlt verständlicherweise meist. Ich will keine Wissenschaft daraus machen, sondern klar und deutlich darlegen, welche Ernährungsformen naturnah, gesund und daher empfehlenswert sind und welche nicht.

Es gibt viele Bücher über Katzenernährung auf dem Markt, deren Angaben nicht immer übereinstimmen. Das ist nachvollziehbar, weil jeder Autor seine eigenen Erfahrungen gemacht hat. Außerdem lassen sich viele Mengenangaben nur durch Erfahrungswerte und gesunden Menschenverstand erklären, weil es keine Langzeitstudien dazu gibt. Die einzigen verfügbaren Studien im Bezug auf den Nährstoffbedarf der Katze wurden mit Tierversuchen und Fertigfutter durchgeführt und sind daher nicht relevant.

Welche Möglichkeiten der Katzenernährung gibt es?

- ✓ Industriefutter
- ✓ Selbstgekochtes
- ✓ hochwertiges Fertigfutter
- ✓ Rohfütterung

Industriefutter

Industriefutter wird im sogenannten Extrudationsverfahren hergestellt und ist teilweise Temperaturen von bis zu 250 °C ausgesetzt. Diese Form der Haustierernährung ist in unserem Land mit ca. 80 % am weitesten verbreitet. Neben vielen anderen unappetitlichen Zutaten werden im Industriefutter ganz legal folgende synthetische Zusatzstoffe eingesetzt: Antibiotika, synthetische Antioxidantien, Appetizer, Aromastoffe, Aushärtungsmittel, Bindemittel, Emulgatoren, Farbstoffe, Geliermittel, Konservierungsstoffe, Lösungsmittel, pH-Puffer, Schmierstoffe, Süßstoffe, Stabilisatoren, Synergisten, Trennmittel, Verdickungsmittel.

Die drei großen Hersteller von industrieller Haustiernahrung produzieren auch andere Produkte, beispielsweise Waschmittel, Süßigkeiten und diverse Convenience-Lebensmittel. Teilweise werden Abfälle, die bei der Herstellung dieser Produkte entstehen, für die Tierfutterproduktion verwendet. Das Futter wird anschließend in wiederverschließbaren Tüten hübsch verpackt, sodass bei Produkttests sogar noch eine gute Note herausspringt, was den Tierbesitzer gänzlich in die Irre führt.

Insbesondere bei der Herstellung von Katzenfutter werden gern Abfälle der Schokoriegelproduktion verwertet, z. B. Karamell. Verständlicherweise sind Katzen ganz verrückt nach dem Inhalt dieser kleinen Schälchen, die im Handel mittlerweile für 19,99 Euro (24 x 80 g = 1,92 kg) angeboten werden. Somit hat dieses ungesunde Junkfood einen Kilopreis von fast 10 Euro.

Zurzeit kostet bei einem Biolandbauer 1 kg Rindergehacktes um die 12 Euro. 1 kg ausgewogene Katzennahrung aus artgerecht gehaltenen Tieren kostet um die 5 Euro. Dieses Rechenexempel soll dir bewusst machen, wie überteuert minderwertiges Katzenfutter teilweise verkauft wird und die Milliardengewinne der Konzerne zustande kommen.

Die Nährstoffangaben auf den Verpackungen von Industriefutter haben nur wenig Aussagekraft, weil es sich ausschließlich um synthetische Nährstoffe handelt, die u. a. die Leber belasten und Allergien auslösen können. Zudem findet die Messung der Nährstoffe vor dem Erhitzen der Futtermasse statt. Das bedeutet, der chemische Nährstoffcocktail wird zugesetzt und das Ganze anschließend hocherhitzt.

Definitionen einiger Futtermittelgruppen

Fleisch und tierische Nebenerzeugnisse, Milch und Molkereierzeugnisse, Eier und Eiererzeugnisse, Fisch und Fischnebenerzeugnisse, Getreide, Gemüse, pflanzliche Nebenerzeugnisse – wenn sich auf der Verpackung diese Inhaltsangaben befinden, bedeutet das nicht unbedingt, dass es sich um frische Zutaten handelt. Es kann sich ebenso um Erzeugnisse handeln, die durch ein geeignetes Verfahren haltbar gemacht wurden, sowie um Nebenerzeugnisse aus der Verarbeitung bzw. Aufbereitung. Tierische Nebenerzeugnisse können Innereien sein, aber auch Hörner, Krallen, Hufe, Fell, Federn, Wolle und Schlachtabfälle wie Köpfe, Schilddrüsen und Keimdrüsen.

Deklaration

Der Hersteller des Endprodukts muss nur die jeweiligen Komponenten auf der Verpackung deklarieren, nicht die Stoffe, die in diesen Komponenten unter Umständen enthalten sind. Kauft er die »tierischen Nebenerzeugnisse« bei Lieferant XY und dieser vermengt sie mit Salz und Zucker, muss der Hersteller des Endprodukts trotzdem nur »tierische Nebenerzeugnisse« auf seinem Etikett deklarieren. Lasse dich nicht an der Nase herumführen. Ist auf dem Etikett beispielsweise »Fleisch und tierische Nebenerzeugnisse 50 %« deklariert, so kann es sein, dass nur 2 % Fleisch enthalten sind, aber 48 % tierische Nebenerzeugnisse wie Krallen, Schleimhäute und Federn, die keinen hohen Nährwert haben.

Außerdem hat der Hersteller bei der Deklaration dermaßen große Spielräume, dass die Wahl eines guten Futters mittlerweile zur Vertrauenssache geworden ist. In den USA wurden vor einigen Jahren mehrere Millionen Dosen Katzenfutter zurückgerufen, in denen aus China importierte, verunreinigte Zutaten enthalten waren, die bei zahlreichen Katzen ein tödliches Nierenversagen verursacht hatten.

Weil die meisten Tierbesitzer die in winziger Schrift aufgeführten Inhaltsstoffe eines Futters nur überfliegen, um zu überprüfen, ob Fleisch der Hauptbestandteil ist, also an erster Stelle steht, haben sich die Futtermittelhersteller etwas Schlaues einfallen lassen: Sie teilen Zutaten, z. B. Mais oder Weizen, in ihre Einzelbestandteile (Mehl, Keime, Kleber etc.), und schon stehen sie nicht mehr als Hauptbestandteil ganz vorne, und der Katzenbesitzer wiegt sich im Glauben, eine hochwertige Sorte zu verfüttern.

Zusätze, die weder in Frisch- noch in Trockenfutter gehören

Farbstoffe (E 100–180) im Futter machen es für den Katzenbesitzer ansehnlicher.

Pflanzliche Nebenerzeugnisse, besonders Soja und Sojanebenprodukte, enthalten pflanzliche Hormone, die das Hormonsystem der Tiere negativ beeinflussen können.

Salz bzw. Natriumchlorid (raffiniertes Salz) dient als Geschmacksverstärker und führt zu Wassereinlagerungen im Gewebe und dadurch zu Nierenproblemen. Die einzige Ausnahme: Bei der Fütterung von rohem Fleisch ohne Knochen und weiteren Ergänzungsprodukten sollte pro kg Fleisch ca. ein gestrichener Teelöffel gesundes Himalajasalz oder unraffiniertes Meersalz ergänzt werden, weil pures Fleisch zu wenig Natrium enthält.

Synthetische Antioxidantien dienen als Konservierungsmittel und verlängern die Haltbarkeit des Futters. Man findet sie unter den Bezeichnungen BHA, BHT, E 320, E 321, Ethoxyquin und den Säuerungsmitteln E 325–385. Hochgradig allergenes Ethoxyquin als Pflanzenschutzmittel ist in Deutschland bereits verboten, in Fischfutterpellets jedoch erlaubt. So gelangt es über die Fische bzw. Fischöle in die Katzennahrung.

Synthetische Aromastoffe und Geschmacksverstärker (E 620–635) sollen den Geschmack verbessern und den Appetit verstärken. Sie sind nicht angabepflichtig. »Naturnah« oder »naturidentisch« bedeutet in diesem Fall »künstlich«.

Synthetische Konservierungsstoffe (E 200–297) sollen die Bildung von Pilzen, Schimmelsporen und Bakterien im Futter verhindern, führen jedoch oftmals zu Erkrankungen. Man findet sie unter den Bezeichnungen EG-, EWG- und EU-Zusatzstoffe.

Synthetische Stabilisatoren, Emulgatoren, Verdickungs- und Geliermittel (E 400–440, E 460–495) dienen der Verbesserung der Konsistenz und sind ebenfalls nicht angabepflichtig.

Synthetische Vitamine, Mineralstoffe und Spurenelemente können bei Überdosierung Krankheiten verursachen. Zwar werden sie vom Darm aufgenommen, lagern sich aber dann in den Organen und Geweben ab und belasten den Stoffwechsel und die Leber.

Zucker und Zuckerersatzstoffe (E 950–1518) wirken appetitanregend und führen zu Zahn- und Bauchspeicheldrüsenproblemen (Diabetes), Fettleibigkeit und Suchtverhalten.

Stoffe wie Maiskleber oder Fructooligosaccharide verhindern Durchfall, weil sie den Kot eindicken. Und Yucca schidigera soll dem beißenden Gestank von Urin entgegenwirken. Derartige Futterzusätze sollen daher nichts anderes als eine gute Verträglichkeit suggerieren.

Nachfolgend lege ich kurz dar, warum Industriefutter, insbesondere minderwertiges Trockenfutter, für die Nieren und den Stoffwechsel der Katze so schädlich ist:

Was sind die Hauptaufgaben der Nieren?

- ✓ Reinigung des Blutes von harnpflichtigen Stoffen wie Kreatinin, Harnstoff und Harnsäure
- ✓ Hormonbildung
- ✓ Regulation des Wasser- und Elektrolythaushaltes (Flüssigkeitsbestand des Organismus)
- ✓ Regelung der Kaliumkonzentration im Blut
- ✓ Aufrechterhaltung des Säure-Basen-Haushaltes, also des pH-Wertes des Blutes (Fleischfresser haben eher einen sauren, Pflanzenfresser einen alkalischen/basischen pH-Wert)
- ✓ Aufrechterhaltung des Salz- und Mineralstoffhaushaltes
- ✓ Regelung des Blutdrucks

Durch minderwertiges Trockenfutter leiden die Zellen der Nieren einerseits unter dem Mangel an Flüssigkeit, die sie für ihre Entgiftungs- und Regelungsvorgänge dringend benötigen, andererseits unter der dauerhaften Belastung, das Blut von Giftstoffen zu reinigen. Der Säure-Basen- und der Elektrolythaushalt werden ebenfalls gestört, und durch die erhöhte Konzentration von harnpflichtigen Stoffen kommt es zu Erkrankungen des Urogenitalbereichs wie Niereninsuffizienz und Blasenentzündungen sowie zur Bildung von Harnsteinen. Außerdem fördert Trockenfutter Verstopfung, woran nicht wenige Katzen leiden. Es ist daher in vielerlei Hinsicht schädlich, eine Katze mit Trockenfutter zu füttern.

Manche Wohnungskatzen erreichen ein hohes Alter, obwohl sie ausschließlich mit Industriefutter ernährt werden. Doch sei gewiss, dass die Lebensqualität dieser Katzen mit gesunder Zellnahrung wesentlich höher wäre. Zwischen »alt werden« und »bis ins hohe Alter energiegeladen sein und auf einen Schrank klettern können« liegen meiner Meinung nach Welten.

Ich bin der Überzeugung, dass unsere Lebensdauer zum Zeitpunkt unserer Geburt bereits feststeht. Meine Freundin sagte einst treffend: »Wir kommen mit einer Schablone auf die Welt – doch es liegt an uns selbst, wie wir diese ausmalen.« Gleiches gilt für unsere Tiere. Mit der Ausnahme jedoch, dass sie auf uns Menschen angewiesen sind und in ihrem Leben nicht frei entscheiden können, in welchen Farben sie ihre Schablone ausmalen. In unseren Händen liegt also eine große Verantwortung, derer wir uns stets bewusst sein sollten.

Schaue ganz genau auf die Inhaltsangaben des Katzenfutters, und frage in BARF-Geschäften und bei Tierheilpraktikern nach empfehlenswerten Sorten.

Selbstgekochtes

Wer für seine Katze die Mahlzeiten selbst zubereitet, hat sicher die allerbesten Absichten in Bezug auf die Gesundheit seines Tieres. Es ist jedoch schwierig, beim Kochen die wichtigen Inhaltsstoffe des Fleisches nicht zu zerstören. Das Fleisch sollte daher nur ganz schonend im Dampfgarer zubereitet und entstehende Flüssigkeiten sollten mitverfüttert werden. Den Mahlzeiten sollten anschließend wertvolle, kalt gepresste Öle und gegebenenfalls weitere Zusätze wie Taurin zugeführt werden. Außerdem noch sämtliche Vitamine und Calcium, sofern keine Innereien und Knochen verfüttert werden. Mengenangaben hierzu werden im Kapitel »Rohfütterung« (S. 61) genannt. Durch langes

Kochen werden wichtige Aminosäuren zerstört, und das Fressen wird für die Katze fast wertlos. Eine kleine Menge gegartes Gemüse als Ballaststoffquelle ist okay, Getreide gehört jedoch nicht in den Katzennapf.

> Bei Selbstgekochtem gilt: je schonender gegart, desto gesünder. Lange gekochtes Fleisch ist für die Katze völlig wertlos, weil dadurch wichtige Aminosäuren zerstört werden.

Hochwertiges Fertigfutter

Hochwertiges Feuchtfutter

Es gibt in Deutschland eine Handvoll Produzenten hochwertigen Feuchtfutters. Dieses ist in BARF-Geschäften erhältlich oder kann direkt von den Herstellern bezogen werden. Wende dich an die Hersteller, und lasse dir erklären, wie das Futter hergestellt wird. Er sollte roh in lebensmittelechten Dosen abgefüllt und schonend in einem Autoglaven, einer modernen Sprenkelanlage, gegart werden, damit möglichst viele Vitamine und Mineralstoffe erhalten bleiben. Außerdem sollten neben einem hohen Anteil an Muskelfleisch auch ein kleiner Anteil Innereien, wertvolle Omega-3-Fettsäuren und sämtliche Vitamine und Mineralien in natürlicher, bioverfügbarer Form als Futterzusatz enthalten sein. »Natürlich« bedeutet, dass die Vitamine A und D durch Dorschlebertran oder Leber zugeführt werden, Vitamin C z. B. durch Acerola oder Hagebutte und Vitamin E durch Weizenkeime oder kalt gepresste Pflanzenöle ergänzt werden und dass Omega-3-Fettsäuren durch Lachs- oder Nachtkerzenöl ins Futter gelangen. Synthetische Zusatzstoffe haben in einer hochwertigen Dosennahrung nichts zu suchen, weil sowohl ihre Verwertbarkeit fraglich ist als auch ihr Einfluss auf das Hormonsystem unklar ist. Das Fleisch sollte vorzugsweise von möglichst artgerecht gehaltenen Tieren aus der Region stammen. Getreide, Pseudogetreide, Nudeln und Kartoffeln sollten sich im Katzenfutter ebenfalls nicht befinden. Sämtliche Bestandteile sollten genau deklariert sein.

Leider darf bei der Deklaration der Inhaltsstoffe derart geschummelt werden, sodass sich bei genauerer Kontrolle auch schon einmal herausstellen kann, dass einem vermeintlich guten Futter allergen wirkende Zusatzstoffe beigemischt wurden. Daher ist es immer ratsam, die Herstellerfirma und ihre Philosophie genau unter die Lupe zu nehmen. Ich kenne unzählige Katzen, die mit der Fütterung von hochwertigem Feuchtfutter ein kerngesundes, glückliches Leben führen.

Hochwertiges, kalt gepresstes Trockenfutter

Für mich als Tierheilpraktikerin ist jegliches Trockenfutter für Katzen aus den bereits genannten Gründen inakzeptabel. Lediglich zum Bespaßen von Wohnungskatzen lasse ich ein paar Brocken am Tag gelten. Wer seiner Katze aus welchen Gründen auch immer unbedingt Trockenfutter geben möchte oder muss, sollte dieses vor dem Verfüttern in reichlich Wasser einweichen.

Bei der Herstellung von kalt gepresstem Trockenfutter bleiben die meisten Nährstoffe erhalten. Auch darin haben Getreide, Pseudogetreide, Nudeln und Kartoffeln nichts zu suchen. Achte auf eine gute Fleischqualität und hochwertige Zusätze wie Omega-3-Fettsäuren.

> Trockenfutter für die Katze bitte nur, wenn es gar nicht anders geht – schonend hergestellt, mit hohem Fleischanteil, getreide- und chemiefrei und in Wasser eingeweicht. Alles andere ist ein No-Go!

Rohfütterung – BARF (biologisch artgerechte Rohfütterung)

Wie bereits geschildert hat sich in den letzten Jahrhunderten weder anatomisch noch an den Vorlieben der Katze etwas grundlegend geändert. Sie ist noch immer ein Beute- und Fleischfresser. Sie verspeist ihre Beute fast vollständig, also neben dem Fleisch auch die Knochen, die Knorpel, das Fett, die Organe, das Fell, die Sehnen und den Darminhalt. Manche Katzen lassen lediglich ein ihrer Meinung nach ungenießbares Organ übrig.

Egal, für welche Möglichkeit du dich entscheidest oder welche Fütterungsmethoden du miteinander kombinieren möchtest, es macht einen Riesenunterschied, ob du eine Wohnungskatze besitzt, die 100%ig von dem abhängig ist, was du ihr vorsetzt, oder ob du einem Freigänger seine Zusatzmahlzeiten servierst, nachdem er bereits zehn Mäuse verspeist hat. Dies gilt im Übrigen für jede Ernährungsform. Ein jagdfreudiger Freigänger hat gegenüber der Wohnungskatze einen großen Vorteil in Bezug auf Nährstoffe und Zahngesundheit. Daher sollte insbesondere bei Wohnungskatzen Wert auf eine gesunde und ausgewogene Ernährung gelegt werden.

Was hält Menschen davon ab, ihre Katzen zu barfen?

- ✓ die Angst, etwas falsch zu machen und Mangelerscheinungen herbeizuführen
- ✓ die Gefahr von Magen- und Darmproblemen, schlechte Verträglichkeit
- ✓ Entstehung von Zahnfrakturen und Zahnstein
- ✓ zu komplizierte, grammgenaue Berechnungen sämtlicher Zutaten
- ✓ erhöhte Parasitengefahr
- ✓ erhöhte Nierenwerte (Harnsäure und Kreatinin) im Blut
- ✓ Bedenken wegen der Hygiene beim Umgang mit rohem Fleisch

Bei einer täglich ausgewogenen Ernährung mit frischem Fleisch, Innereien (insbesondere Leber), Knochen und je nach Ernährungsform einigen gesunden Supplementen kann es nicht zu Mangelerscheinungen kommen, sofern Darmflora und Bauchspeicheldrüse in Ordnung sind und eine gute Verwertung der Nahrung sichergestellt ist. Anders als beim Hund, dessen Speiseplan über einen Zeitraum von ca. vier Wochen ausgewogen sein sollte, ist es wichtig, der Katze tägliche Ausgewogenheit zu bieten. Um den Mangel an Omega-3-Fettsäuren im Fleisch unserer Schlachttiere zu kompensieren, sollten die Mahlzeiten mit wertvollen Ölen möglichst tierischen Ursprungs ergänzt werden. Außerdem, je nach Bedarf, mit Calcium- und Vitaminpräparaten.

Die Rohfütterung wird im Allgemeinen sehr gut vertragen. Der Kot kann leicht abgesetzt werden und ist aufgrund der guten Verwertbarkeit der Nahrung von der Menge her gering. Katzen, die zu Knochenkot neigen, raspelt man als Ballaststoffquelle ein wenig Möhre oder Zucchini in die Mahlzeit.

Die Behauptung, Tiere, die kein Trockenfutter bekommen, neigten vermehrt zu Zahnsteinbildung, ist schlichtweg falsch. Zahnstein entsteht durch Zucker und Kohlenhydrate. Sehniges Fleisch und Knochen reinigen die Zähne. Wie auch bei Hunden und Menschen gibt es Katzen, die durch ihren Speichel vermehrt zu Zahnstein neigen, obwohl sie hochwertige Nahrung bekommen. Das ist jedoch nicht die Regel.

Kaum jemand möchte Stunden mit der Zubereitung von Katzenmahlzeiten verbringen, doch glücklicherweise ist auch bei Katzen das Barfen kein Hexenwerk. Hat man sich erst einmal in das Thema eingelesen und ein eigenes Konzept erarbeitet, wird es zur reinen Routine. Für den Anfang gibt es Bedarfsrechner, die dir bei der Zusammenstellung der Katzenmahlzeit behilflich sein können. Du findest kostenlose Rechner im Internet. Auf den Webseiten verschiedener Katzenexperten, z. B. www.dubarfst.eu, kannst du dir auch gegen eine Tierschutzspende einen Rechner für deinen eigenen Gebrauch herunterladen. Dann steht er dir in Form einer Exceltabelle immer zur Verfügung. Hier gibst du die Daten zu deiner Katze ein, die Anzahl der Tagesrationen, die du vorbereiten möchtest, und die verschiedenen Fleischsorten, die du eingekauft hast. Der Rechner zeigt dir dann an, welche Zusätze für eine ausgewogene Mahlzeit noch fehlen bzw. welche Mengen empfohlen werden oder ob ein Überschuss vorliegt. Bei den Zusätzen kannst du zwischen verschiedenen synthetischen und natürlichen Quellen wählen.

Die Bedarfsrechnerei sollte keine Religion werden, kann jedoch eine gute Hilfestellung sein. Wie bereits vorab erwähnt sind sämtliche Einzelkomponenten je nach Herkunft ohnehin unterschiedlich wertvoll. Sie soll dir jedoch verdeutlichen, dass eine reine Fütterung von z. B. Hühnerbrust insbesondere für eine Wohnungskatze in keinem Fall ausreichend ist und dadurch Mangelzustände auftreten würden.

Die Übertragung von beispielsweise Spulwürmern und Fadenwürmern findet ausschließlich im Außenbereich und meist über Exkremente statt. Der Bandwurm kann sowohl durch Flohbefall, das Fressen von Mäusen als auch durch den Verzehr von Rindermuskelfleisch übertragen werden. Dies ist jedoch nur möglich, wenn das Fleisch vorher nicht durch Tierärzte des Veterinäramtes kontrolliert worden ist, z. B. auf dem Dorf bei einer Hausschlachtung. Sämtliche Würmer sterben durch mehrtägiges Einfrieren oder starkes Erhitzen ab. Durch Geflügelfleisch können neben einigen anderen Erregern auch Salmonellen übertragen werden. Diese sterben ebenfalls durch Erhitzen ab, beim Einfrieren jedoch erst ab -60 °C, daher reicht die Lagerung in einer normalen Gefriertruhe nicht aus. Bei der Rohfütterung von Geflügel sollte daher ganz besonders auf Qualität und Hygiene in der Küche Wert gelegt werden. Grundsätzlich ist beim Umgang mit rohem Fleisch jedoch immer ein erhöhtes Maß an Reinigungsbereitschaft erforderlich. Brettchen, Glasschalen und Messer sollten nach jedem Gebrauch heiß gespült oder in der Spülmaschine verstaut werden. Waschbecken und Arbeitsflächen sollten beispielsweise mit Essigreiniger gereinigt und die Küchentücher regelmäßig in die Kochwäsche gegeben werden. Diese Hinweise haben nicht ausschließlich etwas mit BARF zu tun, sondern sollten in jeder Küche zum Standard gehören, in der rohes Fleisch geschnitten und zubereitet wird, was derzeit noch auf über 80 % der deutschen Küchen zutrifft. Untersuchungen haben jedoch gezeigt, dass in vielen Küchen mehr Bakterien zu finden sind als in Badezimmern.

Die Kreatininwerte im Blut der roh gefütterten Katze entsprechen meist nicht den festgelegten Richtlinien, sondern sind trotz bester Gesundheit leicht erhöht. Das ist normal und kein Grund zur Besorgnis.

Die Vorteile einer ausgewogenen Rohfütterung von Katzen:

- ✓ kein oder sehr wenig Zahnstein
- ✓ gut für Zähne, Zahnfleisch und Kaumuskulatur
- ✓ weniger Parasiten
- ✓ kein übler Geruch von Fell und aus Maul
- ✓ gesundes, glänzendes Fell
- ✓ starkes Immunsystem
- ✓ geringere Kotmengen
- ✓ starke Bänder und Sehnen
- ✓ bessere Muskulatur
- ✓ weniger Wachstumsprobleme
- ✓ Erleichterung bei arthritischen Krankheiten
- ✓ Unterstützung der Nieren

Die Mahlzeiten sollten zum Zeitpunkt des Servierens stets Zimmertemperatur haben, um Magenschmerzen zu vermeiden.

Fleisch auftauen und wieder einfrieren?

Hier gehen die Meinungen auseinander. Grundsätzlich spricht nichts dagegen, größere eingefrorene Mengen an Fleisch, Karkassen und Innereien einzukaufen, aufzutauen und nach fachgerechter Portionierung umgehend wieder einzufrieren. Natürlich werden durch das erneute Einfrieren einige Vitamine zerstört, es ist jedoch nicht immer einfach, an frisches Fleisch und verschiedene Innereien zu gelangen bzw. diese ständig nachzukaufen. Eine andere Möglichkeit wäre das Portionieren des eingefrorenen Fleisches mit einer Kreis- oder Knochensäge.

Mische alle Futterzusätze wie Calciumpräparate, wertvolle Öle und Nahrungsergänzungen frisch unter die Tages- oder Drei-Tages-Portion, die bereits zum Verfüttern aufgetaut wurde. So viel Zeit muss sein.

Achte beim Einfrieren darauf, dass das Verpackungsmaterial nicht luftdurchlässig oder undicht ist, weil ansonsten Gefrierbrand entstehen kann. Kleine Glasschälchen mit Deckel sind zum Einfrieren empfehlenswert und geben keinerlei Schadstoffe ab.

Verfüttere die während des Auftauens entstehenden blutigen Flüssigkeiten mit, weil sie wichtige Aminosäuren und Mineralstoffe enthalten.

Fastentage für Katzen?

Beim Hund wird ein Fastentag in der Woche empfohlen, um die Leber zu entlasten. Dies ist jedoch kein Muss und bei vielen Hunden, die auf ihre täglichen Mahlzeiten konditioniert sind, auch gar nicht umsetzbar. Bei Katzen sind Fastentage jedoch gar nicht empfehlenswert. Sie müssen täglich ihre Nahrung bekommen, um die Nieren stets mit Flüssigkeit zu versorgen und der Leber einen gesunden Fettstoffwechsel zu ermöglichen. Durch tagelanges Hungern besteht die Gefahr der Fettleber (hepatische Lipidose), und die eingelagerten Fette können nicht mehr ausgeschieden werden. So kann es zu ernsthaften, bleibenden Schäden kommen. Hat deine Katze die Nahrungsaufnahme eingestellt, musst du davon ausgehen, dass es ihr nicht gut geht. Sie benötigt dann umgehend eine medizinische Behandlung.

Die Möglichkeiten der Rohernährung für Katzen

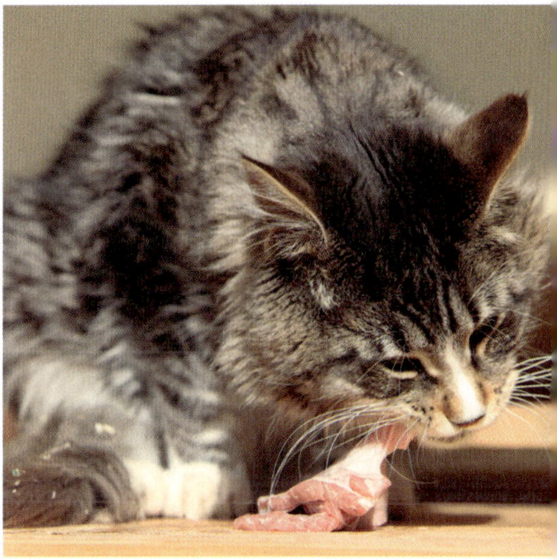

Die Beutemethode (»prey«): Hier werden ausschließlich ganze Futtertiere verfüttert, welche zum Zeitpunkt der Fütterung nicht mehr leben.

Die Beutemethode (»prey«) mit Supplementen: Hier wird ein Beutetier nachgestellt, und du verfütterst Fleisch, sämtliche Innereien und Knochen. Fehlende Nährstoffe werden über Blut, Fisch und Fischöle ergänzt.

BARF mit natürlichen Futterzusätzen – die normale Rohfütterung: Diese Methode ist bei Katzenbesitzern am weitesten verbreitet, weil man hierbei die Mahlzeiten individuell und den Vorlieben der Katze entsprechend zusammenstellen kann. Ein Zuwenig an Einzelkomponenten wird durch Supplemente ausgeglichen. Die nachfolgenden Informationen sollen dir dabei behilflich sein.

Die optimale Zusammenstellung einer BARF-Mahlzeit

Zusammensetzung einer Tagesration:

- ✓ ca. 50 % Muskelfleisch (Fleisch, Herz, Zunge, Magen, Stichfleisch)
- ✓ 10 % Innereien (Leber, Nieren, Lunge, Milz, Hoden, Hirn)
- ✓ 5–10 % Knochen
- ✓ 10 % Fett
- ✓ ca. 10 % Blut, Sehnen, Fell, Federn
- ✓ bei Bedarf 3–10 % pflanzliche Ballaststoffe

Muskelfleisch – ca. 50 % einer Tagesration

Zum Muskelfleisch zählen Fleisch, Herz, Magen, Zunge und sämtliches Stichfleisch.

Fleisch enthält essenzielle Aminosäuren (Eiweiße), die für lebensnotwendige Reparatur- und Aufbauprozesse an Gewebe, Organen und der Struktur notwendig sind. Hier ist zu beachten, dass nicht nur mageres Fleisch verfüttert wird, sondern auch solches mit einem anständigen Anteil Fett, das der Katze neben den Proteinen als primärer Energielieferant dient. Fett liefert der Katze doppelt so viel Energie wie Kohlenhydrate. Herz gehört zum Muskelfleisch und enthält viel Taurin.

Durch Schweinefleisch kann der Aujeszky-Virus übertragen werden, der bei Katzen und Hunden zum Tod führt. Rohes Schweinefleisch sollte daher nur verfüttert werden, wenn man mit der Herkunft zu 100 % vertraut ist, z. B. wenn das Fleisch vom lokalen Biobauern stammt.

In der folgenden Tabelle sind die Fleischsorten und Futtertiere aufgeführt, die sich für Katzen eignen.

rohes Fleisch und ganze Futtertiere	Verwendbarkeit, Energiegehalt und Hinweise
Eintagsküken (mager)	komplett verfütterbar; keine ausschließliche Futterquelle
Ente (sehr fett)	Fleisch, Karkasse, Innereien, Fett
Fisch (fett) ohne Thiaminase	Wildlachs, Makrele, Dorade, Sardine, Sprotte, Forelle, Dorsch, Aal, Hecht – ganze Fische inklusive Gräten, als Filet oder Öl
Gans (sehr fett)	Fleisch, Innereien, Fett
Hase (mager)	Fleisch, Karkasse, Innereien
Huhn (mager)	komplett verfütterbar; Haut ist fett
Kaninchen (mager)	Fleisch, Karkasse, Innereien
Lamm (fett–sehr fett)	Fleisch, Innereien, Pansen, Fett
Maus (fett)	komplett verfütterbar
Pferd (mager)	Muskelfleisch, Fett
Ratte (fett)	komplett verfütterbar
Rebhuhn und Fasan (mager)	komplett verfütterbar
Rind (mager–fett)	Fleisch, Innereien, Fett, Blut
Schwein (fett–sehr fett)	Fleisch (gekocht oder roh und bio)
Strauß und Emu (mager)	Fleisch (im Falle einer Allergie)
Truthahn (mager)	Fleisch, Karkasse, Innereien
Tauben (mager)	komplett verfütterbar (aus Privatzucht); keine ausschließliche Futterquelle

Bei den mageren Fleischsorten muss Tierfett, Schmalz oder Haut ergänzt werden, bei Fleisch aus konventioneller Haltung in jedem Fall Omega-3-Fettsäuren. Wasche Fleisch, das du am Stück kaufst, vor dem Zerschneiden und Verfüttern unter fließendem Wasser ab.

Fischsorten, die das Enzym Thiaminase enthalten, sollten nur gegart verfüttert werden, weil dieses ansonsten das Vitamin B1 (Thiamin) zerstört.

Bei der Verfütterung ganzer Tiere achte unbedingt auf die Fleischqualität und die Haltungsbedingungen der Futtertiere! Sie sollten vorzugsweise aus einer privaten Zucht stammen, die du dir ansehen kannst. Internetware stammt oft aus dem Ausland. Futtertiere können gut in einer Dusch- oder Badewanne sowie auf der Terrasse oder im Garten verfüttert werden.

Futtertiere oder Teile von ihnen, z.B. Hähnchenflügel oder -schenkel, können vor dem Verfüttern auch durch einen Fleischwolf gedreht werden. Übrigens können knochige Futterteile sogar von zahnlosen Katzen noch gut geknackt und verspeist werden.

Ein Katzenjunges darf bereits ab der vierten Lebenswoche zusätzlich zur Muttermilch auch etwas feingehacktes Fleisch fressen.

Innereien – 10% einer Tagesration

Zu den Innereien zählen neben der Leber, die viel Vitamin A liefert, auch Nieren, Milz, Hoden, Lunge und Hirn, die einige Hersteller tiefgefroren anbieten. Eine Fütterung sämtlicher Innereien ist jedoch nicht zwingend notwendig. Ich empfehle dir, Leber und Nieren frisch beim Biobauern zu kaufen und portioniert einzufrieren. Beides sind Entgiftungsorgane, die bei der Rohfütterung meiner Meinung nach von sehr guter Qualität sein sollten.

Leber, die reich an Vitamin A ist, sollte den Hauptanteil der Innereien ausmachen. Weil Vitamin A im Körper der Katze gespeichert wird, sollte allerdings darauf geachtet werden, dass es nicht dauerhaft überdosiert wird. Wenn deine Katze Leber nicht mag, musst du ersatzweise Dorschlebertran oder ein natürliches Präparat zufüttern.

Knochen – 5–10 % einer Tagesration

Weil Katzen anders als Hunde nicht stundenlang einen Brustbeinknochen vom Rind benagen, reden wir beim Knochenanteil hauptsächlich von Karkassen (komplett gewolfte Kleintiere), Hühnerhälsen, -schenkeln und -flügeln. Ist noch sehr viel Fleisch an den Knochen, muss eine dementsprechend größere Menge verfüttert werden, um den Calciumbedarf zu decken. Das Calcium-Phosphor-Verhältnis sollte optimalerweise bei 1:1,2 liegen. Der Knochenanteil bei Mäusen beträgt 5 %, bei Hühnern 12 % und bei Kaninchen 8–10 %. Dies ist bei der Berechnung des Calcium- und Phosphoranteils im Futter zu bedenken, wird von einem guten Bedarfsrechner jedoch automatisch berücksichtigt.

Wenn du ausschließlich Fleisch fütterst, musst du eine der folgenden Calciumquellen supplementieren.

Calciumquellen	Eigenschaften und Hinweise
Algenkalk	enthält neben Calcium auch Jod, was bei Schilddrüsenüberfunktion zu beachten ist; ca. 5 g pro kg Fleisch
Calciumcarbonat	ein Salz der Kohlensäure, das als Futterzusatz synthetisch hergestellt wird; ca. 4 g pro kg Fleisch
Calciumcitrat	ein Salz der Zitronensäure, das als Futterzusatz meist synthetisch hergestellt wird; ca. 12 g pro kg Fleisch
Eierschalenmehl	kann mit einer Kaffeemühle selbst hergestellt werden; ca. 4 g pro kg Fleisch Achtung: Eierschalenmehl kann bei Hunden mit der Magensäure reagieren und Sodbrennen auslösen. Bei Katzen ist mir so etwas nicht bekannt, ich würde es dennoch im Hinterkopf behalten.
Knochenmehl	enthält neben Calcium auch Phosphor; Phosphorgehalt kann je nach verfütterter Fleischsorte eventuell zu hoch sein Bitte auf gute Qualität achten!

Weil der Calcium- und Phosphorgehalt von der Fleischsorte und -qualität abhängt und der Bedarf je nach Alter, Größe, Gesundheit und Aktivität der Katze variiert, solltest du hier mit einem Rechner* arbeiten.

Im Handel sind diverse Futterzusätze erhältlich, die aus synthetischen und/oder natürlichen Stoffen bestehen. Ich tue mich schwer damit, einer Katze in ihr 100%ig natürliches Futter ein künstliches Pulver oder synthetische Vitamintropfen zu rühren, sofern es dafür keine gesundheitliche Indikation gibt. Natürlich und komplett bioverfügbar würde ich stets bevorzugen.

Fett – 10 % einer Tagesration

* Einen solchen findest du z. B. unter www.dubarfst.eu oder www.katzen-fieber.de.

Für Katzen ist Fett neben Proteinen der wichtigste Energielieferant. Bei einem Mangel kann es zu Leistungsabfall und Fellproblemen kommen. Entsprechend der verfütterten Fleischsorten muss Fett eventuell ergänzt werden. Lamm und Rind haben einen Fettanteil im Fleisch, Geflügel hat es in der Haut. Natürliche Fette bzw. Schmalze gibt es von folgenden Tieren: Schwein, Gans, Ente, Lamm, Rind und Pferd. Am besten fragst du beim Biobauern, in Metzgereien oder im Naturkostladen danach. Selbstverständlich darf das Schmalz nicht gesalzen oder gewürzt sein.

Um den Omega-6-Überschuss im Fleisch von Schlachttieren zu kompensieren, sollte 1 kg Fleisch mit ca. 1 ml Öl angereichert werden, das viel Omega-3-Fettsäuren enthält.

In der folgenden Tabelle sind Öle aufgeführt, die sich für Katzen eignen.

Öle	Eigenschaften und Hinweise
Borretschöl	regt den Stoffwechsel an; hilft bei trockener Haut, Ekzemen und Arthrose; reguliert den Hormonhaushalt; Omega-6-Fettsäuren überwiegen
Dorschlebertran	reich an Vitamin A und D; gut für Knochenbau; nicht immer gut verträglich; Omega-3-Fettsäuren überwiegen
Lachsöl	hilft bei Entzündungen aller Art; gut bei Fellproblemen; Omega-3-Fettsäuren überwiegen
Maiskeimöl	reich an Vitamin E; Omega-6-Fettsäuren überwiegen
Nachtkerzenöl	stärkt das Immunsystem; hilft bei Allergien; gut für Haut; Omega-3-Fettsäuren überwiegen
Wildlachsöl	hilft bei Entzündungen aller Art; gut bei Fellproblemen; Omega-3-Fettsäuren überwiegen; Fisch kommt aus Wildfang und ist daher frei von allergenen Futterchemikalien wie Ethoxyquin
Weizenkeimöl	reich an Vitamin E; Omega-6-Fettsäuren überwiegen

Weil die Nieren bei ausschließlicher Gabe von Pflanzenölen durch die darin enthaltene Linolsäure belastet werden, solltest du insbesondere bei nierenkranken Katzen hauptsächlich Fischöle verfüttern und Vitamin E anderweitig ergänzen. Pflanzenöle sollten immer in Bioqualität und kalt gepresst sein.

Blut, Sehnen, Fell oder Federn – ca. 10 % einer Tagesration

Der Blutanteil in einer Katzenmahlzeit sollte bei 5–7,5 % liegen, denn darin sind wertvolle Nährstoffe, Eisen, Natrium, Calcium, B-Vitamine und Proteine enthalten. Blutige Flüssigkeiten, die beim Auftauen von Fleisch entstehen, sollten daher immer mitverfüttert werden. Fell ist ein guter Darmputzer und wirkt wurmtreibend.

Pflanzliche Ration – 3–10 % einer Tagesration

Der pflanzliche Anteil im Futter der Katze ist nicht zwingend notwendig, wird jedoch von vielen Tieren gern als Ballaststofflieferant angenommen. Er imitiert das Fell der Beute und unterstützt die Darmperistaltik. Hier eignen sich Möhren, Zucchini, Gurken, Kürbisse, Sprossen und Salate. Auch frisches Gras aus dem Garten fördert die Darmbewegung, was besonders bei Haarballen, die nicht mehr erbrochen werden können, weil sie bereits zu weit in den Verdauungstrakt gelangt sind, förderlich ist. Ein Freigänger wird sich bei Bedarf in der Natur an diversem Grünzeug bedienen. Aber auch in der Wohnung darf frisches Katzengras in Bioqualität niemals fehlen, damit die Katze die durch das Putzen abgeschluckten Haare besser erbrechen kann. Die dafür oftmals eingesetzte Malzpaste enthält leider synthetische Konservierungsstoffe und Antioxidationsmittel.

Futterergänzungen

In der folgenden Tabelle sind Zusatzfuttermittel aufgeführt, die sich für Katzen eignen.

Futterergänzungen	Eigenschaften und Hinweise
Acerolapulver	reich an Vitamin C; gut bei sämtlichen Entzündungen und Zahnfleischproblemen
Aloe vera	stärkt Immunsystem; wirkt entgiftend; gut für Verdauungstrakt und Haut (Ekzeme, Pilze, Juckreiz); kann Nährstoffdefizite ausgleichen
Bierhefe	reich an Vitamin B und Mineralstoffen; nicht bei Epilepsie, chronischer Niereninsuffizienz oder Störungen der Darmflora verabreichen
Eier	ein- bis zweimal in der Woche ein Eigelb, sofern keine Eintagsküken verfüttert werden; reich an Mineralstoffen und Fett
Flohsamen	helfen in Wasser aufgequollen bei Verstopfung
Grünlippmuschelpulver	hilft bei sämtlichen degenerativen Erkrankungen des Bewegungsapparates und beugt Arthrosen vor; hoher Anteil an Glykosaminoglykanen, die Bestandteil der Gelenkschmiere sind; unterstützt Bindegewebe; wirkt entzündungshemmend; taurinhaltig
Hagebuttenpulver	reich an Vitamin C; gut bei sämtlichen Entzündungen und Zahnfleischproblemen
Kokosraspel	wirken wurmwidrig
Methylsulfonylmethan (organische Schwefelverbindung; kurz: MSM)	unterstützt Immunsystem und Bewegungsapparat; gut für Haut, Fell, Knorpel und Krallen; hilft bei Allergien, Arthrose, Verstauchungen und Zerrungen; bindet Gifte im Körper; wirkt schmerzlindernd und entzündungshemmend; wird in der Krebstherapie eingesetzt
oligomere Proanthocyanidine (kurz: OPC)	stärkstes Antioxidans; gut bei sämtlichen Entzündungen und Zahnfleischproblemen; fördert Blutzirkulation; schützt Gehirn und Nerven; wird aus Traubenkernen und Pinienrinde gewonnen

Futterergänzungen	Eigenschaften und Hinweise
Propolis ohne Alkohol	tötet Viren, Bakterien und Pilze ab; natürliches Antibiotikum; stärkt als Kur Immunsystem, Darmflora, Herz, Kreislauf und Atemwege; hilft bei Allergien; gut bei Entzündungen im Maul und Rachenraum, der Nieren und des Harnapparates; wirkt wurmwidrig
Salz	zusammen mit Hämoglobin wichtig für Eisentransport; pro kg Fleisch muss 1–5 g gesundes Kristallsalz oder unraffiniertes Meersalz ergänzt werden, wenn kein oder nur wenig Blut verfüttert wird
Ulmenrinde (Slippery Elm Tree Bark aus Nordamerika)	wirkt magenschonend bei Gastritis und Übelkeit; gemahlene Ulmenrinde mit kaltem Wasser aufsetzen und zum Kochen bringen, dadurch entstehender Sirup zwischen den Mahlzeiten verfüttern (kleidet Magen aus)

Einige der Futterergänzungen sind geschmacksintensiv und sollten daher sehr langsam eingeschlichen werden.

Milchprodukte

Erwachsene Katzen benötigen von Natur aus keine Milchprodukte. Deine Katze darf gern zwischendurch etwas Hüttenkäse, Quark, Joghurt oder Frischkäse naschen, oder du machst ihr mit einigen Tropfen Sahne die Schüßlersalze schmackhaft, die sie nehmen soll. Reine Milch führt bei Katzen zu Durchfall, wobei die pasteurisierte, fettreduzierte H-Milch von Kühen aus der Mast sicher schädlicher ist als eine Demeter-Rohmilch mit 10 % Fett und allen gesunden Inhaltsstoffen, die beim Hocherhitzen verloren gehen. Als Grenzwert für die tägliche Zufuhr von Laktose gelten 2 g pro kg Körpergewicht.

Propolis

Aufgrund der vielfältigen Einsatzmöglichkeiten und der guten Wirksamkeit des Bienenkittharzes Propolis bin ich der Meinung, dass es in jede Hausapotheke gehört.

Propolis besteht aus ätherischen Ölen, Wollwachs, Blütenpollen und Harzen und wird als Alkoholauszug oder alkoholfrei als Liquid oder Pulver angeboten. Für den innerlichen Einsatz bei Katzen empfehle ich die letzten beiden Varianten. Die Bienen produzieren Propolis und kleiden ihren Bienenstock damit aus, um ihn keim-, bakterien-, viren- und pilzfrei zu halten. Propolis wirkt wundheilungsfördernd, entzündungshemmend und schmerzstillend. In der Tierheilpraxis ist Propolis nicht wegzudenken – als Liquid pur aufgetragen auf kleinere Verletzungen oder mit Wasser verdünnt zum Desinfizieren von größeren Schrammen. Aber auch innerlich verabreicht hat sich Propolis bei Infektionen und zur Wiederherstellung einer gesunden Darmflora bewährt. Regelmäßig eingenommen harmonisiert Propolis das Nervensystem und unterstützt das Altersherz. Ich kenne Katzen, die Propolis als Pulver oder flüssig unter ihre Mahlzeit gemischt ohne Weiteres akzeptieren. Bei denen, wo dies nicht der Fall ist, würde ich einen Tropfen Propolis-Liquid ans Mäulchen oder auf die Pfote geben, damit sie es ablecken. Das funktioniert meist sehr gut, weil Propolis eine klebrige, harzige Konsistenz hat und daher nicht abgeschüttelt werden kann. Die Wirkung der grünen Propolis aus Brasilien ist besonders stark.

Reflektiere in Ruhe deine eigenen Essgewohnheiten.
Ist dein Vitaminbedarf gedeckt und deine Nahrung
frisch und ausgewogen?

Wasser und Näpfe

Bei all der guten Ernährung darf die Wasserqualität nicht vergessen werden. Die wenigsten Menschen trinken Leitungswasser, aber fast alle Wohnungskatzen bekommen nichts anderes. Die Medikamenten-, Hormon- und Bleirückstände im Leitungswasser sind für Katzen genauso schädlich wie für Menschen. Auch wenn sie nicht allzu viel trinken, sollten wir ihnen diese Belastung des Organismus weitestgehend ersparen. Ich würde dir daher die Installation eines Wasserfilters empfehlen. Das zahlt sich sehr schnell aus, und du musst nie mehr Wasserkisten schleppen und dadurch Zeit und Lebenskraft vergeuden.

Bitte benutze keine Alu-, Edelstahl- oder Plastiknäpfe, weil diese erwiesenermaßen Schadstoffe, z. B. Nickel, freisetzen, die auf diesem Weg in den Körper der Katzen gelangen. Insbesondere dann, wenn Trinkwasser rund um die Uhr im Napf steht. Am besten verwendest du Keramik- oder Glasschalen (Auflaufformen). Die Schwingung des Wassers kannst du leicht erhöhen, indem du Quarzkristalle (z. B. Bergkristall, Amethyst, Rosenquarz) hineingibst oder die Wasserkaraffe auf ein Bild von der Blume des Lebens stellst.

Bei plattschnauzigen Katzengattungen, beispielsweise Persern, verwende flache Schalen, damit deine Fellnase beim Fressen oder Trinken nicht mit ihrem kompletten Gesicht in der Schale versinkt.

Die Näpfe deiner Katze müssen nach jeder Mahlzeit heiß ausgespült werden. Auch der Wassernapf sollte täglich frisch befüllt und regelmäßig gespült werden. Er sollte sich nie in unmittelbarer Nähe zum Futternapf befinden, sondern stets an einem anderen Ort. Katzen trinken oft instinktiv nicht dort, wo sie fressen, weil in der Natur das Wasser durch die Beute verunreinigt sein könnte.

Wohnungskatzen, die wenig Wasser zu sich nehmen, können mit einem Wasserbrunnen zum Trinken animiert werden. Manche Katzen lieben ihn, andere können absolut nichts damit anfangen. Vielleicht kannst du dir zum Ausprobieren einen Brunnen ausleihen. Manche Tierschutzkatzen weigern sich strikt, feuchtes Futter zu fressen. Wenn noch andere Katzen mit im Haushalt leben, ist eine Futterumstellung darauf manchmal nicht möglich, weil die verschmähte Mahlzeit dann meist von den bereits mit Feuchtfutter ernährten Katzen verspeist wird, noch bevor die Tierschutzkatze sich doch daran versuchen will. Die Fütterung von Trockenfutter ist in diesen Fällen unumgänglich. Dann solltest du mit allen Mitteln versuchen, deine Katze zu einer ausreichenden Wasseraufnahme zu animieren, indem du jedes Zimmer mit einer Wasserquelle versorgst. Manche Freigänger trinken im Haus gar nichts, weil sie sich lieber des abgestandenen Regenwassers in den Pflanzenkübeluntersetzern oder der Gießkanne bedienen. Tiere lieben dieses angesäuerte Brackwasser. Manche bevorzugen auch das Trinken aus einem Wasserhahn. Erfülle ihnen diesen Wunsch, so oft es geht, damit ihre Harnwege gesund bleiben.

Im Zusammenleben mit Hunden hat sich ein erhöhter Fress- und Trinkplatz bewährt, der außerdem noch gut aussieht und von seiner Katzenmajestät gern als Thron genutzt wird.

Der Wassernapf der Katze gehört nie direkt neben den Futternapf, sondern stets an einen anderen Ort. Die Katzentoilette sollte sich in großer Entfernung zu beiden Näpfen in einem anderen Raum befinden.

Leckerlis

Achte auch beim Kauf von Leckerlis auf eine gute Qualität und natürliche Zutaten, die einer gesunden Katzenernährung entsprechen. In BARF-Geschäften findest du eine große Auswahl an Snacks aus getrocknetem Fleisch oder Fisch, die du mit gutem Gewissen für die Beschäftigung deiner Katze nehmen kannst. Leckerlis lassen sich auch leicht selbst herstellen. Im Ofen oder im Dörrautomaten getrocknete kleine Würfel aus Hühnerbrust oder Hühnermägen sind für die meisten Katzen eine Delikatesse. Auch aus einem Hackfleisch oder Fisch deiner Wahl, vermengt mit einer Prise Kristallsalz, einem Schuss Öl und etwas Kichererbsenmehl für die Konsistenz, lässt sich eine feine Masse herstellen, die auf Backpapier dünn ausgerollt und für 15 Minuten bei 200 °C gebacken wird. Schneide das Ganze anschließend mit einer Schere in kleine Stücke, und gib diese für weitere fünf bis zehn Minuten in den Backofen. Danach lässt du sie dort bei geöffneter Tür auskühlen. Sind sie schön durchgebacken, kannst du sie lange verwahren. Bei eher weicher Konsistenz müssen sie innerhalb einer Woche verbraucht werden. Denke daran, dass Leckerlis immer nur in Maßen verfüttert werden sollten, damit noch genug Appetit für die gesunden Hauptmahlzeiten übrig bleibt.

Allergien und Futtermittelunverträglichkeiten

Unter dem Begriff »Allergie« versteht man eine überschießende, krankhafte Abwehrreaktion des Immunsystems auf von außen kommende, oft harmlose Antigene. In den Industrieländern zählen Allergien mittlerweile zu den Zivilisationskrankheiten und machen bei den Veterinären ca. 70 % der Patienten aus. Eine Allergie kann sowohl angeboren als auch erworben sein. Bevor das Immunsystem auf ein Allergen reagiert, muss der Organismus mehrmals mit ihm in Kontakt gekommen sein.

Katzen sind nicht ganz so häufig von Futtermittelunverträglichkeiten betroffen wie Hunde, was vielleicht damit zusammenhängt, dass sie mehrheitlich nicht überzüchtet sind und daher eine stärkere Grundkonstitution haben. Allerdings reagieren Wohnungskatzen vermehrt auf Gifte im Wohnraum, und Freigänger, die ländlich leben, haben nicht selten mit allergischen Atemwegsbeschwerden oder Tumorerkrankungen zu tun. Im Zeitalter von Glyphosat und Co ist das Landleben der Gesundheit von Mensch und Tier leider nicht mehr zuträglicher als das Leben in der Stadt.

Die Hauptallergene in Katzenfutter:

- ✓ pflanzliches Eiweiß
- ✓ synthetische Antioxidantien
- ✓ Konservierungs- und Farbstoffe
- ✓ Lockstoffe
- ✓ Sorbit, ein industrieller Zuckeraustauschstoff

Es ist offensichtlich, dass Katzen meistens allergisch auf chemische Substanzen im Futter und in der Luft, also sämtliche E-Stoffe, aber auch Abgase, Zigarettenqualm und jegliche Sorten von künstlicher Raumbeduftung, reagieren.

Für eine normale Immunfunktion ist ein Gleichgewicht der Th1- und Th2-Zellen im Blut die Voraussetzung, um virale und bakterielle Infekte abzuwehren. Auch Darmflorastörungen, chronische Durchfälle und eine entzündete Darmschleimhaut können eine Allergie verursachen, weil dadurch viel zu große Nahrungsbestandteile die Darmwand passieren und ins Blut gelangen, wo sie als Fremdkörper markiert werden.

Weitere mögliche Ursachen einer Allergie:

- ✓ zu wenig antientzündlich wirkende, natürliche Stoffe in denaturiertem Futter
- ✓ zu viel Getreide und minderwertige Füllstoffe in denaturiertem Futter
- ✓ Umweltverschmutzung, Pestizide, Herbizide, Insektizide, Autoabgase
- ✓ Pollen, v.a. Birkenpollen, binden sich an Dieselruß und gelangen auf diesem Weg bis tief in die Atemwege

Symptome einer Allergie:

- ✓ Juckreiz
- ✓ Dunkelfärbung der Haut aufgrund verstärkter Pigmentierung
- ✓ chronisch wiederkehrende Ohrenentzündung
- ✓ Hautausschlag

- ✓ Übelkeit, Erbrechen, Durchfall, vermehrtes Speicheln
- ✓ Atemwegserkrankungen

Als Diagnosemethoden kommen infrage:

- ✓ Bioresonanzanalyse – von erfahrenen Therapeuten durchgeführt
- ✓ serologische Testungen über das Blut – Ergebnisse oftmals falsch oder nicht aussagekräftig
- ✓ Ausschlussdiät – dauert lange und ist sehr anstrengend, weil Katzen über viele Wochen immer die gleichen Komponenten zu fressen bekommen; theoretisch kann es Jahre dauern, bis Allergieauslöser gefunden wird

Behandlungsansätze bei Allergien:

- ✓ allergieauslösende Substanzen möglichst meiden
- ✓ Immunmodulatoren aus der Mykotherapie einsetzen (mithilfe einer ausgebildeten Fachperson)
- ✓ Umstellung auf 100 % naturreine Katzennahrung
- ✓ Darmsanierung und Entgiftung
- ✓ Autonosodentherapie
- ✓ klassisch-homöopathische Behandlung zur Unterstützung
- ✓ Bioresonanztherapie

Mykotherapie – Vitalpilzkunde

Lange vor unserem Kennenlernen litt mein Mann Andreas so stark an den Symptomen seiner Allergie gegen Frühblüher, dass er zeitweise Kortisonspritzen bekommen musste. Heutzutage beginnt er im Januar mit einer dreimonatigen Reishi-Extrakt-Kur und hat keinerlei Symptome mehr. Neben seinen immunmodulierenden Eigenschaften hat der Reishi (Ling Zhi, Glänzender Lackporling) ähnlich wie andere Vitalpilze auch eine sanft entgiftende Wirkung und ist rundherum ein großartiger Heilpilz. Außerdem hemmt er die Ausschüttung des Neurotransmitters Histamin, den viele Menschen und Tiere nicht abbauen können, was bei ihnen diverse Symptome verursacht. Der Agaricus blazei murrill (Mandelpilz) hat sich als Extrakt bei allergischem Asthma bewährt.

Autonosodentherapie

Diese Behandlungsmöglichkeit kann sehr gut mit der Mykotherapie oder der klassischen Homöopathie kombiniert werden, nicht jedoch mit der Bioresonanz- oder Eigenbluttherapie, weil bei diesen Therapieformen eine ständige Veränderung des Organismus herbeigeführt wird.

Autonosoden sind aus patienteneigenen Stoffen individuell hergestellte Nosoden, die als homöopathische Arzneimittel gelten. Zum Einsatz bei einer Allergie benötigt man für die Herstellung einer Autonosode das Blut oder den Urin des Patienten. Geht die Allergie mit Bronchialasthma einher, kann dafür auch Sputum (Auswurf) genommen werden.

Die Grundlage für die Autonosodentherapie ist die Homöopathie und deren Grundregel: Ähnliches werde mit Ähnlichem geheilt. Trotzdem zählt die Autonosodentherapie zur Isopathie, einer besonderen Therapierichtung der Homöopathie. Hier lautet die Grundregel: Gleiches möge mit Gleichem geheilt werden.

Bei der Autonosodentherapie werden Stoffe, die beim Gesunden Krankheitssymptome hervorrufen, in homöopathischer Verdünnung eingesetzt. Die Wirkungsweise dieser Therapie ist bis heute wissenschaftlich nicht erforscht. Man vermutet, dass die Autonosode wie ein Katalysator wirkt und dadurch …

- ✓ ein reaktionsschwacher Organismus aktiviert wird.
- ✓ die Abwehrkräfte mobilisiert werden.
- ✓ Blockaden aufgehoben werden.
- ✓ Reize und Impulse zur Ausleitung belastender Stoffe gegeben werden.
- ✓ der gesamte Organismus umgestimmt wird.

Autonosoden werden immer nur in der »heißen Phase« eingesetzt, also dann, wenn Symptome auftreten. Sie sind nicht prophylaktisch einsetzbar.

Klassische Homöopathie

Für eine klassisch-homöopathische Allergiebehandlung benötigst du die Hilfe eines Tierheilpraktikers, der anhand der Gesamtheit der Symptome deiner Katze ein individuelles Konstitutionsmittel repertorisiert – entweder mithilfe von Fachliteratur oder einer speziellen Software und nach einer ausführlichen Anamnese. Wie bei einer Zwiebel wird bei dieser Form der Homöopathie jede einzelne »Schale« des Krankheitsverlaufes entfernt, bis man schließlich an die Ursache der Blockade gelangt, die für die Allergie verantwortlich ist.

Bioresonanztherapie

Die Bioresonanz ist eine sanfte Therapie, bei der eine möglichst gut ausgebildete Fachperson mit einem Bioresonanzgerät arbeitet. Diese bereits von vielen Schul- und Alternativmedizinern angewendete Therapieform beruht auf der Erkennung von sogenannten Frequenzmustern und basiert auf der aus der Quantenphysik stammenden Theorie, dass alles, und somit auch jede Körperzelle und jedes Allergen, aus Schwingungen besteht. Durch die Allergiebehandlung mit einem Bioresonanzgerät soll der Körper lernen, die Schwingung bzw. das Frequenzmuster des Allergens nicht mehr als schädlich zu erkennen und sich dementsprechend auch nicht mehr durch verschiedene Symptome dagegen zu wehren.

Kreuzallergien bei Katzen sind, wie im Humanbereich auch, ganz besonders schwierig zu diagnostizieren. Manche überzüchteten Rassen wie die Maine Coon sind im Allgemeinen von Krankheiten und daher auch von Allergien verstärkt betroffen.

Sollte deine Katze einen übermäßigen Juckreiz entwickeln, obwohl sie keine Parasiten hat, lasse auch die Nieren, die Leber und die Schilddrüse abchecken. Mithilfe der Bioresonanzanalyse oder eines radiästhetischen Instruments wie einem Tensor kann eine Fachperson feststellen, ob ein Organ auf elektromagnetischer Ebene im Ungleichgewicht ist, was in einem Blutbild noch nicht zu erkennen ist.

Kortison sollte bei Juckreiz höchstens als Notfallmittel eingesetzt werden, damit das Tier kurzfristig zur Ruhe kommt. Bei einer Allergie gilt es, die Ursache (Allergene) zu ermitteln, den Körper sanft zu entgiften und in die Regulation zu bringen. Alles andere ist reine Symptomunterdrückung. Der Körper muss geheilt und die Ursache gefunden und behoben werden, ansonsten wird es immer Folgeerkrankungen geben.

Eine Futtermittelunverträglichkeit äußert sich ähnlich wie eine Allergie. Sie ist jedoch keine Reaktion des Immunsystems, sondern des Körpers und geht nicht selten mit einer Organschwäche oder -erkrankung einher.

Eine gesunde Ernährung und Lebensweise ohne unnötige Chemie reduziert das Risiko einer Allergie auf ein Minimum.

Der Darm und seine Bewohner – Bakterien, Würmer, Giardien und Co

Der Darm und das Immunsystem

Der Darm ist die Wurzel des Lebens und das wichtigste Zentralorgan für ein gut funktionierendes Immunsystem. Eine gesunde Darmflora ist lebenswichtig, weil Nährstoffe ansonsten nicht verwertet werden können. In einem Darm mit gesunder Darmflora ist das Verhältnis der guten und schlechten Bakterien ausgewogen. Ist die Darmflora dauerhaft gestört und die Darmschleimhaut entzündet, können zu große Nahrungsbestandteile die Darmwand passieren, dadurch ins Blut gelangen und dort als Fremdstoffe markiert werden, was zu Allergien führen kann. Die Darmflora mit all ihren Mikroorganismen wird auch als »Darmmikrobiom« bezeichnet.

Der Dünndarm ist der Hauptort der Verdauung und Aufnahme der Nahrungsbestandteile wie Proteine, Fette, Vitamine, Salze und Wasser. Im ersten Teil des Dünndarms wird die Nahrung enzymatisch verdaut. Durch die Sekrete der Bauchspeicheldrüse werden dabei die Kohlenhydrate, Proteine und Fette in ihre Bestandteile aufgespalten. Ist die Funktion des Dünndarms gestört, können die Nährstoffe vom Körper nicht aufgenommen werden.

Ist die Darmflora durch Hormone, Wurmkuren und längere Gaben von Antibiotika oder Cortison ins Ungleichgewicht geraten, ist eine Darmsanierung über mehrere Monate empfehlenswert. Auch Glyphosat hat neben vielen anderen krank machenden Eigenschaften sicherlich eine negative Wirkung auf die Darmflora unserer Tiere. Das kann sich körperlich und geistig bemerkbar machen, denn im Darm sitzt auch das emotionale Gedächtnis (Bauchhirn). Eine gesunde Darmflora entsteht v. a. durch eine biologische, artgerechte, rohe Fütterung, die möglichst reich an Enzymen, lebenden Bakterien und

Sekundärstoffen sein sollte. Eine artgerecht ernährte Katze oder gar ein Freigänger hat daher mit Sicherheit ein wesentlich stärkeres Immunsystem als eine mit Industriefutter ernährte Wohnungskatze.

Die Sanierung einer stark gestörten Darmflora sollte mindestens drei bis sechs Monate dauern. Während dieser Zeit dürfen die Futterzusätze gern einmal gewechselt werden, um möglichst viele verschiedene gute Bakterien zuzuführen bzw. dem Darm mehrere Möglichkeiten der Regeneration zu bieten.

Darmsanierung

»Die Mikrobe ist nichts, das Milieu ist alles«, sagte Prof. Dr. Antoine Béchamp. Bei der Darmsanierung bringen wir das Mikrobiom wieder ins Gleichgewicht.

Möglichkeiten einer natürlichen Darmsanierung:

- ✓ probiotische Futterergänzungen, die ausdrücklich für Katzen geeignet sind; je nach Laborbefund sollten gezielt Enterokokken, Milchsäurebakterien oder andere gute Bakterien verfüttert werden
- ✓ bei Übermaß an schädlichen Bakterien kann Huminsäure, die schädliche Bakterien bindet und ausleitet, verabreicht oder Präbiotika (z. B. Ballaststoffe, Inulin), die den Probiotika zur Verfügung gestellt werden, um sich zu regulieren, verfüttert werden

- ✓ effektive Mikroorganismen (Bakterien, die, sobald sie Nahrung bekommen, Vitamine, Mineralien und Antioxidantien absondern; kurz: EM) sowie für Katzen geeignete Produkte, in denen diese enthalten sind
- ✓ Bierhefe – verfüttern; nicht bei chronischer Niereninsuffizienz (CNI) oder Epilepsie
- ✓ Propolis-Liquid alkoholfrei – zwei Tropfen ins Fell zum Abschlecken
- ✓ Propolis-Pulver – eine Messerspitze ins Futter oder ins Fell zum Abschlecken
- ✓ Koriander-Propolis-Öl und frische Katzenkräuter wie Katzengras, Katzengamander und Katzenminze – dauerhaft anbieten, die Katze nimmt sich, was sie braucht
- ✓ darmunterstützende Kräutermischungen verfüttern

Bei länger anhaltenden Verdauungsproblemen empfehle ich einen Darmfloracheck durch ein gutes Diagnostiklabor. Dort findet man heraus, welche Darmbakterien fehlen und gezielt zugeführt werden müssen oder welchen entgegengewirkt werden muss. Auch eine Schwäche von Pankreas, Nieren oder Leber muss dann in Betracht gezogen werden. Durchfall sollte niemals chronisch werden. Parallel sollten immer auch die Rahmenbedingungen gecheckt und das Problem aus ganzheitlicher Sicht und im Kontext zum Katzenbesitzer begutachtet werden.

Der Darm ist eines der wichtigsten Organe. Achte bei deiner Katze und dir selbst stets auf eine gesunde Darmflora.

Unerwünschte Darmbewohner

Katzen haben es meist mit Spul- oder Bandwürmern oder mit Giardien zu tun. Giardien gehören zur Gattung der Einzeller und verbreiten derzeit eine panikartige Unsicherheit unter Hunde- und Katzenbesitzern, die auch in Internetforen erkennbar ist. Ich möchte dich an dieser Stelle beruhigen, denn Giardien sind keine neuartige Seuche, sondern uralt. Vermutlich befinden sie sich in einem Großteil der Gedärme sämtlicher Menschen, Hunde und Katzen. Giardien sollten nur dann therapiert werden, wenn sie Symptome wie Durchfall verursachen. Leider werden auch viele Tiere behandelt, die frei von Symptomen sind. Parallel zur Therapie ist die Stärkung des Immunsystems unerlässlich. Das Gleiche gilt für einen Wurmbefall. Auch hier sollten wir nur eingreifen, wenn dieser gemäß des Ergebnisses einer Laboruntersuchung übermäßig ist. Eine geringe Anzahl an Parasiten sowie verschiedene Bakterien in einem gesunden Verhältnis befinden sich im Darm eines jeden Lebewesens. Das ist völlig normal.

Wohnungskatzen sind eher selten von Darmparasitenbefall betroffen. Es ist jedoch möglich, dass wir Wurmeier von draußen über unsere Schuhe in die Wohnung bringen. Aus dem Grund macht es Sinn, im Haus oder in der Wohnung keine Straßenschuhe zu tragen.

Diagnose

Giardien

Giardien lassen sich durch einen Schnelltest beim Tierarzt diagnostizieren. Oder du schickst eine Kotprobe in einem Kotprobenbehälter aus der Apotheke direkt in ein Labor zur Untersuchung. Dafür benötigst du heutzutage keine Praxis mehr, sondern kannst das selbst auf dem schnellsten Weg erledigen. Die eingeschickte Probe sollte sich aus drei verschiedenen Kotabsetzungen zusammensetzen. Im Falle von Durchfall oder dem Wunsch nach einem Bakterienscreen wird der Kot nicht gesammelt, sondern frisch und umgehend eingeschickt.

Symptome eines übermäßigen Giardienbefalls:

- ✓ Durchfall – unspezifisch und immer wiederkehrend
- ✓ schleimiger, manchmal mit Blut vermischter Kot

Würmer

Ein übermäßiges Vorhandensein von Würmern oder Wurmeiern wird ebenfalls durch die Untersuchung einer Kotsammelprobe diagnostiziert. Ein Bandwurmbefall ist durch ein Labor nur sehr schlecht erkennbar, geht jedoch in den meisten Fällen mit einer starken Gewichtsabnahme trotz normaler Futtermengen und eines guten Allgemeinbefindens einher.

Bei einer Wohnungskatze ist das Einsammeln einer Kotprobe aus der Katzentoilette kein Problem. Doch wie kommt man an eine Kotprobe eines Freigängers? Hier gibt es nur zwei Möglichkeiten: Du beobachtest ihn draußen so lange, bis er sein Geschäft erledigt hat, und bedienst dich dann daran. Oder du behältst ihn so lange im Haus, bis er sein großes Geschäft in einer eigens dafür hergerichteten Katzentoilette erledigt hat.

Auch im Falle von Freigängern macht es Sinn, eine Katzentoilette oder zumindest einen flachen Karton mit Katzenstreu im Haus zu haben. Es gibt immer Tage und Situationen, in denen ein Hausarrest empfehlenswert ist. Dazu gehören Silvester oder sonstige lautstarke Partys, Straßenfeste oder Umzüge jeglicher Art in der Nähe. Freigang sollte nur bei guter Gesundheit gewährt werden, also nicht direkt nach einer Operation oder wenn deine Katze nach einer Erkrankung noch sehr geschwächt ist und Situationen aufgrund von Medikamentengaben vielleicht nicht richtig einschätzen kann.

Symptome eines übermäßigen Wurmbefalls:

- ✓ ein merkwürdiges, keuchendes Husten der Katze; in schwerwiegenden Fällen werden sogar Lungenwürmer abgehustet, ausgespuckt oder abgeschluckt
- ✓ struppiges Fell
- ✓ Wurmlarven am After der Katze oder auf ihrem Schlafplatz, die wie kleine Reiskörner aussehen
- ✓ Sichtbare Würmer im Kot sind sehr selten und ein Zeichen dafür, dass es allerhöchste Zeit für eine chemische Wurmkur ist!

Chemische Mittel gegen Würmer und Giardien

Eine starke Verwurmung kann große Schäden anrichten und muss zeitnah behandelt werden, darin sind sich sämtliche Therapeuten und Katzenbesitzer einig. Auch naturheilkundlich orientierte Menschen gehen bei der Entwurmung ihrer Katzen bei Bedarf lieber den chemischen Weg, um sie keinem Risiko auszusetzen.

Viele Katzenbesitzer folgen jedoch der weit verbreiteten Empfehlung und verabreichen ihren Tieren alle drei Monate ohne vorherige Kotuntersuchung ein Breitspektrum-Entwurmungsmittel, das entweder als Tablette gegeben oder als Spot-on in den Nacken geträufelt wird. Weil diese Mittel gegen diverse Wurmgattungen wirksam sein müssen, sind sie wahre Giftcocktails und belasten den Organismus der Katze daher am stärksten. Leider empfehlen auch viele Tierschutzvereine oder Katzenhilfen diese Vorgehensweise, obwohl diese Mittel keine prophylaktische Wirkung haben.

Bei der Untersuchung der Kotprobe stellt das Labor fest, welche Wurmgattungen eliminiert werden müssen. So kann die Belastung des Organismus durch Chemie sowohl durch die Wahl als auch durch die seltene, jedoch gezielte Verabreichung des Wurmmittels auf ein Minimum reduziert werden.

Sollte eine Kotuntersuchung für dich nicht infrage kommen, möchte ich dich trotzdem bitten, den Turnus der Gabe von chemischen Entwurmungsmitteln zu überdenken und dich intensiver mit den Symptomen einer Verwurmung zu befassen. Auch deine Intuition spielt eine große Rolle. Hast du einen guten Draht zu deiner Katze, wirst du merken, wann es Zeit für eine Entwurmung ist. Viermal im Jahr ein Breitspektrum-Entwurmungsmittel zu verabreichen, ohne dass eine Veränderung in Verhalten und Befinden vorliegt, halte ich für völlig unnötig. Nach der Verabreichung der chemischen Wurmkur sollte die Darmflora durch ein regulierendes Katzenpräparat aufgefrischt werden.

Die schulmedizinischen Giardientherapeutika bleiben mittlerweile nicht selten völlig wirkungslos.

Vorbeugung und natürliche Behandlung

Natürliche Entwurmung und Wurmprophylaxe

Du kannst einem übermäßigen Wurmbefall auf natürlichem Weg entgegenwirken, indem du regelmäßig ein wurmwidriges Darmmilieu bei deiner Katze schaffst und drei- bis viermal im Jahr kurweise für einen Zeitraum von zwei bis vier Wochen oder je nach Dosierungsangabe auch wesentlich kürzer eines der folgenden Mittel verabreichst:

- ✓ Kamala-Fruchthaarpulver – lähmt Würmer verschiedener Gattungen, die dadurch ausgeschieden werden können, und hat eine abführende Wirkung
- ✓ Propolis-Liquid ohne Alkohol – täglich zwei Tropfen ins Futter oder Fell zum Abschlecken
- ✓ Kokosraspel und -öl – je nach Größe der Katze zweimal wöchentlich eine Messerspitze
- ✓ Bachblüte »Crab Apple« als Globuli oder auf Quellwasserbasis
- ✓ Abrotanum D1, Natrium sulfuricum D12 und Lachesis D12 als homöopathische Wurmkur – jeweils ca. drei Globuli alle sechs Monate zweimal täglich über acht Tage lang direkt ins Maul verabreichen

Vorteile natürlicher Mittel gegenüber chemischen Wurmkuren:

- ✓ Leber und Nieren als Entgiftungsorgane werden nicht belastet
- ✓ geringere Gefahr einer allergischen Reaktion
- ✓ das Nervensystem bleibt unbeeinflusst
- ✓ keine Beeinträchtigung der gesunden Darmflora und der Nahrungsverwertung

Im Handel sind sehr gut wirksame Kräutermischungen zur Entwurmung erhältlich, die z. B. Bärlauch, Salbei, Oregano oder Thymian enthalten. Selbstverständlich gehört Bärlauch, wie andere Zwiebelgewächse auch, nicht auf den normalen Speiseplan der Katze, weil er eine Anämie herbeiführen kann. Und auch die anderen genannten Kräuter sind aufgrund ihrer ätherischen Öle normalerweise nicht für Katzen geeignet. Zur Entwurmung an zwei Tagen im Jahr können diese natürlichen Therapeutika jedoch bedenkenlos eingesetzt werden.

Giardien, Kokzidien, Clostridien und Co

Wurde durch ein Labor nach länger anhaltendem Durchfall ein Giardienbefall diagnostiziert, ist ein gutes Hygienemanagement wichtig. Die Ruheplätze der Katze sollten mit Tüchern ausgelegt werden, die täglich ausgetauscht und bei 90 °C in die Kochwäsche gegeben werden. Übergieße die Exkremente des Freigängers mit heißem Wasser, falls sie auffindbar sind.

Auf stärke- und zuckerhaltige Nahrung muss ab sofort verzichtet werden, weil sich die Giardien davon ernähren.

Natürliche Mittel, die sich bewährt haben:

- ✓ Kräuterextrakte auf der Basis von Bartflechte bei Giardien und Kokzidien
- ✓ Kräuterpillen aus der Traditionellen Chinesischen Medizin bei Giardien
- ✓ kolloidales Silber bei Giardien und Kokzidien – nicht länger als 14 Tage verabreichen
- ✓ als Notfallmittel bei Giardien und Kokzidien ein Stückchen echter Fetakäse in Kombination mit Katzenkräutern

Zeigt das Laborergebnis eine Dysbakterie, also ein Ungleichgewicht bei E-Coli, Enterokokken und anderen Bakterien, finde gemeinsam mit einer Fachperson die passenden darmfloraregulierenden Mittel für deine Katze.

Bei einer akuten bakteriellen Infektion haben sich Huminsäure, Heilerde und Zeolith als hilfreich erwiesen, weil diese unerwünschte Stoffe im Darm binden und deren Ausleitung unterstützen. Diese Mittel binden jedoch auch Nährstoffe und sollten daher nicht dauerhaft in die Hauptmahlzeiten gemischt werden.

Als magen- und darmstärkende Kräuter sind bei der Katze Löwenzahn, Koriander, Eibischwurzel und Süßholzwurzel einsetzbar. Außerdem eine Kombination aus Gänsefingerkraut und Brombeerblättern. Es gibt eine Handvoll Hersteller, die sehr gute Mischungen anbieten.

Zwischen der Gabe von kolloidalem Silber und homöopathischen Mitteln, Futter und Methylsulfonylmethan (MSM) musst du mehrere Stunden Abstand halten. Bei der Verabreichung von Silberkolloid zusammen mit Aurum metallicum sollen beide Mittel ihre Wirkung verlieren. Achte beim Kauf von kolloidalem Silber auf eine gute Qualität. Weil es nicht als Heilmittel zugelassen ist, wirst du aus rechtlichen Gründen auf keiner Flasche eine Dosierungsempfehlung für die innerliche Anwendung finden. Bei der Behandlung von Einzellern haben sich 4 ml pro kg Körpergewicht, aufgeteilt in zwei bis drei Portionen, bewährt.

> Würmer, Einzeller und Bakterien sind keine Seuche. Lasse dich nicht verunsichern, und gehe mithilfe einer Fachperson gezielt gegen sie vor.

Grobstoffliche Therapiemethoden

Phytotherapie – Heilpflanzenkunde

Dieses Kapitel über die Heilpflanzen- bzw. Kräuterheilkunde ist recht übersichtlich, denn Katzen dürfen nur einen Bruchteil der Kräuter oder pflanzlichen Medikamente bekommen, die Hunde oder Menschen unterstützen. Warum ist das so?

Seit Beginn der 1990er-Jahre ist bekannt, dass Katzen eine angeborene Glucuronidierungsschwäche besitzen. Das bedeutet, sie können ätherische Öle bzw. deren Bestandteile, z. B. Salicylsäure, nicht verstoffwechseln, lagern sie im Körper ein und werden dadurch nach und nach vergiftet.

Ätherische Öle sind in sehr vielen therapeutischen Heilpflanzen enthalten, Salicylsäure findet sich außer in Kräutern wie Weidenrinde und Mädesüß auch noch in diversen Schmerzmitteln. Verabreiche deiner Katze daher niemals Schmerz- oder sonstige Tabletten aus der Humanmedizin! Grundsätzlich dürfen Katzen immer nur Mittel bekommen, die ausdrücklich für sie zugelassen sind, frei sind von jeglicher Chemie und Alkohol und die zudem keine herkömmlichen ätherischen Öle beinhalten. Es gibt nur wenige Ausnahmen, und diese müssen gemäß Deklaration für Katzen geeignet sein.

Alkohol ist für Katzen ein No-Go, verwende daher niemals Essenzen, die auf Alkoholbasis hergestellt wurden, beispielsweise Urtinkturen, homöopathische Tropfen mit Alkohol oder unverdünnte Bachblüten aus Stockbottles. Für Katzen gibt es geeignete Alternativen.

Welche Pflanzen bzw. Pflanzenteile für Katzen nun empfehlenswert sind, darüber streiten sich die Gelehrten. In den vielen auf dem Markt befindlichen Büchern findet man dahin gehend unterschiedliche Angaben. Ich persönlich würde immer auf Nummer sicher gehen. Außer in veterinärmedizinischer Fachliteratur gibt es keine wirklich verlässlichen Angaben, geschweige denn repräsentative Studien hierzu. Daher habe ich in der nachfolgenden Übersicht nur die Pflanzen und Pflanzenteile aufgeführt, bei denen wir uns sicher sein können, dass sie für unsere Katzen absolut in Ordnung sind. Diese Liste hat allerdings keinen Anspruch auf Vollständigkeit.

Pflanzen und Pflanzenteile

Pflanzen und Pflanzenteile	Bezug	Anwendungsbereiche und Hinweise
Baldrian	als Pflanze im Garten; als Wurzelpulver oder Tropfen im Handel erhältlich	cannabisähnliche und sexualtrieb-anregende Wirkung auf Katzen; eingenäht in Kissen kann Baldrianwurzel Katzen stressige Situationen (Tierpensionsaufenthalt, Umzug etc.) erleichtern
Brennnessel	frisch aus dem Garten; getrocknet im Handel erhältlich	bei Blasenentzündungen und zur Stärkung der Nieren; fördert Stoffwechsel und Ausleitung von Schlackenstoffen

Pflanzen und Pflanzenteile	Bezug	Anwendungsbereiche und Hinweise
Brombeerblätter	als Pulver im Handel erhältlich; können auch selbst getrocknet und pulverisiert werden	zur Stärkung der Darmfunktion
Eibischwurzel	als Pulver im Handel erhältlich	natürlicher Schleimbildner; legt sich schützend über Magenwände
Ginkgowurzel	als Pulver im Handel erhältlich	fördert Durchblutung
Hagebutte	als Pulver im Handel erhältlich	reich an Vitamin C; als Nahrungsergänzung; gut bei Entzündungen und Zahn- bzw. Zahnfleischproblemen; verstärkt Wirkung von vielen anderen Mitteln
Katzengamander	als winterharte Pflanze im Garten	bei Katzen sehr beliebt; stärkt Nerven
Katzengras und Zwerg-Zyperngras (ausdauerndes Katzengras)	wachsen drinnen und draußen	beides wird von Katzen angeknabbert, um verschluckte Haare besser erbrechen zu können; normales Zyperngras aufgrund der scharfkantigen Blätter nicht geeignet; bei Magenempfindlichkeit sollte auch das Zwerg-Zyperngras nicht angeboten werden
Katzenminze (diverse Sorten)	als Pflanze im Garten	Katzen wälzen sich darin; verdauungsfördernd und hustenlindernd; auch als Bienenweide gut geeignet

Pflanzen und Pflanzenteile	Bezug	Anwendungsbereiche und Hinweise
Kurkuma	als Auszug in fettem Öl oder als Pulver im Handel erhältlich	wirkt u. a. antientzündlich, blutverdünnend und krebshemmend
Lavendel	wächst drinnen und draußen	empfinden viele Katzen als angenehm; kann bei Infektionen als ätherisches Öl in extremer Verdünnung angewendet werden (siehe »Aromatherapie«, S. 98)
Löwenzahn	als frischer Wildwuchs im Garten; als Saft und Kraut-Wurzel-Mischung im Handel erhältlich	stärkt Leber, Magen und Darmtrakt
Mariendistelsamen	als Pulver im Handel erhältlich	stärken Leber und Stoffwechsel, fördern Entgiftung
Süßholzwurzel	als Pulver im Handel erhältlich	stärkt Magenfunktion; gut bei Schleimhautentzündungen, Magengeschwüren u.Ä.
Taigawurzel	als Pulver im Handel erhältlich	stärkt gesamten Organismus im Alter und bei Stress
Weißdorn	als Saft oder Pulver im Handel erhältlich	stärkt Herz

Die sekundären Inhaltsstoffe der Pflanzen wirken aus therapeutischer Sicht entzündungshemmend, keimtötend und verdauungsfördernd. Achte auch beim Kauf von frischen Katzenkräutern immer auf eine gute Bioqualität. Billiges Katzengras aus dem Baumarkt wird oftmals aus dem Ausland importiert und ist pestizidverseucht. Es gibt biozertifizierte Kräutergärtnereien und Kräuterhäuser, von denen du frische oder getrocknete Katzenkräuter beziehen kannst. Möchtest du fertige Kräutermischungen für deine Katze kaufen, informiere dich zuvor bei dem Hersteller über die Unbedenklichkeit seiner Produkte. Vieles, was dauerhaft verabreicht toxisch wirkt, ist als Kur über wenige Tage oder Wochen eher unbedenklich. Hier macht die Dosis das Gift. Therapeutisch wirkende Kräuter sollten nie dauerhaft verfüttert werden und haben daher im Katzenfutter nichts zu suchen.

Räuchern

Der Rauch, der beim Verbrennen von speziell für Katzen geeigneten Mischungen aus getrockneten Kräutern, Wurzeln, Blüten mit etwas Weihrauchharz auf Räucherkohle entsteht, wird von manchen Katzen als angenehm empfunden. Sie nähern sich dem Rauch freiwillig und aalen ihre Aura darin. Räucherwerk sollte einem Freigänger jedoch nur unter freiem Himmel und einer Wohnungskatze auf einem gesicherten Balkon angeboten werden, damit sie im Falle von Unbehagen das Weite suchen können und nach dem Räuchern keinerlei störenden Düften in ihrem Wohnraum ausgesetzt sind.

Aromatherapie

Seit ich denken kann, liebe ich natürliche Düfte. Daher beschäftige ich mich seit Langem mit der Aromatherapie, also der Anwendung ätherischer Öle bei körperlichen oder psychischen Ungleichgewichten. Durch meine Haustiere hatte ich das Verdampfen in der Duftlampe jedoch fast komplett eingestellt, weil ich sie nicht belasten und v. a. den Katzen keine Leberschäden zufügen wollte. Unsere Stubentiger können darin enthaltene Stoffe wie Phenole bekanntlich nicht über Leber und Nieren ausscheiden, weswegen sie im Körper verbleiben. Mittlerweile habe ich naturreine ätherische Öle* in Therapeutenqualität kennengelernt, die so hochwertig und rein sind, dass einige von ihnen durchaus bei Katzen angewendet werden dürfen. Dazu gehören Lavendel, Muskatellersalbei, Römische Kamille, Immortelle, Rosmarin, Weihrauch, Elemi, Zedernholz und noch einige mehr. Diese können bei Hautproblemen, Milben, bakteriellen, viralen und mykotischen Infektionen, Allergien und Ängsten gute Dienste leisten. Sie müssen allerdings stark verdünnt bzw. wie folgt angewendet werden:

- ✓ ein Tropfen ätherisches Öl mit neun Tropfen Kokos- oder einem anderen hochwertigen Pflanzenöl vermischen, bevor man es auf die betroffene Hautstelle aufträgt
- ✓ ein Tropfen ätherisches Öl in den Händen verreiben, das Tier herankommen lassen und, wenn es das Öl mag, durch das Fell streichen
- ✓ mehrmals täglich je fünf Minuten zwei bis drei Tropfen im Diffuser bzw. Ultraschallvernebler vernebeln

Ein No-Go für Katzen sind Öle mit einem hohen Phenolgehalt wie Zimt-, Gewürznelken-, Oregano- und Thymianöl. Auch Zitrusöle mögen Katzen nicht.

Ätherische Öle nach therapeutischem Standard sind um ein Vielfaches stärker als Kräuter, unterstützen den Stoffwechsel und das Hormonsystem und durchdringen sogar die Blut-Hirn-Schranke. Lasse dich gut beraten, bevor du sie bei deinen Tieren anwendest.

Sowohl für die Arbeit mit Räucherwerk als auch mit ätherischen Ölen nach therapeutischem Standard gilt immer diese Faustregel: Die Anwendung erfolgt ausschließlich auf freiwilliger Basis! Wir können den Tieren die

---

* In Deutschland nur über Fachtherapeuten zu beziehen, nicht im Einzelhandel.

Pflanzenwirkstoffe anbieten, und sie dürfen selbst entscheiden, ob sie diese brauchen oder ablehnen.

Katzenkräuter gedeihen an den richtigen Plätzen auch in der Wohnung. Sei kreativ, und zaubere für deine Wohnungskatze und dich einen duftenden Katzengarten ins Wohnzimmer, oder lege für deinen Freigänger ein Kräuterbeet an. Heilpflanzen sollten von der Katze freiwillig angenommen werden.

Vitalpilze – Mykotherapie

Bevor ich auf die großartige Wirkung von Pilzextrakten und deren vielseitige Einsatzgebiete zu sprechen komme, möchte ich dir kurz davon berichten, wie wichtig Pilze für unser Ökosystem sind. Pilze leben in einer Symbiose mit sämtlichen Pflanzen dieser Erde und bilden über deren Wurzeln ein riesiges Kommunikationssystem – wie eine Art World Wide Web. Ohne Pilze könnte sich keine Pflanze etablieren, außerdem zersetzen sie organische Materie und sorgen auf diesem Weg dafür, dass die Pflanzen im Frühjahr erneut sprießen und wir eine reiche Ernte an Früchten haben. Pilze sind daher lebenswichtig für uns alle.

Anders als in asiatischen Ländern haben Vitalpilze in Deutschland noch keinen hohen Bekanntheitsgrad erlangt. Weil sie ein reines Naturprodukt sind und überdies keine toxischen Inhaltsstoffe aufweisen, können sie auch nicht patentiert werden, was sie für die Pharmaindustrie uninteressant macht. In Asien gehört der Einsatz von Pilzextrakten zur ärztlichen Behandlung mit dazu. Dort ist es ganz normal, bei Tumorerkrankungen Pilze einzusetzen, um deren antikanzerogene (krebshemmende) Wirkung zu nutzen und die Abwehrkräfte der Patienten zu stärken.

Pilze speichern Schwermetalle und Radionuklide, daher solltest du bei der Auswahl der Pilzextrakte auf eine gute Qualität achten. Die Gesellschaft für Vitalpilze e. V.* hilft dir dabei. In meiner Praxis sind Vitalpilze bei manchen Indikationen nicht wegzudenken, beispielsweise der Reishi-Pilz als Histaminhemmer bei Allergiekatzen oder der Maitake-Pilz als Leberschutz für Katzen, die starke schulmedizinische Medikamente nehmen müssen. Ähnlich wie bei anderen Medikamenten muss man etwas kreativ sein, um Katzen Vitalpilze verabreichen zu können. Anregungen dazu findest du auf S. 105. Einzig der Hericium-Pilz, ein wirkungsvoller Schleimbildner bei Erkrankungen der Magen- oder Darmschleimhäute, wird von einigen Katzen freiwillig akzeptiert.

* www.vitalpilze-tiere.de

Besonderheiten und Wirkungen von Vitalpilzen

Vitalpilze enthalten einzigartige Kombinationen aus Vitaminen, Spurenelementen, Mineralstoffen, Aminosäuren und sekundären Inhaltsstoffen mit antibakterieller, antiviraler und antimykotischer Wirkung. Sie entgiften, schützen und stärken die inneren Organe, regulieren und aktivieren das Immunsystem und können das Wachstum von Tumoren hemmen.

Hier einige dieser vielen Inhaltsstoffe im Einzelnen:

- ✓ Polysaccharide: 1,3-ß-D-Glucane und 1,6-ß-D-Glucane besitzen die größte immunmodulierende und antitumorale Wirkung unter den Polysacchariden (Vielfachzuckern) der Pilze. Sie aktivieren u.a. die Killerzellen, Immunglobuline (Antikörper) und Lymphozyten.
- ✓ Polyphenole: Sie wirken antibakteriell, entzündungshemmend und antioxidativ.
- ✓ Triterpene: Sie fördern die Wundheilung, regulieren die Blutfett- und Blutzuckerwerte und wirken schmerzhemmend, antibakteriell, antiviral, antimykotisch, antiallergisch und antikanzerogen.

Vitalpilze gibt es in Form von Pilzpulvern und Pilzextrakten. Bei der Herstellung von Pilzpulver wird der gesamte Fruchtkörper gemahlen. Es enthält vorwiegend die ernährungsphysiologisch wichtigen Vitamine, Aminosäuren und Mineralstoffe und wird auch präventiv eingesetzt. Die Pilzextrakte hingegen werden durch ein Herstellungsverfahren gewonnen, bei dem die pharmakologisch interessanten Stoffe, beispielsweise Polysaccharide, bioverfügbar gemacht werden. Sie werden daher vorwiegend bei Erkrankungen aller Art eingesetzt. Medizinische Studien wurden stets mit Pilzextrakten durchgeführt.

Alle Vitalpilze haben neben ihren spezifischen Wirkungsspektren eine entgiftende und blutverdünnende Wirkung. Daher sollten sie vor einer Operation früh genug abgesetzt werden. Um den passenden Vitalpilz für deine Katze auszuwählen, solltest du die Hilfe eines Mykotherapeuten für Tiere in Anspruch nehmen oder dich bei der Gesellschaft für Vitalpilze e.V. telefonisch beraten lassen. Bei der Kombination und Verabreichung gibt es ein paar Besonderheiten zu beachten, setze die Vitalpilze daher nicht ein, ohne ausreichende Kenntnisse über sie zu besitzen.

Die wichtigsten Vitalpilze und einige ihrer Einsatzgebiete

Vitalpilze	Anwendungen und Wirkungen
Agaricus blazei murill (Mandelpilz) 	einsetzbar bei FIP (feline infektiöse Peritonitis – Bauchfell- und/oder Brustentzündung durch Coronavirus) und Schilddrüsenüberfunktion; hilft bei Herzschwäche (hypertrophe Kardiomyopathie) und stärkt das Altersherz; wirkt krebshemmend; einsetzbar bei Autoimmunerkrankungen; hilft bei Hepatose, Immunschwäche, Leberdegeneration und Pankreatitis
Auricularia polytricha (Judasohr) 	fördert Durchblutung; hilft bei Analdrüsenproblemen und Epilepsie; hemmt Bildung von Bindegewebsgeschwüren; hilft bei Entzündungen von Haut und Schleimhäuten; zur Behandlung von Gefäßerkrankungen
Chaga (Inonotus obliquus) 	wirkt entzündungshemmend und stabilisierend bei entzündlichen Magen-Darm-Erkrankungen wie Magengeschwüren, chronischer Gastritis und IBD (inflammatory bowel disease); unterstützt die Wundheilung und hat die Fähigkeit, vor Melanomen zu schützen; begleitend bei einer Strahlentherapie einsetzbar
Coprinus comatus (Schopftintling) 	hilft bei Übergewicht, feliner Diabetes und Fibro- bzw. Impfsarkomen; gut für Verdauung; hilft bei Entzündungen, Arteriosklerose und Darmflorastörungen

Vitalpilze	Anwendungen und Wirkungen
Cordyceps sinensis (Chinesischer Raupenpilz) 	einsetzbar bei Niereninsuffizienz und Schilddrüsenüberfunktion; wirkt hormonregulierend; hilft bei bakteriellen Erkrankungen und Asthma; unterstützt bei Ängsten, Stress und Unruhe; stärkt das vegetative Nervensystem
Coriolus versicolor (Schmetterlingstramete) 	einsetzbar bei FIP (feline infektiöse Peritonitis – Bauchfell- und/oder Brustentzündung durch Coronavirus), hilft bei Blasenentzündung und anderen bakteriellen, viralen und mykotischen Infekten und Parasiten sowie beim Cushing-Syndrom
Hericium erinaceus (Igelstachelbart) 	hilft bei Magen- und Darminfektionen und Sarkomen; gut für vegetatives Nervensystem; außerdem einsetzbar bei Fellproblemen (in Kombination mit Reishi), Allergien und Infektionen durch das Bakterium Helicobacter pylori; stärkt die Milz
Maitake (Grifola frondosa, Klapperschwamm) 	hilft bei felinem Diabetes, Übergewicht und Mammatumoren; gut als Leberschutz, zur Knochenstärkung und zum Muskelaufbau; mildert Nebenwirkungen von starken Medikamenten; in Kombination mit Coprinus comatus starke Senkung des Blutzuckerspiegels bei nicht insulinpflichtigem Diabetes

Vitalpilze	Anwendungen und Wirkungen
Polyporus umbellatus (Eichhase) 	hilft bei Blasensteinen und -entzündungen; unterstützt die Entwässerung bei Ödemen (ohne erhöhte Ausschwemmung von Mineralien) und das Fellwachstum; hemmt Wachstum von Sarkomen; reguliert lymphatisches System Achtung: Niemals bei Lymphomen oder Metastasen im lymphatischen System anwenden!
Reishi (Ling Zhi, Glänzender Lackporling) 	einsetzbar bei FIP (feline infektiöse Peritonitis – Bauchfell- und/oder Brustentzündung durch Coronavirus), Niereninsuffizienz und Fibro- bzw. Impfsarkomen; hilft bei Herzschwäche (hypertrophe Kardiomyopathie), Allergien, Fellproblemen, Hauterkrankungen und Fettstoffwechselproblemen; unterstützt den Bewegungsapparat (z. B. bei Arthritis), das Immunsystem (z. B. bei Streptokokken) und die Wundheilung; verbessert die Sauerstoffsättigung des Blutes
Shiitake (Lentinula edodes) 	hilft bei Fettstoffwechselstörungen und Leukämie; gut für Verdauungsorgane; hilft bei Blasenentzündung und Blasenkrebs; zur Behandlung von Arteriosklerose; unterstützt Leber und Darm bei Entgiftung; hilft bei Herzrhythmusstörungen, Arthritis, Arthrose und Rheuma; zur Stärkung des Immunsystems bei schlechter Abwehrlage Achtung: Nicht einsetzen bei bestehenden Herz- und/oder Niereninsuffizienz!

Dosierung von Vitalpilzextrakten im Normalfall bei 300 mg pro Kapsel:

- ✓ Katzen bis 5 kg: zweimal täglich eine halbe Kapsel
- ✓ Katzen von 5–10 kg: zweimal täglich eine Kapsel

Bei Bedarf können mehrere Vitalpilzextrakte gleichzeitig verabreicht werden. Bei magenempfindlichen Katzen sollte die Dosis innerhalb einer Woche eingeschlichen werden. Die Extrakte sollten stets zum Futter bzw. parallel zur Fütterung verabreicht werden. Die gleichzeitige Einnahme von natürlichem Vitamin C, z.B. aus der Hagebutte oder Acerolakirsche, verstärkt die Wirkung der Vitalpilze. Einige Anbieter haben ihren Produkten daher bereits Acerolapulver beigemischt.

Pilzextrakte sind, anders als viele Kräuter, für Katzen absolut ungefährlich und werden bei ihnen mit großem Erfolg eingesetzt.

Die Verabreichung grobstofflicher Medizin

Während die meisten Hunde alles an Futter und Medizin verschlingen, was sie in ihren Näpfen finden, und auch das Spritzen von Flüssigkeiten ins Maul über sich ergehen lassen, stellt uns das Verabreichen von geschmacks- und geruchsintensiven Substanzen bei Katzen in der Regel vor eine größere Herausforderung. Zwar kenne ich auch Katzen, die selbst chinesische Kräuter, Propolis-Pulver oder Vitalpilze freiwillig aufnehmen, jedoch stellen diese Tiere ohne Zweifel eine Minderheit ihrer Gattung dar, die ihre Eigenwilligkeit bis zur Perfektion veredelt hat.

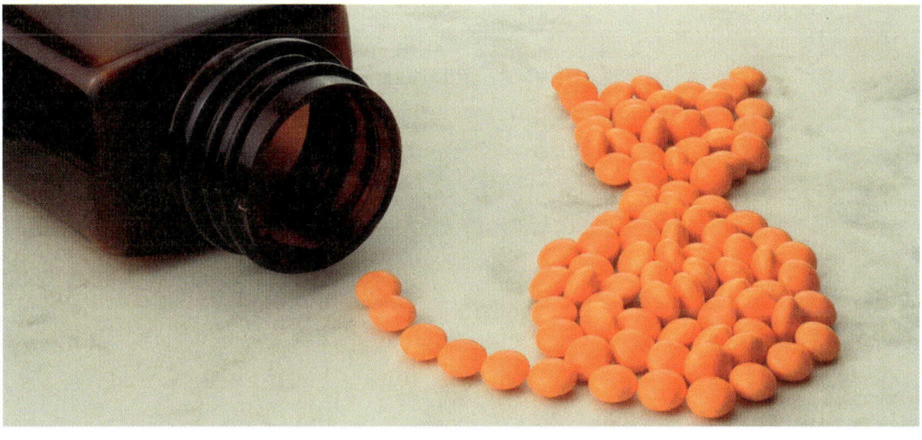

Tabletten, Presslinge und Kapseln

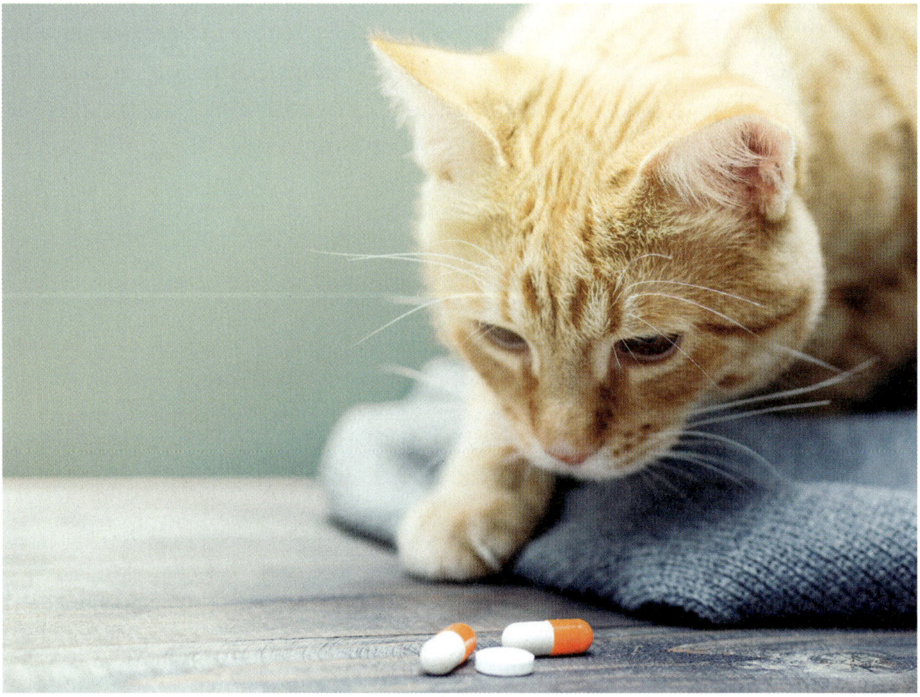

Du nimmst in einer für dich bequemen Art und Weise auf dem Boden, dem Sofa oder dem Bett Platz. Dann setzt du die Katze zwischen deine Beine oder auf deinen Schoß, sodass ihr beide in dieselbe Richtung schaut und du sie für ein paar Sekunden sicher festhalten kannst. Der komplette Vorgang sollte sehr schnell ablaufen, insbesondere dann, wenn die Prozedur täglich wiederholt werden muss. Dann hebst du den Kopf der Katze sanft an, ziehst Ober- und Unterkiefer auseinander und legst die Tablette blitzschnell möglichst weit hinten auf die Zunge oder wirfst sie ins Mäulchen. Dieses hältst du anschließend für einen Moment geschlossen, bis der Schluckreflex eingesetzt hat. Mit Kapseln und Presslingen gehst du ebenso vor. Mit einer zweiten Person ist die Anwendung dieser Methode sicherlich einfacher. Auf dem Videoportal YouTube findest du geeignete Videos zu diesem Thema, z. B. einen Beitrag aus der WDR-Sendung »Tiere suchen ein Zuhause«.

Flüssigkeiten

Therapeutische Flüssigkeiten können auf eine Spritze gezogen und der Katze blitzschnell zwischen die Zähne ins Mäulchen gespritzt werden. Sollte es gar nicht möglich sein, ihr die Medizin auf diese Weise zu verabreichen, mische sie ihr ins Futter, sofern sie geschmacksneutral ist.

Pulver

Der erste Versuch sollte darin bestehen, das Pulver in das normale Futter der Katze zu mischen. Mit etwas Glück akzeptiert sie es. Falls nicht, kannst du das Pulver in leere Kapseln füllen und versuchen, ihr diese wie unter »Tabletten, Presslinge und Kapseln« (S. 106) beschrieben zu verabreichen.

Eine weitere Variante besteht darin, ihr das Pulver ins Fell zu streuen, damit sie es herausleckt – am besten in Schulterhöhe an den Vorderbeinen, weil sie es von dort nicht sofort abschütteln kann. Mit etwas Butter, Kokosöl, Honig oder Propolis als Grundlage klebt das Pulver besser am Fell, und sie muss es gründlich herausschlecken.

Um einer Katze, die schwierig im Umgang ist, ein lebenswichtiges Medikament zu verabreichen, müssen wir mitunter einen Kompromiss eingehen und ein Leckerli zu Hilfe nehmen, das sich normalerweise nicht auf ihrem gesunden Speiseplan befindet. Dabei kann es sich um die heiß geliebte Leberwurst handeln oder um einen Löffel konventionelles Katzenfutter, das von der Katze trotz des untergemischten Pulvers aufgrund der im Futter enthaltenen Lockstoffe akzeptiert wird.

Viele Heilpflanzen sind auch in homöopathischer oder isopathischer Form als Globuli erhältlich, z. B. Mariendistel, Propolis und Teufelskralle. Für Katzen ist das oftmals die einfachere Alternative der Medikation.

Feinstoffliche Therapiemethoden – Schwingungsmedizin

Weil die Katze ein sensibles Tier mit einer Abneigung gegen geschmacksintensive Medizin ist, sind sanfte Therapiemethoden, die auf Schwingungsebene wirken, hervorragend für sie geeignet. Medikamente in Form von Globuli lassen sich sehr gut verabreichen, weil diese etwas Milchzucker enthalten und von Katzen in der Regel gern aufgenommen werden. Sprays lassen sich ebenfalls problemlos in die Aura der Katze sprühen.

Homöopathie

Begründet wurde die Homöopathie von dem deutschen Arzt, Apotheker, Pharmakologen und Chemiker Samuel Hahnemann (1755–1843). Als der sprachbegabte Hahnemann das Werk »A treatise of the Materia medica« des schottischen Pharmakologen William Cullen übersetzte, stieß er auf die Behauptung, Chinarinde sei aufgrund ihrer magenstärkenden Wirkung imstande, das Wechselfieber zu heilen. Dieser Behauptung wollte er nachgehen, und so versuchte er, sein eigenes Magenleiden durch die Einnahme einiger Quäntchen Chinarinde zu lindern. Als sich stattdessen die Symptome des Wechselfiebers bei ihm einstellten, war Hahnemann klar, dass Chinarinde bei einem gesunden Menschen exakt die Leiden hervorrufen kann, die sie bei einem kranken Menschen heilt. Dies war der Beginn der Forschungsarbeiten zur Homöopathie, in die Hahnemann sich selbst sowie kranke und gesunde Menschen miteinbezog. Zu keiner Zeit wurden in der Homöopathie Tierversuche durchgeführt.

Um herauszufinden, welche Mittel bei welchen körperlichen und psychischen Beschwerden eingesetzt werden können, wurden durch Arzneimittelprüfungen an gesunden Menschen die Arzneimittelbilder erstellt:

Arzneimittelprüfung: Sammlung aller Symptome, die während der Verabreichung eines bestimmten Arzneimittels unter definierten Bedingungen bei einer Gruppe von gesunden Testpersonen auftreten

Arzneimittelbild: systematisierte Auflistung aller Symptome, die während der Arzneimittelprüfung gesammelt wurden

Wirkung und Herstellung homöopathischer Mittel

Die Homöopathie heilt keine bestimmte Krankheit, sondern ein krankes Lebewesen aus ganzheitlicher Perspektive und auf allen Ebenen. Die Homöopathie wirkt nach dem Prinzip der Information im feinstofflichen Bereich und kann, je nach Potenz, sowohl auf körperlicher als auch psychischer Ebene Einfluss nehmen. Diese feinen Reize sind der Auslöser, um krankhaft veränderte Lebensprozesse im Körper umzustimmen und zu regulieren, sodass das Immunsystem zur Selbstheilung angeregt wird.

Das Ziel der Homöopathie ist, das auf körperlicher, emotionaler oder geistiger Ebene als Krankheitssymptom erkennbare Ungleichgewicht wieder in eine harmonische Ordnung zu bringen. Sie ist eine Art Reiztherapie oder Schwingungsmedizin, die regulativ in die körperlichen Erhaltungssysteme eingreift und in höheren Potenzen auch das psychische Befinden verändern kann. Das Grundprinzip der Homöopathie ist, Ähnliches mit Ähnlichem zu heilen (similia similibus curentur). Daher nimmt man bei Schwellungen z. B. Apis mellificia (Honigbiene) und bei wässrigem Schnupfen Allium cepa (Küchenzwiebel).

Bei der Homöopathie können empfindsame Patienten eine Erstreaktion bzw. Erstverschlimmerung wahrnehmen.

Die Ausgangsstoffe für homöopathische Arzneien sind Mineralien, Pflanzen, tierische Bestandteile, potenzierte Organpräparate, Lebensmittel oder chemische Stoffe, und sie werden nach genau vorgeschriebenen mechanischen Prozeduren hergestellt. Diese Stoffe werden zu Urtinkturen bzw. Ursubstanzen verarbeitet. Anschließend erfolgt der Prozess der Potenzierung, bei dem u. a. die teilweise giftigen Urtinkturen stark verdünnt werden, sodass kein Gift mehr nachweisbar ist. Ein so erzeugtes Mittel kann auf energetischer Ebene allein durch die Information der Urtinktur den verändernden Impuls bewirken.

Beispiel: Die niedrigste Potenz ist D1 (D = Dezimale). Sie entsteht durch die Verdünnung von einem Teil Urtinktur mit neun Teilen Wasser, Alkohol oder Milchzucker, was einer Verdünnung von 1:10 entspricht. Nun wird die Arznei zehnmal auf einer festen Unterlage geschüttelt bzw. eine Stunde lang mit einem Mörser verrieben. Wenn man diese D1-Potenz nun wiederum 1:10 verdünnt und zehnmal schüttelt, entsteht die Potenz D2. Entgegen Homöopathiekritikern haben Quantenphysiker längst bewiesen, dass durch diese Prozedur starke feinstoffliche Energien aus Materie freigesetzt werden.

In den letzten Jahrzehnten haben sich verschiedene Richtungen der Homöopathie entwickelt, die unter den homöopathisch arbeitenden Therapeuten nicht gleichermaßen ihre Zustimmung finden. Trotzdem haben alle ihre Berechtigung. Wir leben nicht mehr im 18. Jahrhundert – die Schwingungen und Reize in unserer Umwelt haben sich durch Elektrosmog, Mobilfunkstrahlung und weitere Schwingungsbelastungen stark verändert, und vieles, was früher auf Schwingungsebene half, wirkt heute nicht mehr gut. Außerdem ist in der Tierheilkunde eine ausführliche Anamnese nach dem Vorbild der humanen, klassischen Homöopathie nicht immer möglich. Wichtige Informationen über Vorfahren und Erbkrankheiten fehlen bei Tieren meist, und die genaue Lokalisation von Schmerz und anderen Symptomen ist häufig nicht möglich. Hinzu kommt, dass Ängste und Befindlichkeiten der Tiere durch die Besitzer nicht immer korrekt interpretiert werden. Das Ermitteln eines klassischen Mittels kann daher schwierig sein, weil es von präzisen Informationen über das Tier abhängig ist.

In der Tierheilkunde häufig angewendete Richtungen der Homöopathie:

- ✓ klassische Homöopathie
- ✓ klinische Homöopathie
- ✓ Komplexmittelhomöopathie
- ✓ Autonosodentherapie

Klassische Homöopathie

In der klassischen Homöopathie wird für jeden Patienten hinsichtlich der Gesamtheit seiner Symptome individuell ein Einzelmittel ausgewählt bzw. anhand von Spezialliteratur erarbeitet (repertorisiert) und dieses auch oftmals nur ein einziges Mal verabreicht. Es wird davon ausgegangen, dass dieses Mittel in der passenden Potenzierung ausreicht, um die auf »geistiger und körperlicher Ebene fehlgeleitete Dynamik des Organismus, sich an die Welt anzupassen, tief greifend zu modifizieren.« (Dr. Eugenio Candegabe) Dieses Einzelmittel wird auch »Konstitutionsmittel« genannt.

Wenn eine homöopathische Behandlung der Katze also in die Tiefe gehen und nicht nur körperliche Symptome, sondern auch die psychischen Ursachen dahinter mit einbeziehen soll, sollte das für sie passende Mittel herausgefunden und ihr in einer hohen Potenz verabreicht werden. Suche dir dazu am besten die Hilfe eines klassisch-homöopathisch arbeitenden Tierheilpraktikers. Viele Therapeuten verlassen sich heutzutage nicht mehr ausschließlich auf ihre umfangreichen Kenntnisse der Arzneimittel, sondern benutzen zudem Softwareprogramme, kinesiologische Muskeltests und Tensoren als Unterstützung.

Das Konstitutionsmittel kann auch immer dann gegeben werden, wenn die Katze aus dem Gleichgewicht geraten ist – sowohl seelisch als auch körperlich durch einen Infekt oder eine anderweitige leichte Erkrankung.

In der westlichen Medizin werden im Bezug auf Messwerte der einzelnen Körperfunktionen sowie für Medikationen gewisse Normen definiert. Dabei wird nicht berücksichtigt, dass Lebewesen völlig unterschiedliche Persönlichkeiten und Erbanlagen haben und somit auch nicht alle mit demselben Maß gemessen werden können. Es gibt ruhige, strukturierte, ängstliche, leicht erregbare und sehr energiegeladene Katzentypen. Katzen sind Individuen und haben von Natur aus unterschiedliche Blutwerte und Frequenzen. In der klassischen Homöopathie versucht man, gezielt für jedes Individuum das passende Mittel zu finden.

Im Folgenden führe ich drei Beispiele anhand unserer Katzen Streuner, Sunny und Lilly an.

Streuner

Daten:

- ✓ geboren: 02/2002 (geschätzt)
- ✓ Rasse: Europäisch-Kurzhaar-Wildkatze-Mix
- ✓ Geschlecht: männlich, kastriert

Herkunft:

- ✓ 2002–02/2005: unklar
- ✓ 02/2005–02/2005: kurzzeitig beim Tierschutzverein, danach bei mir

Charakter:

Streuner war der zutraulichste und zugleich coolste Kater, den ich und viele andere Menschen je kennenlernen durften. Durch seinen Charme wickelte er auch Menschen um seine Kralle, die Katzen gegenüber ansonsten wenig Zuneigung empfanden. Er war ein selbstbewusstes, imposantes Acht-Kilo-Exemplar, das die Dauer seiner Streicheleinheiten selbst bestimmte. Außer den Knallgeräuschen an Silvester gab es nichts, wovor Streuner Angst hatte. Auch vor zähnefletschenden Hunden wich er keinen Zentimeter zurück. Selbst beim Orkan Kyrill im Januar 2007 bestand er lautstark darauf, draußen herumzulaufen und sich das dicke Fell durchpusten zu lassen. Er war verfressen, manchmal launisch und Menschen allgemein sehr zugetan. Streuner liebte seine Freiheit über alles und jagte gern. Von Mäusen und Ratten über Kaninchen, Fische und Vögel bis hin zu Fröschen brachte Streuner alles an Beute mit in die Wohnung, um seinen Freund Basco und mich damit zu erfreuen – vorzugsweise zwischen ein und vier Uhr morgens.

Graphites-Konstitutionstyp:

Als Graphites-Kater war er von kräftiger Statur, ein Prachtexemplar mit einem Schuss Wildkatze. Er liebte es, ausgiebige Streifzüge durch die Nachbarschaft und die Felder zu unternehmen, und kletterte gern auf Bäume. Ebenso wichtig waren ihm auch das Fressen und ausgedehnte Ruhephasen. Zu Hause verbrachte er die Zeit gern schlafend, während ich arbeitete. Auch beim Tierarzt war er ein unauffälliger, lieber Patient. Streuner war ein Einzelgänger, und er liebte seine Freiheit. Im Frühjahr neigte er zu Atemwegsproblemen.

Typische Leitsymptome eines Graphites-Typs:

- ✓ Bedürfnis nach Ruhe, kann gut allein bleiben
- ✓ sehr guter Appetit
- ✓ übergewichtig, Verbesserung durch Bewegung an frischer Luft
- ✓ träge, freundlich
- ✓ Desinteresse gegenüber anderen Tieren
- ✓ neigt zu Asthma bronchiale

Sunny

Daten:

- ✓ geboren: 04/2001
- ✓ Rasse: Europäisch Kurzhaar
- ✓ Geschlecht: männlich, kastriert

Herkunft:

Sunny wurde als Katzenbaby von Kindern in letzter Sekunde aus einem Brunnen gefischt, in dem ein Mann versucht hatte, einen kompletten Wurf zu ertränken. Danach wurde er ins Tierheim gebracht. Als er zehn Tage alt und so groß wie eine Handfläche war, wurde er zusammen mit einer Rotlichtlampe der Familie meines Mannes übergeben, die ihn dann per Hand aufzog. Die Familie bestand zu dem Zeitpunkt aus meinem Mann, seiner ersten Ehefrau, einem sechs Jahre alten Jungen, einem zehn Jahre alten Mädchen und einem einjährigen Schäferhund-Dobermann-Mix.

Charakter:

Vermutlich hatte Sunny bei dem traumatischen Tötungsversuch einen Gehirnschaden aufgrund von Sauerstoffmangel erlitten. Er schielte, und das gelegentliche Anstoßen an Gegenstände ließ vermuten, dass er über kein vollständiges Sehvermögen verfügte. Sein Verhalten war auch nie ganz normal, sondern ließ auf geistige Zurückgebliebenheit schließen. Manchmal hatte er leichte Zuckungen, in den letzten Monaten seines Lebens auch heftigere Krampfanfälle. Als Katzenbaby musste er beim Füttern mit der Flasche in ein Handtuch gewickelt werden, weil er wild um sich trat. Streicheleinheiten ließ er nur während des Fressens zu. Alle Familienmitglieder wurden von ihm mindestens einmal attackiert und gebissen. Trotzdem kam es für sie nie infrage, ihn im Tierheim abzugeben oder einschläfern zu lassen. Sunny wurde stets mit Liebe und Verständnis begegnet.

Wenn Sunny nicht schlief, war er rastlos und lief gern umher. Angst hatte er nur vor dem Staubsauger. Er putzte sich sehr viel, obwohl er es nie richtig gelernt hatte – lediglich seine Augen mussten von seinen Besitzern hin und wieder gereinigt werden. Gespritzt oder geimpft werden konnte er nur in eine Decke gewickelt. Sunny konnte hervorragend klettern und benutzte zum Krallenwetzen ausschließlich die dafür vorgesehenen Sisalplatten.

Sunny verjagte seine Mitbewohnerkatze Lilly gern durch die Katzenklappe und heulte anschließend, wenn sie dann weg war. Als ich im Jahr 2011 mit meinem Hund Basco und meinem Kater Streuner einzog und wir alle gemeinsam eine Patchworkfamilie bildeten, war er sehr aufgeschlossen und verstand sich auf Anhieb mit Basco, der ihn stets liebevoll neckte. Von Streuner, der sich meistens draußen aufhielt, wurde er in Ruhe gelassen. Vielleicht hatte er bei Streuner eine Art Behindertenbonus, denn einen normalen Kater hätte Streuner in seinem Reich niemals akzeptiert. Ich wurde von Sunny nicht ein einziges Mal angegriffen.

Trotz seines Gehirnschadens wurde Sunny zwölf Jahre alt und hatte ein wunderschönes Leben in einer liebevollen Umgebung. Wir erlösten ihn, nachdem seine epileptischen Anfälle trotz eines Klinikaufenthalts nicht mehr in den Griff zu bekommen waren.

Lycopodium-Konstitutionstyp:

Aufgrund seines traumatischen Erlebnisses und den daraus resultierenden geistigen und körperlichen Defiziten war Sunny der Lycopodium-Konstitution zuzuordnen. Lycopodium-Katzen leiden mehr als jeder andere Konstitutionstyp an Nieren- und Harnwegerkrankungen, die Harngries nach sich ziehen. Außerdem sind sie dickköpfig, brummig und exzentrisch. Lediglich die Lycopodium-typische Mäkeligkeit beim Fressen traf nicht auf Sunny zu, der alles fraß, was man ihm vorsetzte.

Typische Leitsymptome eines Lycopodium-Typs:

- ✓ dominant und meistens schlecht gelaunt, mit der Familie, in der er lebt, aber liebevoll verbunden
- ✓ Fremden gegenüber misstrauisch und bissig

- ✓ reizbar, aggressiv, eigenwillig, stur
- ✓ braucht keine Artgenossen
- ✓ hagerer Typ mit aufgetriebenem Bauch
- ✓ neigt zu Leber- und Nierenstörungen
- ✓ Veranlagung zu Steinbildung in Nieren und Blase und zu subakuter oder chronischer Zystitis (Blasenentzündung)
- ✓ neigt zu Durchblutungsstörungen und Augenentzündungen

Lilly

Daten:

- ✓ geboren: 10/2001
- ✓ Rasse: Europäisch Kurzhaar
- ✓ Geschlecht: weiblich, kastriert

Herkunft:

- ✓ 10/2001–12/2001: Tierheim
- ✓ 12/2001–Ende 2013: mit ihrer Familie
- ✓ seit 2013: bei einem lieben Bekannten der Familie

Charakter:

Lilly ist eine ca. 3 kg leichte, ehemalige Freigängerkatze, die sich ebenso neugierig wie ängstlich und Fremden gegenüber sehr scheu verhält. Fasst sie Vertrauen, entpuppt sie sich als leidenschaftliche Schmusekatze, die absolut umgänglich ist, einen sanften Charakter hat und Streit aus dem Weg geht. Sie hat ein normales Fressverhalten und kommuniziert gern mit ihren Menschen. Lilly ist einfach nur zauberhaft und sanftmütig, trotzdem war sie bis zu ihrem zwölften Lebensjahr eine leidenschaftliche Jägerin. Ihre Neugier und ihre gleichzeitig zurückhaltende Art haben sie immer wieder in gefährliche Situationen gebracht, in denen sie in Gebäuden eingesperrt wurde, sich während ihrer Gefangenschaft jedoch nicht akustisch bemerkbar machte. Mehrfach konnte sie nur gerettet werden, weil Nachbarn auf sie aufmerksam wurden. Von dem Tag an, als sie nach fünftägiger Abwesenheit morgens ausgehungert auf unserem Sofa lag, wollte sie das Haus nicht mehr verlassen. Was damals mit ihr passiert war, ob sie in einen Kampf verwickelt oder einfach nur irgendwo ohne Nahrung eingesperrt worden war, konnten wir nicht herausfinden.

Weil Lilly, anders als Streuner und Sunny, die offensive, leicht unverschämte Art meines Hundes Basco nicht gewohnt war und wir auch mithilfe einer Verhaltenstherapeutin keine zufriedenstellenden Lösungen fanden, konnte sie sich leider nie in die neue Familienkonstellation einfügen und blieb in den ersten Wochen ihres selbst gewählten Wohnungskatzenlebens in den Schlafräumen der oberen Etage unseres Hauses, wo sie bei geöffnetem Fenster auf der eigens für sie errichteten Katzenterrasse lange Sonnenbäder genoss. So oft es ging, spielten wir mit ihr und sorgten für ihr Wohlbefinden. Trotzdem war dies keine Dauerlösung für Lilly. Weil meine Stieftochter, der Lilly gehört, dann noch den Entschluss fasste, im Ausland zu studieren, gab sie Lilly bei einem Bekannten in Pflege, der sich bis heute liebevoll um unsere Traumkatze kümmert und bei dem sie sich sehr wohlfühlt.

Verantwortung für ein Tier zu übernehmen bedeutet manchmal auch, eine Entscheidung zu treffen, die für einen selbst schmerzhaft ist, aus der Sicht des Tieres jedoch die beste Lösung für ein glücklicheres Leben darstellt.

Pulsatilla-Konstitutionstyp:

Weil Lilly, die seit 2011 mit hochwertigem Nassfutter gefüttert wird, eine kerngesunde Katze ist, bei der man nicht ansatzweise eine körperliche Schwachstelle ausfindig machen kann, ist es mir nicht möglich, ihr eine Konstitution unter Berücksichtigung körperlicher Indikationen zuzuordnen. Von ihrem Geist und Gemüt her zu urteilen, kommt sie der typischen Pulsatilla-Katze sehr nahe.

Typische Leitsymptome eines Pulsatilla-Typs:

- ✓ eine absolute Schmusekatze, braucht Streicheleinheiten und Körperkontakt
- ✓ freundlich und anhänglich ihrer Familie gegenüber
- ✓ spielt geduldig mit Kindern
- ✓ schläft bevorzugt abwechselnd bei jedem Mitbewohner im Bett
- ✓ spendet Trost und dient als lebende Wärmflasche
- ✓ Artgenossen sind kein Problem
- ✓ gutmütig, sanft, liebesbedürftig, tagesschläfrig, abends hellwach
- ✓ durstlos, Appetit unauffällig

Klinische Homöopathie

In der klinischen Homöopathie finden vorzugsweise homöopathische Mittel in niedrigen Potenzen ihre Anwendung. Bei der Wahl der Mittel wird das Ähnlichkeitsprinzip herangezogen, der Heilmittelansatz beschränkt sich auf die klinische Diagnose und Symptombehandlung und öffnet sich daher nicht der Weite ganzheitlicher Zusammenhänge. Kritiker sagen, dass die klinische Homöopathie nur oberflächlich wirke bzw. aufgrund der Symptombehandlung falsche Mittel gewählt würden, die ein Arzneimittelbild, also die Beschwerden, für die das Mittel eigentlich eingesetzt werden soll, verursachen können. In den Homöopathieratgebern ist oftmals ausschließlich von klinischer Homöopathie die Rede.

Beispiele für die Verabreichung homöopathischer Mittel in der klinischen Homöopathie:

- ✓ Cantharis bei Blasenentzündungen
- ✓ Carbo vegetabilis bei Erschöpfungszuständen
- ✓ Carduus marianus bei Lebererkrankungen
- ✓ Nux vomica bei Übelkeit und Erbrechen
- ✓ Solidago bei Nierenerkrankungen

Trotz aller Kritik hat auch die klinische Homöopathie ihre Erfolge zu verbuchen – insbesondere bei Kindern und Tieren, den meiner Meinung nach unvoreingenommensten Patienten. Doch auch sie sollte verantwortungsbewusst und im Zweifelsfall mithilfe einer Fachperson eingesetzt werden.

Verabreichung homöopathischer Mittel bei akuten Erkrankungen:

Gewicht der Katze	Potenzen	Dosierung pro Tag
bis 3 kg	D3–D12	3 x 1–3 Globuli
bis 10 kg	D3–D12	4 x 1–3 Globuli

Ein paar Globuli mehr oder weniger pro Gabe spielen keine Rolle, weil es in erster Linie auf die Schwingung ankommt und nicht auf die grobstoffliche Menge. Die Angaben sollen daher nur als Richtlinien dienen. In der Regel werden die Mittel nur so lange verabreicht, bis die Selbstheilungskräfte des Körpers angeregt wurden und die akuten Symptome verschwunden sind. Nur im Einzelfall sollte die Einnahmedauer länger als vier Wochen betragen.

Bei subakuten, chronischen sowie psychischen Erkrankungen solltest du mithilfe einer Fachperson das richtige Mittel für deine Katze erarbeiten. Dieses wird in der Regel insgesamt nur ein- bis zweimal in der Potenz C30, C200 oder höher verabreicht. Allerdings gibt es mittlerweile verschiedene Abzweigungen in der Homöopathie, bei denen man auch Höchstpotenzen wie eine C50000 und Nosoden (aus Krankheitserregern hergestellte homöopathische Mittel) mehrfach hintereinander verabreicht, wodurch gute Erfolge erzielt werden.

Komplexmittelhomöopathie

Komplexmittel enthalten entweder verschiedene Einzelmittel, die einen starken Bezug zu einem bestimmten Leiden haben, oder ein bestimmtes Einzelmittel in verschiedenen Potenzen. Klassische Homöopathen lehnen diese Form der Homöopathie in der Regel ab. Bei der Behandlung von kranken Tieren haben sich Komplexmittel bewährt und sind v. a. bei akuten Beschwerden unverzichtbar.

Verabreichung von Komplexmitteln bei akuten Erkrankungen oder Verletzungen:

- ✓ Tropfen: täglich zwei- bis dreimal jeweils fünf Tropfen
- ✓ Tabletten: täglich zwei- bis dreimal jeweils zwei Tabletten

Bei Injektionen suchst du dir am besten die Unterstützung einer Fachperson. Hier gibt es neben den Mischungen aus homöopathischen Mitteln auch noch Organpräparate, die bei einem Heilungsvorgang als Katalysatoren eingesetzt werden. Über die Häufigkeit der Injektionen sollte individuell entschieden werden. Bei chronischen Erkrankungen ist die Erstellung eines individuellen Therapieplans empfehlenswert, weil hier verschiedene Kriterien berücksichtigt werden müssen. Auch Komplexmittel sollten nicht dauerhaft verabreicht, sondern nur im Sinne einer Reiztherapie verwendet werden. Bei sehr alten Katzen muss im Einzelfall entschieden werden.

Homöopathische Notfallapotheke

Symptome/ Befunde	Beschreibung	Besserung	Verschlechterung	Mittel in Potenz D4/D6/ D12
eitrige Wunden	Schmerzhaft	bei feuchtem Wetter	durch kalte Zugluft	Hepar sulfuris
Entzündungen	rot, heiß	durch Ruhe	durch Bewegung	Belladonna
Erbrechen und Durchfall		durch Bewegung und Kälte	durch Wärme	Nux vomica
Erbrechen von Galle				Chelidonium majus

Symptome/ Befunde	Beschreibung	Besserung	Verschlechterung	Mittel in Potenz D4/D6/ D12
Erschöpfung	z. B. durch Hitze, Schwüle	durch frische Luft	abends	Carbo vegetabilis
frische Wunden und Schürfwunden	hellrote Blutung	durch Ruhe	durch Berührung	Arnica
häufiges Urinieren	Schmerzhaft	durch Wärme		Cantharis
Schnittwunden	z. B. durch Messer, Operation			Staphisagria
Stichwunden	durch Insekten	durch Kälte	durch Wärme	Ledum palustre und Apis mellifica
Verletzungen von Knochen und Knorpelschäden	Schmerzhaft			Symphytum officinale
Verstauchungen	schmerzhaft	durch Bewegung		Rhus toxicodendron

Diese Angaben sind sehr allgemein gehalten. Die Mittel sollten wirklich nur in ganz niedrigen D-Potenzen eingesetzt werden. Bei schwereren Verletzungen oder nach einer Operation können homöopathische parallel zu schulmedizinischen Mitteln verabreicht werden. Im Zweifelsfall solltest du für deine Katze immer die Hilfe einer Fachperson in Anspruch nehmen.

Autonosodentherapie

Diese Art der Therapie wird im Kapitel »Allergien und Futtermittelunverträglichkeiten« (S. 78) ausführlich beschrieben.

Antidote

Hierbei handelt es sich um Stoffe oder Schwingungen, die die Wirkung von homöopathischen Mitteln aufheben können. Ein homöopathisches Medikament sollte daher nie in der Nähe von elektronischen Geräten aufbewahrt werden oder in Kontakt mit Kampfer kommen. Außerdem können sich Mittel auch gegenseitig neutralisieren. Im Humanbereich sind viele Heilpraktiker der Meinung, der Patient sollte während einer homöopathischen Behandlung keinen Kaffee oder Pfefferminztee trinken. Dass der Kontakt mit Katzenminze der homöopathischen Behandlung einer Katze entgegenwirken kann, ist möglich, aber ich kann es nicht bestätigen.

Mit der Homöopathie können Dysbalancen auf körperlicher und psychischer Ebene gelindert oder komplett in die Regulation gebracht werden.

Spagyrik

Der Begriff »Spagyrik« kommt aus dem Griechischen – »spao« bedeutet »herausziehen, trennen« und »ageiro« »vereinigen, zusammenführen« – und bezeichnet die pharmazeutische und therapeutische Umsetzung der Alchemie.

Ursprung, Herstellung und Wirkung spagyrischer Mittel

Die Spagyrik ist eine naturheilkundliche Behandlungsmethode, deren geschichtliche Wurzeln in vorchristlichen Zeiten zu finden sind. Als ganzheitliches Naturheilverfahren betrachtet die Spagyrik Körper (Sal), Geist (Mercurius) und Seele (Sulfur) des Lebewesens als eine im gesunden Gleichgewicht befindliche Einheit. Dieses philosophische Prinzip findet man in der Pflanze als arzneilichen Wirkstoffträger wieder: Mineralstoffe und Spurenelemente der Pflanze entsprechen dem Sal-Prinzip, die in der Pflanze befindlichen Kohlenhydrate stehen für das Mercurius-Prinzip, und die ätherischen Öle sowie ähnliche in der Pflanze angelegte Substanzen entsprechen dem Sulfur-Prinzip.

Frische, biologische Heilpflanzen werden zerkleinert und einer Gärung unterzogen. Anschließend wird der Alkohol (Geist = Mercurius) abdestilliert. Der Pflanzensaft (Seele = Sulfur) und die Pflanzenbestandteile (Körper = Salz) werden getrocknet und verascht, womit die Trennung der einzelnen Bestandteile vollzogen ist. Anschließend wird die Asche im Destillat wieder gelöst. Die Vereinigung nach spagyrischem Prinzip besteht darin, dass die drei gereinigten Prinzipien wieder zusammengefügt und anschließend einer Zirkulation unterzogen werden, wodurch die Tinktur eine energetische Erhöhung im Sinne einer Transformation erfährt. Dieser Vorgang ist mit der Potenzierung in der Homöopathie vergleichbar. Die durch diese Handhabung entstehenden spagyrischen Mittel enthalten die kräftigsten Substanzen in veredelter Form und haben eine stärkere therapeutische Wirkung als das Ausgangsmaterial. Weil sie von Giftstoffen befreit wurden, kann der Körper sie besser aufnehmen. Spagyrische Heilmittel wirken auf körperlicher, geistiger und seelischer Ebene. Sämtliche Pflanzen, Metalle und Salze können spagyrisch aufbereitet werden.

Spagyrische Mittel gibt es in Form von Tropfen, Tabletten, Salben und Sprays sowie als fertige Einzelpräparate und Komplexmittel. Oftmals wird die Spagyrik ergänzend zur Homöopathie oder auch zur Schulmedizin eingesetzt.

Bachblüten, Chakraessenzen, energetische Sprays und andere Seelenhelfer

Die vom walisischen Arzt Dr. Edward Bach (1886–1936) entwickelten 38 Blütenessenzen wirken, ähnlich wie homöopathische Mittel, nicht auf grobstofflicher, sondern auf feinstofflicher Ebene. Das heißt, sie können Störungen im Energiefeld auf seelischer Ebene in die Harmonie bringen und dadurch Krankheiten auf körperlicher Ebene vorbeugen. Die Entwicklung der Blütenessenzen beruht auf der Überzeugung, dass die Ursachen von körperlichen Leiden auf psychischer Ebene zu finden sind. Daher kann die Bachblütentherapie als Seelenpflege verstanden werden.

Auch in der Traditionellen Chinesischen Medizin werden die Emotionen als grundlegende Ursache für die Entstehung von Krankheiten angesehen: Trauer, Wut/Zorn, Angst, Grübelei, aber auch die in Euphorie ausartende Freude und das gleichzeitige Vermeiden von anderen, ausgleichenden Emotionen. Daher ist es so wichtig, ein Lebewesen stets in seiner Ganzheit auf allen Ebenen zu erfassen und zu behandeln. Essenzen können helfen, eine seelische Schieflage aus psychischen Gründen wieder in die Balance zu bringen.

Die wohl bekannteste Bachblüte ist die »Star of Bethlehem«. Diese kann helfen, Schockerlebnisse auf Seelenebene besser zu verarbeiten. Sie ist in vielen Schockmischungen enthalten, beispielsweise den sogenannten Rescue-Tropfen. Es gibt aber noch weitere sehr wichtige Bachblüten, z. B. »Rock Rose« bei panischen Angstzuständen, »Mimulus« bei Ängsten im Alltag, »Gorse« bei großer Hoffnungslosigkeit, »Larch« bei fehlendem Selbstwertgefühl, »Holly« und »Heather« bei Eifersucht und für die Vergesellschaftung, »Wild Rose« bei Resignation, »Mustard« bei Verzweiflung, »Honeysuckle« für die Vergangenheitsbewältigung, »Walnut« bei sämtlichen Veränderungen und »Crab Apple« als Reinigungspflanze u. a. für den Einsatz bei Katzenschnupfen.

Die klassischen Bachblüten werden durch zwei verschiedene Verfahren hergestellt: die Koch- und die Sonnenmethode.

Kochmethode: Bei dieser Methode werden vorwiegend die Blüten der im Frühjahr blühenden Pflanzen in Quellwasser abgekocht.

Sonnenmethode: Diese wird bei den im Sommer blühenden Pflanzen und auch bei der Bachblüte »Rock Water« angewendet. Hier werden die Blüten vormittags bei sonnigem Wetter gepflückt und in einer Glasschale mit Quellwasser bedeckt in die Sonne gestellt.

Bei beiden Methoden dient Wasser als Informationsträger, der die Essenzen der Pflanzen speichert. Nach der Filterung wird das Wasser in sogenannte Stockbottles gefüllt und mit Brandy konserviert. Die Häufigkeit der Gabe ist ausschlaggebend für die gewünschte Wirkung. In einem Braunglasfläschchen werden zwei Tropfen aus der Stockbottle mit 50 ml stillem Wasser vermischt. Von dieser Mischung wird zwei- bis fünfmal täglich 1 ml direkt ins Maul gegeben oder über das Trinkwasser oder die Nahrung verabreicht. Die Wirkung der Bachblüten kann bereits nach wenigen Tagen, jedoch auch erst nach Wochen eintreten, das ist individuell verschieden.

Neben den klassischen Bachblüten gibt es auf dem Markt eine Vielzahl von Blütenessenzen, Chakraessenzen, Elixieren, Licht- und Engelsprays und Remedies, und sicher haben alle ihre Berechtigung und spezifische Wirkung. Spüre einmal in Ruhe nach, was dich am meisten anspricht, und probiere etwas davon aus, wenn du magst.

Wenn du gemeinsam mit deiner Katze eine schwierige Lebensphase durchlebst, nehmt die Essenzen am besten gemeinsam ein. Wähle für deine Katze stets Essenzen aus, die auf der Basis von Globuli oder Quellwasser hergestellt worden sind und keinen Alkohol enthalten oder zumindest stark mit Wasser verdünnt werden müssen.

Schüßlersalze

Die Therapie mit den Schüßlersalzen, die auch »Salze des Lebens« genannt werden, wurde von Dr. med. Wilhelm Heinrich Schüßler (1821–1898) entwickelt, der im Raum Oldenburg als Homöopath arbeitete. Er erkannte die außerordentliche Wichtigkeit der Anwesenheit verschiedener anorganischer Mineralsalze in allen Zellen des Organismus. Ein idealer Zellstoffwechsel ist nur möglich, wenn die Mineralien in der erforderlichen Menge und im richtigen Verhältnis zueinander im Körper vorhanden sind. Ein Mangel oder Missverhältnis kann zu einer Störung auf zellulärer Ebene und somit zu einer Krankheit führen.

In der Therapie mit den zwölf biochemischen Funktionsmitteln nach Dr. Schüßler werden durch die massive Zufuhr von Salzen einerseits Mängel in den kranken Zellen behoben und andererseits die sich regenerierenden Zellen angeregt, benötigte Elemente von sich aus wieder vermehrt aus dem Blut zu resorbieren.

Der Grundgedanke der Schüßlertherapie ist, dass kranken Zellen, die nicht mehr imstande sind, grobmolekulare Substanzen aufzunehmen, feinmolekulare, homöopathisierte Stoffe zugeführt werden. Seine Erkenntnisse und auch die damals unübersichtliche Menge an homöopathischen Mitteln bewegten Dr. Schüßler dazu, sich ganz den zwölf lebensnotwendigen Salzen zu widmen. Mittlerweile gibt es 27 Schüßlersalze, von denen es sich bei den nachfolgend aufgeführten um die ursprünglichen und von Dr. Schüßler entwickelten Basissalze handelt, die auch »Funktionsmittel« genannt werden.

Die Anwendungsmöglichkeiten der Schüßlersalze für Menschen oder Katzen sind vielseitig. Deiner Katze kannst du die Tabletten auf einer Untertasse in etwas Wasser aufgelöst anbieten. Bei Mäkelfressern gibt man einen Schuss Sahne hinzu. Weil Globuli von Katzen meist lieber gefressen werden, kannst du ihr die Schüßlersalze auch in dieser Form verabreichen.

Dosierungsvorschläge:

Gewicht der Katze	Globuli pro Gabe	Tabletten pro Gabe
bis 1,5 kg	1 Globulus	½ Tablette
bis 6 kg	3 Globuli	1 Tablette
über 6 kg	5 Globuli	1 ½ Tabletten

Bei akuten Beschwerden können die Schüßlersalze mehrmals am Tag über einen Zeitraum von vier bis acht Wochen verabreicht werden. Die Dosierung richtet sich nach dem Bedarf und dem Zustand der Katze. Ein Zuviel wird vom Körper ausgeschieden, eine Überdosierung ist daher nicht möglich. Bei eher chronischen Beschwerden sollte bei dem Tier über drei bis sechs Monate eine Kur durchgeführt werden – am besten mit einer einwöchigen Pause nach jeweils zwei Monaten. Während dieser Kur sollten die Salze zwei- bis dreimal täglich verabreicht werden. Schüßlersalze, die sich gegenseitig ergänzen (z. B. Nr. 1 und Nr. 2) können ohne Weiteres miteinander kombiniert werden. Die Schüßlersalze Nr. 1–12 gibt es in den Potenzen D3, D6 und D12.

Schüßlersalze	Anwendungen und Wirkungen
Nr. 1 Calcium fluoratum	bei Knochen- und Zahnerkrankungen wie Wirbelsäulenbeschwerden und Karies sowie Verhärtungen im Bindegewebe; wirkt unterstützend bei Krebserkrankungen
Nr. 2 Calcium phosphoricum	bei oberflächlichen Entzündungen, Schwäche, Rekonvaleszenz, nervösen Störungen und Juckreiz; in Kombination mit Calcium fluoratum bei Knochen- und Zahnerkrankungen
Nr. 3 Ferrum phosphoricum	bei Eisenmangel, Anämie, Infektanfälligkeit, frischen Wunden und Verletzungen; immunstärkend insbesondere bei Jungtieren; unterstützt den Muskelaufbau
Nr. 4 Kalium chloratum	bei Entzündungen der Schleimhäute, Verbrennungen und Schwellungen, die durch Entzündungen hervorgerufen wurden, und bei Impfreaktionen
Nr. 5 Kalium phosphoricum	bei Nervosität, Erschöpfungszuständen, Schlaflosigkeit, (Herz-)Muskelschwäche und Infektionen
Nr. 6 Kalium sulfuricum	bei Rheuma und chronischen Entzündungen mit eitrigen Absonderungen; fördert Entgiftungsprozesse
Nr. 7 Magnesium phosphoricum	bei Krämpfen, Neuralgien, Migräne und Koliken
Nr. 8 Natrium chloratum	reguliert Wasserhaushalt; bei nässenden Ekzemen, Nervenschwäche, Abmagerung und Appetitlosigkeit
Nr. 9 Natrium phosphoricum	reguliert den Säure-Basen-Haushalt; bei Nierengries, Nieren-, Blasen- und Gallensteinen
Nr. 10 Natrium sulfuricum	fördert Entwässerung und Entschlackung; bei Ödemen, Pilzbefall, Rheuma und nässenden Hautausschlägen

Schüßlersalze	Anwendungen und Wirkungen
Nr. 11 Silicea	gut für Haut, Haare, Knochen und Krallen; festigt Bindegewebe; zur Behandlung von Narben; bei akuten und chronischen eitrigen Entzündungen; bei Fisteln
Nr. 12 Calcium sulfuricum	bei Arthrose, rheumatischen Gelenkserkrankungen, Abszessen und eitrigen Prozessen; regt den Stoffwechsel an

Energiearbeit

Viele Menschen haben sich bereits der Homöopathie geöffnet oder benutzen – inspiriert durch Begegnungen mit naturheilkundlich orientierten Menschen oder auf Anraten ihrer Heilpraktiker – feinstofflich wirkende Essenzen und Sprays. Oft sind es auch junge Mütter, die auf der Suche nach einer sanften Medizin für ihre Babys oder durch ihre Hebammen auf die Homöopathie gestoßen sind und diese dann auch für sich selbst und ihre Tiere einsetzen. Auch Rescue-Tropfen sind bereits in vielen Hausapotheken zu finden, und sowohl Fußballtrainer als auch Nachrichtensprecher nehmen heutzutage nicht selten die Worte »gute Energie« und »schlechte Schwingungen« in den Mund. Nicht zuletzt war es Albert Einstein, der uns auch vor einem wissenschaftlichen Hintergrund versicherte: »Everything in life is vibration.« Feinstoffliche Energie ist also überall vorhanden. Sie ist fühlbar und kann in Form von Medikamenten bei Dysbalancen auf körperlicher und seelischer Ebene erfolgreich eingesetzt werden.

Trotzdem, und das finde ich erstaunlich, tun sich noch viele Menschen schwer, wenn es um das Thema Energiearbeit geht. Mit verdrehten Augen gibt man zu verstehen, dass das zu abgehoben sei und man nicht daran glaube. Energiemedizin in Form von Tropfen oder Globuli? Ja. Aber Energieübertragung mithilfe der Hände? Nein! Für diese Einstellung kann es verschiedene Ursachen geben. Meist liegen Angst oder Unkenntnis zugrunde, wenn Dinge pauschal abgelehnt werden, bevor man sie ausprobiert hat. Oder man hat unbewusst die Meinung anderer Menschen, beispielsweise der Eltern, übernommen. Oder aber die Menschen wissen zwar, dass die Homöopathie wirksam ist, haben aber keine Ahnung, warum und dass insbesondere in den Hochpotenzen keinerlei Wirkstoff mehr nachweisbar ist.

Die meisten Leser dieses Buches werden in irgendeiner Form offen für alternative Heilmethoden sein. Doch es ist mir wichtig, auch die Katzenhalter anzusprechen, für die insbesondere energetische Heilmethoden wie die Homöopathie und die Heilenergieübertragung völliges Neuland sind. Ich finde es großartig, dass auch du dieses Kapitel sorgfältig liest und den Mut hast, Neues an dich heranzulassen. Vielleicht wird dir zu Beginn noch die nötige Vorstellungskraft fehlen, oder eine innere Stimme lacht dich aus. Doch ich kann dir versichern, dass das ganz normal ist. Jeder Heiler, Therapeut und Reiki-Praktizierende wurde irgendwann einmal mit dem Phänomen der Feinstofflichkeit und dem heilenden Potenzial, das sich darin verbirgt, konfrontiert. Glaube mir, die wenigsten Menschen sind mit diesem Bewusstsein auf die Welt gekommen – und wenn sie es sind, wurde es ihnen ganz schnell aberzogen. Also hole dir noch eine Tasse Tee aus der Küche, lehne dich zurück, und lies in Ruhe die folgenden Zeilen dieses Kapitels. Spüre in dich hinein, und beobachte, was die Worte mit dir machen. Auf zu neuen Ufern! Es lohnt sich.

Wenn du mit feinstofflichen Energien arbeiten möchtest, solltest du körperlich und seelisch in einer guten Verfassung sein, nicht unter Alkohol- oder Drogeneinfluss stehen und einen Rückzugsort haben, an dem ihr, du und deine Katze, ungestört seid. Das kann das Schlafzimmer sein, ein Entspannungsraum oder ein Ort in der Natur. Während der Energiearbeit könnt ihr leise, sphärische Musik hören oder den Klängen der Natur lauschen. Auch ein Arbeiten in absoluter Stille ist möglich. Hier gibt es kein Richtig oder Falsch. Es gibt viele Möglichkeiten, mit Energien zu arbeiten, beispielsweise Reiki, Heilströmen (Jin Shin Jyutsu) oder die wunderbare Quantenheilung, bei der die Selbstheilungskräfte angeregt werden. All das steht dir zur Verfügung. Im Folgenden möchte ich dir eine einfache, sofort und überall durchführbare Form der Heilenergieübertragung beschreiben. Die lichtvolle Kraft des Universums steht jedem zu jeder Zeit zur Verfügung, und du musst nicht erst mehrere Bücher lesen und umfangreiche Ausbildungen machen, um sie für dich und deine Katze zu nutzen.

Am besten fragst du deine Katze, ob es ihr recht ist, wenn du energetisch mit ihr arbeitest. Sicher wird sie sich freuen und dir ein entsprechendes Zeichen geben.

Heilungsenergieübertragung

Setze oder lege dich bequem neben deine Katze, die entspannt an einem ihrer Lieblingsplätze liegt. Vielleicht hat sie auch auf deinem Schoß Platz genommen und wartet bereits darauf, Energie zu empfangen. Atme mehrmals tief ein und aus, und bitte die Kraft, die dich leitet (z. B. das Universum, Gott, die Engel, Naturgeister, Aufgestiegene Meister, deinen Schutzengel) um Unterstützung. Dann sagst oder denkst du: »Lasse mich ein Kanal deiner Heilungsenergie sein«, oder: »Ich bitte um Heilung für meine Katze.« Erde dich, indem du dir vorstellst, wie von deinen Füßen aus Wurzeln tief in den Boden wachsen.

Stelle dir nun vor, wie sich am Scheitel deines Oberkopfes dein Kronenchakra öffnet und durch dieses Heilungsenergie aus dem Universum in deinen Körper strömt, durch jede einzelne deiner Zellen fließt und durch deine Handflächen wieder austritt.

Lege jetzt eine oder beide Hände auf die Körperstelle deiner Katze, in die du Heilungsenergie strömen lassen möchtest. Du musst die Katze dabei nicht berühren, sondern kannst die Hände auch über die Stelle halten. Richte dich dabei ganz nach ihren Vorlieben. Du kannst die Position deiner Hände auch nach einigen Minuten verändern, wenn du verschiedenen Bereichen oder dem ganzen Körper deiner Katze Heilungsenergie zukommen lassen willst. Vertraue deinem Gefühl! Stelle dir nun vor, wie angenehm leuchtende Heilungsenergie über deine Handflächen aus deinem Körper hinaus- und in den Körper deiner Katze hineinströmt. Lässt sie sich diese Behandlung gefallen, ist alles gut. Steht sie nach einiger Zeit auf und geht, hat sie wahrscheinlich genug.

Sollten Gedanken auftauchen, die nichts mit der Energieübertragung zu tun haben, lasse sie einfach ziehen. In unserem hektischen Alltag lässt sich das kaum vermeiden, es sollte dich aber nicht stören. Auch wenn du dabei vielleicht einschläfst, findet die Energieübertragung dennoch statt. Wichtig ist nur, dass du der Kanal bist und nichts von deiner eigenen Energie abgibst.

Wenn du die Energiearbeit beenden willst, bedanke dich bei deinen unsichtbaren Helfern, schließe in Gedanken dein Kronenchakra, und streichle noch einmal über die Aura deiner Katze, um sie zu schließen. Das ist sehr wichtig! Nimm dir die Zeit, die du brauchst, um wieder in der Gegenwart anzukommen. Die gemeinsame Energiearbeit ist eine täglich durchführbare Methode, um gemeinsam mit deiner Katze die positiven Kräfte des Universums zu nutzen und neue Energie zu sammeln.

Meditation

Es gibt nichts Schöneres und Entspannenderes als eine gemeinsame Meditation mit deiner Katze, dem feinstofflichsten aller Lebewesen. Ganz egal, ob für 15 Minuten am Morgen vor dem Aufstehen, für eine halbe Stunde zwischendurch oder spät abends, um gemeinsam in andere Sphären zu entschlummern. Dein Wohlgefühl überträgt sich automatisch auf sie, und ihr könnt euch gemeinsam in Harmonie schwingen. Vielleicht legt sie sich auch ganz in deine Nähe oder auf dein Herzchakra, um deine Herzenergie direkt wahrzunehmen.

Den folgenden Satz finde ich sehr passend, um zu erklären, was die Meditation neben dem bewussten Ein- und Ausatmen noch von dem Gebet unterscheidet: Während man beim Gebet mit Gott spricht, hört man bei der Meditation zu, was er einem zu sagen hat.

Es ist durchaus möglich, dass dir während des Meditierens in absoluter Abschottung von Außenreizen, aber bei völliger geistiger Klarheit grandiose Geistesblitze kommen, die dein Leben betreffen. Lasse dich überraschen, und probiere es aus. Durch die Meditation kannst du auch belastende Gefühle oder Traumata besser verarbeiten und dadurch deine eigene Heilung unterstützen. Trauer und Wut, die während des Meditierens freigesetzt werden, können durch die Visualisierung von violettem Licht und durch die einzigartige Gabe deiner Katze in Liebe transformiert werden.

Wenn du noch nie meditiert hast und nicht genau weißt, wie das funktioniert, dann besorge dir für den Anfang CDs mit geführten Meditationen. Später wird sich deine Lieblingsmeditationsmusik herauskristallisieren, die du wahrscheinlich niemals leid werden wirst. Katzen mögen sphärische Musik am liebsten.

Licht, Farben und Klänge

Musik und Farben mit ihren feinen Schwingungen bieten subtil wirkende Möglichkeiten, Körper und Seele zu harmonisieren. Als alleinige Therapiemethoden angewendet könnten sie wahrscheinlich keine schweren Erkrankungen heilen, doch sie können den Organismus deiner Katze auf energetischer Ebene stärken und Heilungsprozesse unterstützen.

Bereits in der Antike wurde mit Licht und Farben in der Heilkunde experimentiert. Kranke wurden in farbige Tücher gewickelt oder mit farbigen Pasten bestrichen. Auch Johann Wolfgang von Goethe beschäftigte sich ausgiebig mit der Wirkung von Farben, festgehalten in seinem Werk »Zur Farbenlehre«, das noch heute Anwendung und Beachtung findet. Darin betrachtet er die Farben nicht nur von einem ästhetischen und physiologischen Standpunkt aus, sondern versucht, sie in ihrer Ganzheit zu verstehen und zu beleuchten. Goethe selbst schätzte die Ergebnisse seiner Forschungen zu den Farben höher ein als die seines gesamten literarischen Schaffens. Er und weitere Wissenschaftler fanden heraus, dass es sich bei Farben um elektromagnetische Schwingungen in verschiedenen Wellenlängen und Frequenzen handelt. Fallen die Wellen einer Lichtquelle auf eine Oberfläche, werden bestimmte Wellenlängenbereiche verschluckt oder zurückgeworfen. So entsteht das, was wir optisch als Farben wahrnehmen.

Die sieben Regenbogenfarben zusammengenommen ergeben weißes Licht. Wir können unseren Katzen und uns selbst die Resonanz der Farbschwingung zunutze machen, indem wir sie mit der Eigenfrequenz der Körperzellen anregen. Dadurch können verschiedene Prozesse auf körperlicher (physischer Körper und Ätherkörper), emotionaler (Emotional-, Astral- oder Gefühlskörper), mentaler (Mentalkörper) und spiritueller Ebene angeregt werden. Auf Letzterer ist die Kommunikation mit deiner Katze am besten möglich.

Die Katze ist ein energetisches Wunderwerk in spiritueller Perfektion. Sie kommt mit großen Aufgaben auf diese Welt und zu ihren Menschen, denn sie kann belastende Energien transformieren. Anders als der Hund, der als emotionale Unterstützung in das Leben seiner Menschen tritt und dadurch Gefahr läuft, die menschlichen Emotionen in seinen eigenen Energiekörper aufzunehmen, hat es sich die Katze zur Aufgabe gemacht, als Transformator zu dienen. Eine überaus wichtige Funktion in Zeiten von Sorgen, Ängsten und Chaos. Wir sollten unsere geliebten Samtpfoten daher stets auf feinschwingender Ebene unterstützen und ihre Chakren harmonisieren.

Wir alle haben schon am eigenen Leib die Wirkungen von Farben erfahren. Sie erzeugen Stimmungen, können uns beruhigen oder nervös machen. Je nachdem, was unser Energiekörper benötigt, können wir die entsprechenden Farben für Kleidung oder Wohnraum auswählen oder entwickeln wir bestimmte Vorlieben. Farben können unsere Seele berühren und körperliche Schwachstellen wieder in die richtige Schwingung bringen.

Möglichkeiten der Arbeit mit Farben

Farbtherapie mit Steinen

Einer der faszinierendsten Bereiche der Natur ist neben der Tier- und Pflanzenwelt sicherlich das Reich der Steine und Mineralien. Millionen von Jahren wachsen Kristalle als Produkt der Abkühlung von Magma unter der Erdoberfläche und leuchten, sobald sie entdeckt und gefördert werden, in allen erdenklichen Farben und kristallinen Formen. Je nach Entstehungsart und Kristallsystem (kubisch, hexagonal, trigonal, tetragonal, rhombisch, monoklin oder triklin) können Mineralien in verschiedene Gruppierungen mit verschiedenen Wirkungsweisen eingeteilt werden.

Meist ist die Wirkung eines Steines anhand seiner Farbgebung erkennbar. Die Farbe eines Minerals entsteht durch die in ihm enthaltenen chemischen Anteile unter Einwirkung des Sonnenlichtes. Um die Heilwirkung von Steinen auf bestimmte Körperregionen aufgrund ihrer Farbe besser verstehen zu können, ist es wichtig, sich mit den Schwingungsfrequenzen der einzelnen Bereiche des Körpers auszukennen. Basierend auf dem Resonanzgesetz können Farben und Steine verschiedene Effekte auf den Energiekörper haben.

Hilfreich ist die Lehre der Chakren (Sanskrit, wörtlich: Rad, Diskus, Kreis), der Hauptenergiezentren des Körpers. Katzen verfügen über sieben Hauptchakren, die jeweils in einer ihrer Aufgabe entsprechenden Grundfarbe schwingen und mit bestimmten Organen und Körperbereichen in Verbindung stehen.

Die sieben Hauptchakren und ihre Farben:

- ✓ erstes Chakra/Wurzelchakra – Rot
- ✓ zweites Chakra/ Sakralchakra – Orange
- ✓ drittes Chakra/Solarplexus – Gelb
- ✓ viertes Chakra/Herz – Grün/Rosa
- ✓ fünftes Chakra/Kehlchakra – Hellblau
- ✓ sechstes Chakra/Drittes Auge – Dunkelblau
- ✓ siebtes Chakra/Kronenchakra – Violett

Beispiel: Die Schwingung der Magengegend, auch Solarplexus genannt, ist kompatibel mit der Farbe Gelb. Leidet ein Lebewesen unter Bauchweh, Übelkeit oder Erbrechen, bedeutet dies, dass die Energieschwingung im Bereich des Bauches nicht mehr in der Ordnung bzw. der Solarplexus blockiert ist. Ähnlich wie Pendeluhren, die in einem Raum hängen und nach einiger Zeit alle im selben Rhythmus schwingen, ordnet sich die Schwingung des Solarplexus, wenn dem Energiekörper auf Bauchhöhe die Schwingung der Farbe Gelb zugeführt wird. Das könnte durch gelbes Licht oder einen gelben Stein geschehen.

Damit eine Katze die Farb- und Heilschwingungen eines Steines in ihr Energiefeld aufnehmen kann, gibt es mehrere Möglichkeiten:

Das Tragen eines gebohrten Steines am Halsband entfällt bei der Katze, weil sie aus Sicherheitsgründen kein Halsband tragen soll. Weil eine Katze sehr lange ruht bzw. schläft, können wir aber auf jeden ihrer Ruheplätze einen Stein legen, der sich dann über Stunden ganz nah an ihrem Körper befindet und somit in ihrem Energiefeld wirken kann. Des Weiteren kann man das Trinkwasser als Informationsträger nutzen, indem man Kristalle und nicht giftige Steine direkt in eine Glaskaraffe mit Wasser legt, wodurch sie ihre Schwingungen auf die Flüssigkeit übertragen. Je höher die Wasserqualität ist, desto besser kann die Information vom Wasser aufgenommen werden.

Die Schwingungen der Steine mit giftigen Bestandteilen (Malachit, Krokoit, Azurit etc.) werden durch Bergkristallspitzen ins Wasser geleitet (siehe Foto). Dazu legt man zwischen die Steine und das Glas oder die Karaffe mit Wasser eine Bergkristallspitze, die am geraden Ende die Heilschwingungen der Steine aufnimmt und diese über das spitze Ende ins Wasser leitet. Selbstverständlich können auch die Schwingungen nicht giftiger Steine auf diese Weise auf das Wasser übertragen werden.

Man kann auch Steine in ein Glasgefäß, z. B. ein Reagenzglas, legen, das wiederum in ein Gefäß mit Wasser kommt. Glas ist energetisch gesehen neutral.

Weil Katzen je nach Ernährungsform wenig oder gar nichts trinken, gibst du deinem Tier von dem energetisierten Wasser einfach etwas über sein Futter.

Steine sollten regelmäßig unter fließendem Wasser oder in einer Amethystdruse gereinigt und in der Sonne oder auf einer Bergkristallgruppe mit neuer Energie aufgeladen werden.

Ein allgemein guter Stein für Katzen ist der Nephrit aus der Familie der Jade. Er hat eine besonders wohltuende Wirkung auf die Nieren und wird deshalb auch »Nierenstein« genannt.

Im Folgenden findest du weitere Heilsteine und deren Wirkungen auf Mensch und Katze.

Steine	Anwendungen und Wirkungen
Achat 	fördert Ruhe, Konzentration und Stabilität; vermittelt Sicherheit und Schutz; wirkt regenerierend und wachstumsfördernd
Amethyst 	fördert Wachheit, inneren Frieden und die Überwindung von unkontrollierten Verhaltensmustern; hilft bei Trauer; unterstützt bei Bewältigung von Verlusten; wirkt schmerzlindernd und ist bei Verletzungen, Schwellungen und Darmproblemen einsetzbar
Aquamarin 	fördert Weitblick, Leichtigkeit und heitere Gelassenheit; harmonisiert Hormonhaushalt, insbesondere Schilddrüse und Hypophyse; lindert Autoimmunerkrankungen und Allergien, v. a. Heuschnupfen
Bergkristall 	klärt auf allen Ebenen und vitalisiert gefühllose Körperstellen ebenso wie einen müden Geist; lindert Schmerzen und senkt Fieber; verstärkt Wirkung anderer Steine und absorbiert als unbehandelter Quarzkristall Elektrosmog

Steine	Anwendungen und Wirkungen
Bernstein 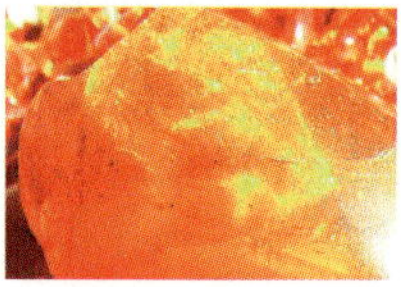	vermittelt Glück, Fröhlichkeit und ein leicht beschwingtes Lebensgefühl; einsetzbar bei Magen-, Milz-, Nieren-, Leber- und Gallenblasenbeschwerden sowie einem blockierten Solarplexus
Chalcedon, blau 	fördert das Verstehen und das aufmerksame Zuhören, wird daher als »Stein der Kommunikation« bezeichnet; einsetzbar bei Atemwegserkrankungen und Halsschmerzen (blockiertes Halschakra)
Chrysokoll 	aktiviert bei Trägheit und beruhigt bei Nervosität; unterstützt in Zeiten hoher nervlicher Belastung; lindert Mandelentzündungen; wirkt entgiftend und stärkt die Leberfunktionen
Dumortierit 	fördert Mut, Zuversicht und positive Lebenseinstellung, wird daher als »Take-it-easy-Stein« bezeichnet; hilft bei Durchfall, Erbrechen, Krämpfen und Koliken
Fluorit 	fördert Konzentration und geistige Wachheit; unterstützt bei der Verarbeitung von Informationen und löst einschränkende Denk- und Verhaltensmuster auf; heilende Wirkung auf Haut, Schleimhäute, Knochen und Zähne
Karneol 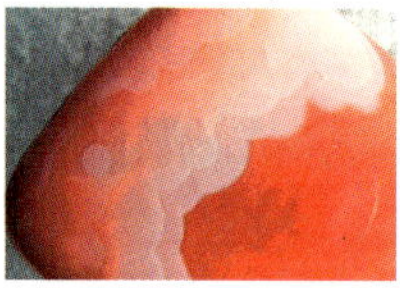	hilft, sich mutig den alltäglichen Herausforderungen zu stellen; regt Verwertung der Nahrung im Dünndarm und den Stoffwechsel an; lindert rheumatische Beschwerden; wirkt ausgleichend auf das Sakralchakra

Steine	Anwendungen und Wirkungen
Larimar 	löst Opferhaltung und Leidensphilosophien auf; wirkt ausgleichend bei übermäßigen Emotionen; regt die Selbstheilungskräfte an, indem er das Bewusstsein stärkt, Schöpfer der eigenen Gesundheit zu sein
Malachit 	macht Bedürfnisse und Ideale bewusst; hilft bei Verarbeitung von Traumata und schmerzvollen Erlebnissen; wirkt krampflösend, insbesondere bei Unterleibsschmerzen
Nephrit 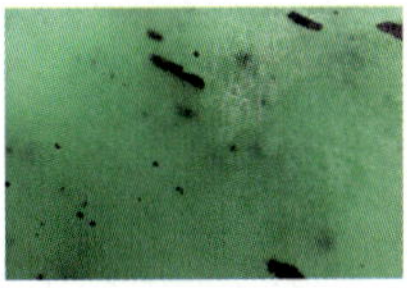	gehört zur Familie der grünen Jade; sorgt für Ausgeglichenheit und Harmonie; reguliert Wasserhaushalt und hilft bei Beschwerden der Nieren, der Harnwege und der Blase; fördert sowohl innere Balance als auch Entgiftung der Körperflüssigkeiten und des Gewebes
Rauchquarz 	hilft durch schwere Zeiten; macht belastbarer und fördert eine realistische und entspannte Sicht auf die Dinge; klassischer Anti-Stress-Stein; schützt vor Elektrosmog und lindert Strahlenschäden
Rosenquarz 	Stein des Herzens und der Gefühle; fördert Selbstliebe und Liebesfähigkeit und dadurch auch Harmonie in Partnerschaften; stärkt Herz und Geschlechtsorgane; wirkt als roher Quarzkristall auch als Strahlenschlucker, der regelmäßig unter fließendem Wasser gereinigt werden sollte
Türkis 	Schutzstein der Indianer; macht die eigene Schöpferkraft bewusst; gleicht Stimmungsschwankungen aus; löst Opferhaltung auf; fördert Voraussicht; neutralisiert Übersäuerung und lindert Rheuma und Magenbeschwerden

Farblichtbehandlung

Manche Tierheilpraktiker arbeiten mit der Farblichttherapie. Vor der Behandlung wird eine ausführliche Anamnese mit dem Besitzer durchgeführt, um die Farbe auszuwählen, die von dem Organismus der Katze benötigt wird. Einige Therapeuten besitzen teure Farblichtanlagen, ein effektives Arbeiten ist jedoch auch mit einfacheren Mitteln möglich. Du kannst farbige Tücher vor deiner Leselampe befestigen oder farbige LED-Strahler kaufen. Wichtig ist bei der Farblichtbehandlung, dass die Farben rein und nicht vermischt sind.

Wann ist der Einsatz welcher Farben empfehlenswert?

- ✓ Rot: bei Schwäche, Antriebslosigkeit und Lustlosigkeit, Trägheit, Verstopfung, Kreislaufschwäche, Blutarmut, Schock, Schilddrüsenunterfunktion, Appetitlosigkeit, Anämie, Muskelverspannungen und Autoimmunerkrankungen
  Heilsteine: Granat, roter Jaspis
- ✓ Orange: bei Erschöpfung, Freudlosigkeit, Depressionen, Störungen im Magen- und Darmtrakt, Immunschwäche und Pilzbefall
  Heilsteine: Orangencalcit, Karneol
- ✓ Gelb: bei Heimweh, Allergien und Hautproblemen, Parasiten, Erkrankungen von Magen, Darm und Bauchspeicheldrüse, Diabetes, Immunschwäche, schlechter Abwehr, Nieren- und Blaseninsuffizienz; vermittelt die Farbe der Sonne und die Leichtigkeit des Seins
  Heilsteine: Citrin, Bernstein, gelber Calcit
- ✓ Grün: zur Entgiftung; bei Lebererkrankungen, Schlafproblemen, Herz- und Kreislaufproblemen, Infektionen und Entzündungen, Asthma und Erkrankungen des zentralen Nervensystems; symbolisiert die Natur und beruhigt
  Heilsteine: Chrysopras, grüne Jade (Nephrit), Chrysokoll
- ✓ Hellblau: bei Blockaden des Halschakras, Halsentzündungen, Heuschnupfen; wirkt entspannend
  Heilsteine: Chalcedon, Aquamarin
- ✓ Blau: bei Unruhe, Schilddrüsenüberfunktion, Ängsten, Stress, hohem Blutdruck, Fieber, Warzen, eitrigen Prozessen und Entzündungen im Bereich der Augen und Ohren, Juckreiz und Kopfschmerzen; universelle Farbe der Hilfe und Heilung
  Heilsteine: Sodalith, Lapislazuli, Azurit

- ✓ Violett: zur Regeneration, Schmerzlinderung und Unterstützung sämtlicher Heilungsprozesse sowie zur energetischen Reinigung und Stoffwechselregulation; bei Nervosität, Psychosen, Ängsten, Knochenbrüchen, Bauchfellentzündung und traumatischen Erlebnissen; symbolisiert Spiritualität
  Heilstein: Amethyst
- ✓ Magenta: bei Zwängen, Hypersexualität und Bluthochdruck
  Heilstein: Sugilith

Je nachdem, ob man den Gesamtzustand oder eine bestimmte Körperregion in die Regulation bringen will, bestrahlt man entweder den ganzen Körper inklusive der Aura oder nur einen bestimmten Bereich. Die direkte Bestrahlung über die Chakren ist sehr effizient, weil die Farbschwingung auf diesem Weg direkt in den feinstofflichen Energiekreislauf gelangt.

Die Bestrahlung sollte 5–15 Minuten dauern und vorzugsweise bei einer entspannt liegenden Katze durchgeführt werden. Sobald die Katze genug Farblicht in ihre Aura aufgenommen hat, wird sie sich bemerkbar machen oder den Ruheplatz verlassen. Du kannst die Farblampe auch anschalten und schauen, ob sich deine Katze freiwillig in das Farblicht legt.

Reines Farblicht wirkt auf das vegetative Nervensystem und hat innerhalb der Farbtherapie sicher die intensivste Wirkung. Dennoch würde ich davon abraten, die Ruheplätze einer hyperaktiven Katze mit Schilddrüsenüberfunktion mit roten Decken auszulegen, und stattdessen blaue wählen. Farbe ist Schwingung und wirkt in jeder Form auf den Energiekörper der Katze.

Farbvisualisierung

Die Wirkung einer Farbbehandlung wird verstärkt, wenn du sie mit einer Heilenergieübertragung oder Heilungsmeditation kombinierst. Wenn du ein Mensch mit einer starken Vorstellungskraft bist, also gut visualisieren kannst oder es gern lernen möchtest, brauchst du weder eine Farblampe noch sonstige Hilfsmittel. Dann stelle dir einfach vor, wie deine Katze in farbiges Licht eingehüllt wird. Gedanken sind Energie, und Energie geht nie verloren. Mit unserem Geist und unserer Vorstellungskraft können wir auf energetischer Ebene alles Erdenkliche erschaffen und somit auf grobstofflicher Ebene Veränderungen herbeiführen. Bedauerlicherweise nutzen viele Menschen dieses Naturgesetz unwissentlich auf negative Weise, indem sie sich aus Angst alle möglichen Schreckensszenarien vorstellen. Es hätte einen weitaus positiveren Effekt, wenn die Menschen ihre Energie für etwas Gutes einsetzen und Frieden, Freude und Gesundheit visualisieren würden. Machen wir also einen entscheidenden Schnitt und konzentrieren uns ab sofort auf eine liebevolle Welt, in der wir gern leben möchten.

Beispiel für eine Farbvisualisierung: Deine Katze verträgt ihre neue Futtersorte nicht, hat sich erbrochen und mit Bauchweh unter dein Bett zurückgezogen. Nimm dir eine halbe Stunde Zeit, in der du ungestört sein wirst, stelle das Handy lautlos, und verschließe die Türen. Gib deinen Familienmitgliedern eine dementsprechende Nachricht. Gehe zu deiner Katze, und frage sie, ob du sie energetisch behandeln darfst. Schaue ihr dabei in die Augen, und versuche, ihre Antwort zu verstehen. Sicher wird sie als hochsensibles Wesen nichts dagegen haben, eine farbige Energiedusche von dir zu empfangen. Solltest du jedoch das Gefühl haben, sie hätte lieber ihre Ruhe, dann versuche es später noch einmal. Wenn du es als angenehm empfindest, kannst du eine ruhige Musik abspielen. Solltest du dich aufgrund eines stressigen Arbeitstages oder belastender Emotionen wie Sorgen und Ängste nicht in der Lage fühlen, in einen ruhigen Zustand zu gelangen, empfehle ich dir Meditationsmusik, bei der im Hintergrund ein leiser Trommelrhythmus wahrzunehmen ist, der unserer Herzfrequenz ähnlich ist (z. B. »Shamanic Dream« von Anugama). Weil sich Schwingungen innerhalb eines Raumes automatisch angleichen, wird sich dein Herzschlag durch den Trommelrhythmus innerhalb weniger Minuten normalisieren.

Setze oder lege dich bequem hin, schließe die Augen, und beginne, tief und regelmäßig ein- und auszuatmen. Die Hände legst du neben dich oder in deinen Schoß, so, wie du es am liebsten magst. Wie bereits unter »Meditation« (S. 132) geschildert, verbindest du dich nun mit den Kräften, die dich leiten, und lädst sie ein, während deiner Energiearbeit anwesend zu sein. Mit jedem Einatmen nimmst du reinigendes, weißes Licht in dich auf, und beim Ausatmen lässt du Belastendes los. Solltest du nach einigen Minuten noch immer eine energetische Schwere spüren, dann visualisiere, wie deine Aura von violettem Licht eingehüllt wird. Vielleicht möchtest du auch in violettem Licht baden oder unter einem violetten oder kristallklaren Wasserfall stehen, um dich energetisch zu reinigen. Diese Übung führst du so lange fort, bist du dich leicht und entspannt fühlst.

Jetzt richtest du deine Aufmerksamkeit auf dein Drittes Auge, das sich auf deiner Stirn befindet. Mit einem Atemzug und von Liebe getragen erscheint nun das Bild deiner Katze vor dir. Stelle dir vor, wie ein leuchtendes, goldgelbes Licht erscheint und sich wie ein riesiger Wattebausch um den Körper deiner Katze legt, die nach einiger Zeit wohlig zu schnurren beginnt. Verweile in dieser Energie, und sprich im Geiste: »Ich bitte um Heilung für meine Katze (oder nenne ihren Namen).« Wenn du den Impuls oder von deiner Katze ein Zeichen bekommst, dass sie genug hat, bedankst du dich bei der geistigen Welt und den helfenden Kräften und kommst langsam wieder im Hier und Jetzt an. Deiner Katze darfst du gern ein »Ich liebe dich« zuflüstern, ansonsten lasse sie sich erst einmal in Ruhe erholen.

Wie bereits an anderen Stellen im Buch erwähnt, haben Katzen die einzigartige Gabe, die schweren Energien ihrer Besitzer in Leichtigkeit zu transformieren. Ich würde dir daher empfehlen, das Energiefeld deiner Katze regelmäßig energetisch zu reinigen, um sie zu unterstützen. Insbesondere dann, wenn du dich in einer emotional oder psychisch anstrengenden Lebensphase befindest und weißt, dass deine Katze viel Transformationsarbeit leisten muss. Wenn du den Impuls verspürst, schaffe einen ruhigen Raum, entspanne und erde dich. Nun visualisierst du eine reinigende Kraft, beispielsweise in Form eines Wasserfalls, unter dem sich deine Katze befindet und der ihre Aura so lange reinigt, bis nur noch glasklares Wasser abfließt. Oder du visualisierst eine violette Energiedusche, unter der sich deine Katze befindet. Anschließend tauchst du sie in deiner Vorstellung in reines, weißes Licht, das heilende Energie durch ihre Aura und in ihren Körper fließen lässt und ihre Energiereserven auffüllt. Eine Amethystdruse ist ebenfalls ein ständiger Transformator und Reiniger. Katzen fühlen sich in der Nähe dieses wunderschönen Minerals meist sehr wohl.

Musiktherapie

Ähnlich wie Farben senden auch Klänge Schwingungen aus, die mit dem Organismus der Katze in Resonanz gehen, von ihm aufgenommen und individuell beantwortet werden. Dies kann im Fall einer Dysbalance die Wiederherstellung der ursprünglichen Eigenfrequenz unterstützen. Die Schwingung der Musik setzt eine subtile Heilreaktion des Körpers und des Gemüts in Gang, indem die musikalischen Klänge über das Ohr und spezifische Sinneszellen in der Haut wahrgenommen werden. Dieser positive Effekt von Musik setzt voraus, dass die Klänge vom Individuum als angenehm empfunden werden. Vielleicht hast du die heilende Wirkung von Musik bereits am eigenen Leib erfahren und weißt, wie sehr sie die Seele berühren und zur Heilung beitragen kann.

Versuche herauszufinden, welche Musik deiner Katze am besten gefällt, und verwöhne sie möglichst oft damit. Die Wirkung von Energiearbeit, Farblichtbehandlungen und Meditation wird durch die passende Musik noch verstärkt.

Musik, die viele Tiere als angenehm empfinden:

- ✓ jegliche Form der Meditationsmusik wie »Engelsklang« von Michael Reimann
- ✓ Klangschalenmusik oder fernöstliche Klänge
- ✓ Kompositionen von Bach, Händel, Mozart und Schumann und wohlklingende Opern- oder Musicalstücke
- ✓ melodiöse, zarte Pop- und Soulmusik wie die von Rumer, Emma Chaplin oder Norah Jones sowie die Seelenmusik von Secret Garden

Selbstverständlich sollte Musik stets in einer für die Katze angenehmen Lautstärke abgespielt werden.

> Deine Katze liebt Musik und farbiges Licht – verwöhne sie regelmäßig damit.

Wegweiser zur ganzheitlichen Katzenhaltung

Tipps und Themen rund um die Katze

Abgabekatzen –
Herausforderungen meistern und Verantwortung übernehmen

Umzug, Arbeitslosigkeit, Krankheit, Trennung … die Liste der möglichen Gründe für die Abgabe von Katzen und anderen Haustieren an ein Tierheim ist lang. Ich möchte mir hier auf keinen Fall anmaßen, deine persönlichen Beweggründe herunterzuspielen oder dir ein schlechtes Gewissen einzureden. Du bist ein guter Mensch, der Katzen liebt, ansonsten würdest du dieses Buch nicht in den Händen halten. Ich weiß aus eigener Erfahrung, wie sich Verzweiflung, Existenzangst, Trauer und Hilflosigkeit anfühlen, was mich zu einem lösungsorientierten Menschen geformt hat. Darum nehme ich mir in diesem Kapitel die Freiheit, die Existenz deiner Katze in deinem Leben aus einer anderen Perspektive zu beleuchten und dir somit die Gelegenheit zu geben, dich für die ganzheitlichen Zusammenhänge unseres Universums zu öffnen. Vielleicht kann dir diese Erkenntnis eine Hilfe sein und bewahrt deine oder eine andere Katze vor einem traurigen Tierheimschicksal.

Bevor ich die häufigsten Gedankenmuster, Beweggründe und Ängste der Katzenbesitzer etwas näher beleuchte, möchte ich dir hier und jetzt versichern, dass in unserem Leben nichts rein zufällig passiert. Auch schwierige, herausfordernde Lebensabschnitte sind ein Teil des großen Ganzen. Wir sollen aus ihnen lernen und an ihnen wachsen. Diese Lebenserfahrungen formen uns zu den Menschen, die wir sein sollen: selbstbewusst, ohne Masken, frei von Ängsten und mit einem geheilten und liebenden Herzen. Wenn du es schaffst, die große Veränderung in deinem Leben nicht mehr als Last oder Strafe zu empfinden, sondern als Chance wahrzunehmen, wird mit der Zeit Leichtigkeit einkehren.

»Ich lebe in Trennung – in meiner neuen Wohnung wird Katzenhaltung sicher nicht erlaubt sein.«

Die Trennung von einem Lebenspartner ist schmerzhaft und die Zukunft danach meist ungewiss, sowohl emotional als auch finanziell. Man weiß nicht, wo man anfangen soll, insbesondere als Berufstätiger. Eine neue Wohnung muss gefunden, der Umzug vorbereitet und alles gepackt werden. Zeit für Tränen und die Verarbeitung der gescheiterten Beziehung bleibt kaum, man funktioniert einfach weiter und fühlt nach einiger Zeit nur noch eine Leere in sich. Die meisten Menschen werden eine solche oder ähnliche Situation sicher schon einmal erlebt haben.

Behalte einen kühlen Kopf, atme tief durch, verwöhne deine Seele mit einer passenden Blütenessenz und deine Nerven mit ausreichend B-Vitaminen. Dann nutze das Gesetz der Anziehung, indem du dir eine Wohnung visualisierst, die deinen Bedürfnissen und denen deiner Katze in vollem Maße gerecht wird. Versuche, trotz deiner schwierigen Lage positiv zu bleiben und das Glas als halb voll zu betrachten, nicht als halb leer. Katzenhaltung ist in sehr vielen Wohnungen erlaubt. Warum solltest ausgerechnet du keine dieser Wohnungen finden?

»Ich muss umziehen. Es gibt so wenige Wohnungen, die für einen Freigänger geeignet sind. Sicher wird meine zukünftige Wohnung in der Stadt liegen.«

Wenn du dir in deiner jetzigen, stressigen Situation eine laute Wohnung in der Stadt suchst und noch dazu deine Katze abgibst, hast du ihre Botschaft nicht verstanden und wirst vielleicht für den Rest deines Lebens bewusst oder unbewusst darunter leiden. Du kannst sicher sein, dass gerade jetzt etwas mehr Ruhe und die amüsanten Unverschämtheiten einer Katze wichtig für dich sind. Gehe in der Natur spazieren, laufe über Felder und Wiesen, und nimm das Singen der Vögel wahr. Die Natur ist heilsam, und vielleicht ist gerade deshalb eine ländlich gelegene Wohnung genau das Richtige für dich. Sicher findest du nette Nachbarn, die ebenfalls aufgrund ihrer Tiere oder Kinder in einen ruhigeren Außenbereich gezogen sind. Höre auf deine Katze, und verändere deinen Fokus bei der Wohnungssuche, denn das soll jetzt möglicherweise der nächste Schritt sein.

»Meine Katze langweilt sich, wenn ich den ganzen Tag über arbeiten bin.«

Besitzt du einen Freigänger, der nachts jagen darf, wird diesem tagsüber sicher nicht langweilig werden, weil er sich dann von seinen nächtlichen Streifzügen erholen muss. Bei einer Wohnungskatze, die nachts schläft, musst du als Katzenbesitzer etwas mehr Zeit in Spieleinheiten investieren, damit sie sich wohlfühlt, und das am besten bereits vor der Arbeit und danach ebenfalls. Integriere sie in deinen Feierabend, lasse sie dabei sein, wenn du kochst oder meditierst, und kraule sie beim Lesen oder Fernsehen. Nimm dir die Zeit und Ruhe, um ihr das Klickern beizubringen und sie somit geistig auszulasten, während du sie gleichzeitig mit gesunden Leckerlis verwöhnst. Vielleicht will sie dir auch einfach nur Gesellschaft leisten und deine liebevolle Aufmerksamkeit genießen. Deine Wohnung kannst du katzengerecht verschönern, indem du an verschiedenen Stellen Kratzbäume aufstellst und Katzenwanderwege an den Wänden befestigst. Viele Wohnungskatzen schauen gern aus dem Fenster, daher sollten sich auch dort Ruheplätze befinden. Mache dir jedoch niemals Stress und bedenke, dass Katzen täglich 12–16 Stunden lang oder noch länger schlafen bzw. ruhen. Wenn du ihr etwas mehr Aufmerksamkeit schenkst als vor deiner neuen Lebenssituation, wird sie sich sicher nicht langweilen. Hast du das Gefühl, sie sehnt sich nach Katzengesellschaft, schaue dich im Tierheim nach einer sozial verträglichen Samtpfote um, die deinem Bauchgefühl entsprechend gut zu ihr passen würde. Am besten wartest du mit dem Familienzuwachs, bis du einige Tage oder Wochen Urlaub nehmen kannst, um das Verhalten der Katzen genauestens zu beobachten.

»Ich bin arbeitslos geworden und kann mir die artgerechte Haltung meiner Katze nicht mehr leisten.«

Glaube mir, selbst wenn du deine Katze roh ernährst oder sie ein hochwertiges, teures Feuchtfutter erhält, wirst du deswegen keinen finanziellen Ruin erleiden. Wir sprechen hier von höchstens 30–60 Euro im Monat und einem Betrag von weiteren 20 Euro, die du monatlich zur Seite legst, falls eine Operation nötig werden sollte. Wenn du dein Tier wirklich liebst, kannst du ungeahnte Kräfte mobilisieren, um euch auch weiterhin gut versorgen zu können. Suche dir einen Nebenjob, bis du wieder eine feste Arbeitsstelle findest, und beginne noch heute mit der Suche danach. Versuche, deinen Frust in Stärke und Verantwortungsbewusstsein umzuwandeln.

»Ein Familienmitglied ist gegen Katzenhaare allergisch.«

Ziemlich weit oben auf der Liste der genannten Abgabegründe von Hunden und Katzen steht die Allergie, denn sie hat sich bereits zu einer Zivilisationskrankheit entwickelt. Manchmal wird sie vorgeschoben, doch meist entspricht es der Wahrheit, dass Familienmitglieder auf die Haare von Haustieren oder deren Speichel mit Atemwegsproblemen oder Juckreiz reagieren. Damit niemals wieder jemand, der dieses Buch gelesen hat, auf die Idee kommt, einem Tier oder sich selbst wegen einer Allergie das Herz zu brechen oder Ähnliches im Freundes- oder Familienkreis kommentarlos mit ansehen zu müssen, habe ich im Kapitel »Allergien und Futtermittelunverträglichkeiten« (S. 78) verschiedene Möglichkeiten der Naturheilkunde zur Allergiebehandlung bei Tier und Mensch beschrieben.

Spätestens dann, wenn die Existenz deiner Katze zur Diskussion steht, ist der Moment gekommen, in dem du dich für ein Leben ohne allergisch bedingte Beschwerden entscheiden solltest. Das Gleiche gilt für alle weiteren Mitbewohner deiner Katze. Es ist absolut inakzeptabel, gegen das Schönste und Liebevollste, was die Natur zu bieten hat, allergisch zu sein: Haustiere.

Suche dir eine naturheilkundlich arbeitende Fachperson, der du vertrauen kannst, und sprich mit ihr über passende Behandlungsmöglichkeiten.

Neben sämtlichen Behandlungsmethoden auf körperlicher Ebene solltest du deine geistigen Kräfte nicht außer Acht lassen, denn diese sind vorhanden, auch wenn du dir ihrer noch nicht bewusst bist. Frage dich, warum du ausgerechnet gegen das Liebste in deinem Leben allergisch sein sollst. Gibt es vielleicht einen alten Glaubenssatz oder ein Erlebnis aus deiner Kindheit, der bzw. das dich daran hindern will, Glück zu empfinden und zu genießen? Gönnst du dir selbst auf unbewusster Ebene diesen Herzenswunsch nicht und versuchst, dich durch die Allergie zu manipulieren oder zu bestrafen? Schau einmal ganz genau hin. Durch ein persönliches Erlebnis weiß ich, dass eine Allergie bei uns Menschen im Kopf beginnt. Vor einigen Jahren löste ein einziger Gedanke einen allergischen Schock bei mir aus, der meinen gesamten Körper mit juckenden Quaddeln übersäte. Dabei ging es nur darum, mich selbst zu sabotieren und von einem Seminar am kommenden Tag fernzuhalten, bei dem ich eine bestimmte Person hätte treffen können. Nutze also deine geistigen Kräfte, indem du dich mehrmals am Tag sammelst und folgenden Satz aus voller Überzeugung laut aussprichst und dabei auch fühlst: »Ich gebe mir die Erlaubnis, glücklich zu sein und meine Katze zu lieben – ich bin gesund!« Versuche es einfach. Auf dem Sofa, vor dem Spiegel, abends im Bett, im Auto und unter der Dusche. Glaube ganz fest daran, dass sich dein Zustand wieder ändern kann. Du kannst sozusagen deine Festplatte neu programmieren und Freude in deinem Leben zulassen. Beginne noch heute damit. Es kann auch kein Zufall sein, wenn du wegen einer Allergie deines Partners nachgeben und auf ein Leben mit Tieren verzichten sollst. Wird hier vielleicht deine Gutmütigkeit auf die Probe gestellt? Oder das Bedürfnis deines Inneren Kindes, geliebt zu werden, indem es jedem Konflikt mit seinen Mitmenschen ohne Rücksicht auf die eigenen Wünsche aus dem Weg geht? Nur du allein kennst die Antwort darauf.

»Ich bin schwanger und habe Angst vor Infektionskrankheiten wie Toxoplasmose.«

Bei der Infektionskrankheit Toxoplasmose handelt es sich um eine sogenannte Zoonose, was bedeutet, dass sie vom Tier auf den Menschen übertragbar ist. Der Hauptwirt des Erregers ist die Katze, was bei ihr jedoch keinerlei Symptome nach sich zieht. Außerdem kann rohes Fleisch von Schafen und Schweinen Träger des Erregers sein. Bei der Erstinfektion scheiden Katzen die Eier (Oozysten) dieses Erregers aus, wodurch theoretisch eine Übertragung auf Menschen stattfinden kann. Allerdings müssen diese Eier zwischen zwei und vier Tagen in warmer und feuchter Umgebung reifen, bevor sie überhaupt infektiös sind, was bedeutet, dass eine Ansteckung mit Toxoplasmose in einem Haushalt, in dem die Katzentoiletten täglich gereinigt werden, unmöglich ist. Weil wir auch in der Küche, insbesondere bei der Rohfütterung, bestimmte Hygienerichtlinien einhalten und benutzte Brettchen und Messer heiß abspülen, ist eine Ansteckung auf diesem Weg ebenfalls höchst unwahrscheinlich. Die Bedenken sind unverhältnismäßig und können auf keinerlei dokumentierte Fälle zurückgreifen. Also lasse dich nicht verunsichern, und sage es laut und deutlich, wenn du die gut gemeinten Ratschläge deiner unzureichend informierten Mitmenschen nicht mehr hören willst. Freue dich stattdessen darauf, deiner Katze vom Familienzuwachs zu erzählen und später beobachten zu können, wie sie und dein Kind miteinander kuscheln.

Wenn es dir trotz der Ausschöpfung aller Möglichkeiten in deinem derzeitigen Zustand nicht möglich ist, deiner Katze in deiner Gegenwart ein schönes Leben zu bereiten, beginne früh genug damit, ein liebenswertes und passendes Zuhause für sie zu finden.

> Deine Katze kann dir wie niemand sonst durch Zeiten des Umbruchs helfen, denn sie transformiert deine Ängste und seelischen Belastungen. Nutze diese Chance, um stark zu werden!

Spiel, Spaß und Bewegung –
Beschäftigungsmöglichkeiten

Wer jemals das Vergnügen hatte, einen Freigänger bei seinen Streifzügen zu beobachten, weiß, was unseren Wohnungskatzen entgeht. Das Schleichen durch hohes Gras und über Felder, die Ohren wie Fühler in verschiedene Richtungen ausgerichtet, die Freude beim Aufschrecken eines Entenpaares im Morgennebel, stundenlanges Auflauern einer Maus, die sich unter einem Pflanzenteller versteckt hat, und das anschließende Jagen, Fangen und Fressen dieses gesunden Leckerbissens … Wer schon einmal gesehen hat, wie eine Katze über Zäune balanciert, um anschließend mehrere Meter einen Baum hinaufzurennen, der realisiert, dass es nicht ausreicht, einer Wohnungskatze einen kleinen Kratzbaum ins Zimmer zu stellen und ansonsten keinerlei Beschäftigung anzubieten.

Insbesondere eine Einzelkatze braucht deine liebevolle Zuwendung, ausreichend Bewegung, etwas Kopfarbeit und zumindest ansatzweise die Befriedigung ihres natürlichen Jagdtriebes. Das Wohlgefühl deiner Katze ist neben einer gesunden Ernährung und deiner Liebe sicherlich von ihren Erlebnissen im Alltag abhängig. Ein Freigänger, der viele Stunden seine grenzenlose Freiheit genießt, ist meist genügend ausgelastet und freut sich darüber, seine Ruhephasen innerhalb deiner vier Wände verbringen zu dürfen. Eine Katze, die hingegen nur ein paar Meter durch den Garten tapst, wird für etwas Spiel und Spaß sicherlich gern zu haben sein. Die damit verbundene Bewegung aktiviert den Stoffwechsel, sorgt dadurch für die Versorgung der Zellen mit Sauerstoff, den Abtransport von Schlackenstoffen und eine geregelte Verdauung. Beschäftigung ist für die Katze daher auf allen Ebenen eine Wohltat – und für deine Seele sowieso.

Spiel, Spaß und Bewegung aktivieren die Verdauung und die Fettverbrennung, was v.a. für übergewichtige Katzen wichtig ist. Traumatisierte Katzen unterstützten sie dabei, Bindung und Vertrauen zu ihren Menschen aufzubauen. Außerdem wird dadurch das Glückshormon Dopamin ausgeschüttet, was auch alten und kranken Katzen schöne Momente beschert. Auch wenn mehrere Tiere im Haushalt leben, bedeutet das nicht unbedingt, dass sie viel miteinander spielen. Daher brauchen auch sie Bewegung.

Hier ein paar Anregungen, womit du deine Katze beschäftigen kannst.

Beschäftigung durch Wohnungseinrichtung:

- ✓ Kratzbäume an verschiedenen Stellen in der Wohnung, auch am Fenster
- ✓ Liegemöglichkeiten an Fenstern
- ✓ diverse, individuell abgestimmte Möglichkeiten zum Krallenwetzen
- ✓ Höhlen und andere Möglichkeiten, sich zu verstecken und erhöht zu liegen
- ✓ Lauf- und Klettermöglichkeiten an den Wänden
- ✓ Trinkbrunnen

Spiele im Alltag:

- ✓ Badewannenspielchen wie »Fang den Zeh« – macht Katze und Mensch irre viel Spaß; vorzugsweise in einem für Katzen unbedenklichen Basensalz baden
- ✓ Fischen in der Schüssel – kleine Bälle oder eingefrorene Biohühnerbrühe in eine Schüssel mit Wasser geben und von der Katze herausfischen lassen; bei Magenproblemen eignet sich Eingefrorenes nicht zum Fressen

- ✓ Bewegung provozieren mit dem Laserpointer – sollte nicht allzu oft angewendet werden, weil Katzen Erfolgserlebnisse bei der Jagd brauchen
- ✓ Katze bei Küchentätigkeiten mit einbeziehen und Leckerlis in der Küche verstecken, während du kochst

Selbstbeschäftigung:

- ✓ Spielzeuge aller Art, mit denen sich die Katze ihr Futter erarbeiten muss, z. B. Futterlabyrinthe und -bälle, Fummelbretter oder sonstige Intelligenzspielzeuge; bitte getrocknete Fleisch- oder Fischleckerlis aus einem BARF-Geschäft verwenden; findet Katze Spaß daran, sollten ihre Hauptmahlzeiten entsprechend der Leckerlis, die sie sich erarbeitet hat, reduziert werden
- ✓ Stofftiere und Säckchen, in denen Katzenminze oder, für besonders stressige Lebensphasen, Baldrianwurzel eingenäht ist
- ✓ Selbstgebasteltes aus Schnipseln, Papprollen, Laub, Gras und Filzstücken; bei sehr jungen und verhaltensoriginellen Katzen sollte Spielzeug so groß sein, dass es nicht verschluckt werden kann
- ✓ Kartons, »Häuser« aus Zeitungen und Tunnel, in denen sie sich verstecken kann
- ✓ Bälle oder Wollknäuel, die sie vor sich herschieben und dann fangen kann

Spiele für Katze und Mensch:

- ✓ Bällchenspiel – Mensch wirft, Katze fängt
- ✓ Leckerlis werfen – Mensch wirft, Katze jagt, fängt und frisst
- ✓ Mensch macht Seifenblasen, Katze fängt
- ✓ Angelspiel – Mensch angelt, Katze springt, greift oder haut mit den Pfoten
- ✓ Beutespiel mit Angel oder Band, an der bzw. dem Beute in Form einer Maus oder Feder befestigt ist – Katze lauert der Beute auf, die vom Menschen nur ganz langsam bewegt wird, und fängt sie schließlich; befriedigt natürlichen Jagdinstinkt; Katze braucht dafür Möglichkeit, in Deckung zu gehen, z. B. Teppichfalte oder Sessel; Katzen lassen sich mitunter viel Zeit, bis sie zum Beutefang ansetzen, daher braucht Mensch hierfür etwas Zeit und Geduld
- ✓ Klickern

Wann und wie lange sollte man mit der Katze spielen?

Spiele nicht direkt nach dem Fressen mit deiner Katze, denn dann sollten alle Lebewesen ruhen. Etabliere am besten eine ungefähr fünfzehnminütige Spieleinheit als festes Ritual vor und direkt nach der Arbeit, denn dann ist deine Katze ausgeruht und hat Hunger. Anschließend wird sie gefüttert und mit ihr gekuschelt. Wenn es deine Zeitfenster erlauben, kannst du deine Katze natürlich auch häufiger zum Spielen auffordern. Eine einzeln gehaltene Wohnungskatze sollte mindestens eine Stunde pro Tag bespaßt werden, damit sie sich wohlfühlt und ihre überschüssige Energie nicht an Möbeln oder Besuchern auslässt oder deine Nachtruhe stört.

Einige Spielchen lassen sich auch mit mehreren Katzen durchführen. Haben deine Katzen jedoch unterschiedliche Bedürfnisse, solltest du mit jeder einzeln spielen. Achte darauf, dass du dich während dieser kurzen Zeit ausschließlich deinen Tieren widmest und durch nichts abgelenkt wirst. Das Spielzeug wird nach Beendigung des Spiels weggeräumt.

Manche Katzen lassen sich auch gern bürsten und massieren, was besonders den älteren guttut. Auch ein leichtes Muskeltraining auf einem Wackelbrett ist eine gute, spielerische Sache für den Katzensenior.

Klickern für Katzen

An dieser Beschäftigung erfreuen sich immer mehr Katzen und ihre Menschen, daher möchte ich an dieser Stelle etwas ausführlicher darauf eingehen.

Beim Klickern handelt es sich um eine intensive Beschäftigung mit der Katze, bei der ihr durch klassische Konditionierung beigebracht wird, etwas Bestimmtes zu tun oder auch daraus folgernd etwas anderes zu unterlassen. Es ist daher nicht nur ein schönes, den Verstand der Katze forderndes Spiel, sondern kann gleichzeitig erzieherisch und zum Erlernen von Kunststücken eingesetzt werden. Beide Seiten müssen hierfür hoch konzentriert sein und dürfen nicht abgelenkt werden. Meist hält die Konzentration bei der Katze drei bis zehn Minuten an. Hat die Katze keine Lust mehr, wird sofort aufgehört, und sämtliche Hilfsmittel werden weggeräumt.

Für das Klickern benötigt man Folgendes:

- ✓ Klicker
- ✓ Leckerlis
- ✓ Targetstab

Besorge dir einen Klicker aus dem Fachhandel. Du kannst aber auch ein anderes Gerät verwenden, mit dem du einen stets gleichen Ton erzeugen kannst. Manche nehmen wegen des empfindlichen Katzengehörs einen Kugelschreiber. Wichtig ist, dass der Klickton nicht zu laut und immer absolut identisch ist. Daher ist die eigene Stimme für diese besondere Form der Konditionierung nicht gut geeignet, weil sie heiser oder belegt sein kann.

Verwende gesunde Leckerlis als Belohnung, die der Katze ausschließlich von dir gegeben werden – und zwar zum haargenau richtigen Zeitpunkt. Es sollten Leckerlis sein, die die Katze gern frisst, aber die sie nicht vor Begeisterung völlig ausrasten lassen, denn ansonsten würde sie nicht mehr spielen wollen, sondern nur noch danach suchen. Eine leicht hungrige Katze wird sich einfacher klickern lassen als eine gesättigte.

Einen Targetstab kannst du kaufen oder selbst basteln.

Neben diesen Utensilien brauchst du außerdem Folgendes: Geduld und Liebe. Habe keine Erwartungen, was den Erfolg betrifft, und bleibe immer freundlich, auch dann, wenn es nicht sofort klappt.

Beginne mit ganz kurzen Übungseinheiten, und steigere diese jeden Tag etwas mehr.

Es gibt verschiedene Möglichkeiten, den Klicker als Spiel- und Lerninstrument einzusetzen. Hier ein paar Vorschläge.

Freies Formen – Shaping

Hier soll die Kreativität deiner Katze gefördert werden. Sie soll selbst herausfinden, was du von ihr möchtest. Sie wird sehr schnell begreifen, dass korrektem Verhalten sofort ein Klick folgt, woraufhin sie mit einem Leckerli belohnt wird.

Beispiel: Du setzt dich auf den Boden und legst ein Kissen vor dich hin. Dein Ziel ist es, dass sich die Katze auf das Kissen legt. Sobald die Katze sich für das Kissen interessiert: Klick und Leckerli. Sie nähert sich dem Kissen: Klick und Leckerli. Sie entfernt sich wieder: kein Klick. Sie nähert sich wieder und setzt eine Pfote darauf: Klick und Leckerli. Jedem Klick folgt umgehend ein Leckerli, damit die Katze einen direkten Bezug zwischen beidem herstellen kann. Du kannst die Katze auch mit deiner Stimme oder einer Geste locken. Vielleicht wird sie beim ersten Mal noch nicht begreifen, dass sie sich auf das Kissen legen soll. Aber irgendwann weiß sie, was sie tun muss, um ein Leckerli zu bekommen, und du musst dir etwas Neues ausdenken. So hat die Katze jede Menge Spaß, kann sich ausprobieren und ihren Verstand einsetzen. Dass Tiere über kognitive Fähigkeiten und Gefühle verfügen, ist heutzutage auch vielen Wissenschaftlern nicht entgangen. *

* Mehr dazu im Buch »Das Mysterium der Tiere – Was sie denken, was sie fühlen« von Karsten Brensing.

Freiwilliges Verhalten belohnen – Capturing

Hier setzt du weder Kommandos noch Gesten ein, sondern wartest ab, welches Verhalten die Katze dir gegenüber zeigt, und entscheidest dann, ob du es belohnen willst. Das kann ein Kopfknuddeln oder ein Küsschen sein. Dazu sitzt oder liegst du am besten auf gleicher Höhe wie deine Katze. Schmiegt sie ihr Köpfchen an deine Wange und erhält dafür einen Klick plus Leckerli, weiß sie, dass du dieses Verhalten gern hast, und wird es wiederholen. Ich persönlich bin der Meinung, die Katze merkt ohnehin, was dir gefällt – mit oder ohne Klick und Belohnung. Allerdings ist das Belohnen eines bestimmten Verhaltens für eine scheue und traumatisierte Katze eine schöne Möglichkeit der Vertrauensbildung. Liebe geht ja bekanntlich durch den Magen. Du kannst auch jede geduldete Körperinspektion klickern und belohnen und somit das sogenannte Medical Training üben. Oder du klickerst und belohnst deine Katze, wenn sie freiwillig auf dich zugelaufen kommt, damit ihr der Klick später ausreicht, um sich dir zu zeigen.

Gewünschtes Verhalten herausfordern und belohnen – Prompting

Bei dieser Form des Klickerns sind der Fantasie keine Grenzen gesetzt. Hier kann beispielsweise mit dem Targetstab gearbeitet werden. Ihr könnt Kunststückchen üben wie Männchenmachen, Balancieren, Von-Stuhl-zu-Stuhl-Spingen, Hin- und Herrollen, Slalomlaufen und vieles mehr. Später benötigst du den Targetstab nicht mehr, und die Katze beginnt zu spielen, sobald sie dich sieht. Mit dieser Form des Klickerns kannst du der Katze auch zeigen, dass du es viel lieber hast, wenn sie auf dem Stuhl sitzt als auf dem Tisch oder der Arbeitsplatte neben dem heißen Herd. Du forderst sie auf, auf einem Stuhl Platz zu nehmen, klickerst es und zeigst ihr dadurch, welches Verhalten ihrerseits von dir belohnt wird. So wird sie in Zukunft vielleicht den Stuhl als Sitzunterlage bevorzugen.

Es gibt noch vieles mehr, was mit Katzen möglich ist und beiden Seiten viel Freude bereitet. Mittlerweile ist gute Fachliteratur auf dem Markt erhältlich, und Lehrvideos im Internet zeigen dir, wie eine Klickerlektion ablaufen kann. Probiere es aus, denn Klickern ist insbesondere für Wohnungskatzen ein wunderbarer Zeitvertreib.

Zum Schluss noch ein paar Anregungen zum Thema Freiheit und Katzenklappe. Solltest du zu den berufstätigen Katzenbesitzern gehören, die in einem angenehmen, langfristigen Mietverhältnis leben und ihren Katzen bei Vorhandensein einer Katzenklappe gern Freigang gewähren würden, denke über Folgendes nach: Es gibt mittlerweile Katzenklappen für Fenster, Glastüren und Wände. Manche von ihnen können sogar auf die Mikrochipnummer deiner Katze programmiert werden. Sprich mit deinem Vermieter oder deiner Hausverwaltung, ob du eine Katzenklappe einbauen lassen darfst. Katzen leben in Millionen von Haushalten, und ich persönlich erachte Katzenklappen mittlerweile als Wertsteigerung für Wohnungen in verkehrsberuhigten Bereichen. Vielleicht kommen dir die Besitzer entgegen, oder du einigst dich schriftlich mit ihnen, Fenster oder Tür im Falle deines Auszugs zu ersetzen. Aus einem Holzbrett und kleinen Holzstiften lässt sich eine tolle Katzentreppe bauen, die vom Balkon in den Garten führen kann. Mit tierlieben Nachbarn und einem verständnisvollen Vermieter wird so etwas kein Problem sein. Erkundige dich vor Einzug in eine neue Wohnung über die Gegebenheiten vor Ort.

Das Bespaßen deiner Katze macht auch dich glücklich. Schafft eine Verbindung zwischen euch, und zaubert wunderschöne Momente in euer Leben.

Katzengemeinschaften – brauchen Katzen die Gesellschaft von Artgenossen?

Der Mensch legt gern Regeln und Normen fest – vielleicht, um besser entscheiden zu können, oder einfach, weil er es nicht anders gelernt hat. Auch die westliche Medizin funktioniert bedauerlicherweise nach diesem Prinzip und behandelt jeden nach ein und derselben Richtlinie, ganz egal, um welchen Typ Mensch oder Tier es sich handelt. Nach einem ähnlichen Motto – »Was für den einen gut ist, kann für den anderen nicht schlecht sein« – handeln auch einige Tierschutzvereine, indem sie Katzen nur unter ganz bestimmten Bedingungen abgeben. Manche Tierheime verlangen eine reine Wohnungshaltung für alle ihre Katzen, andere stellen als Adoptionsbedingung den Freigang und fordern dafür eine Entfernung zur nächsten Straße von etlichen hundert Metern, was die Anzahl der Adoptionen enorm verringert. Weitere Tierschutzvereine hingegen geben Katzen nur zu zweit ab. Damit meine ich nicht ein Paar, das sich im Tierheim gesucht und gefunden hat und nun den Rest seines Lebens gemeinsam verbringen will. Es kann sich da auch um rein zufällig ausgewählte Tiere handeln. Hauptsache, es sind zwei. Auch die Tatsache, dass manche Menschen sehr viel Zeit haben und eine Einzelkatze fast nie allein wäre, reicht als Argument nicht aus. Diese pauschale Handhabung finde ich sehr schade für die Katzen. Denn auch innerhalb dieser Gattung gibt es sehr unterschiedliche Persönlichkeiten, die entsprechend ihrer individuellen Bedürfnisse gehalten werden sollten.

Glücklicherweise gibt es auch Tierheime, in denen die unterschiedlichen Katzencharaktere vom Personal oder den Katzenschmusern* erkannt werden und man sich bemüht, das passende Zuhause für sie zu finden. Im Sinne der Katzen sollte es immer so gehandhabt werden.

Es gibt kontaktfreudige und sozial verträgliche Katzen. Es gibt aber auch typische Einzelgänger, die ganz allein oder in der Gesellschaft eines Hundes Haus und Garten unsicher machen wollen. Einer sehr alten Katze reicht für ihr Wohlbefinden mit großer Wahrscheinlichkeit eine Wohnung und ein gesicherter Balkon aus, insbesondere dann, wenn sie nichts anderes kennt. Für einen draußen aufgegriffenen, streunenden Kater wäre es hingegen eine Zumutung, eingesperrt zu sein. Er wäre für den Rest seines Lebens unglücklich. Auf diesem Weg entstehen auch Probleme wie Unsauberkeit oder das Zerstören von Wohnungsgegenständen. Es gibt noch immer Tierheime, die wild lebende Katzen einfangen und zwar kastrieren lassen, sie dann aber leider in ihr Katzengehege sperren und in die Wohnungshaltung vermitteln. In meinen Augen ist das kein Tierschutz. Mir sind zahlreiche Fälle bekannt, in denen sich vermittelte Katzenpaare absolut nicht verstanden haben und einer von beiden wieder zurückgebracht werden musste. Ich kenne auch viele glückliche Katzengemeinschaften, in denen die Katzen miteinander kuscheln. Es gibt aber auch sehr zufriedene Einzelkatzen, die innerhalb einer Familie oder mit einer Einzelperson zusammenleben und die ungeteilte Aufmerksamkeit in vollen Zügen genießen. Also warum immer alles pauschalisieren? Fragt doch lieber die Katzen, was sie möchten!

Wenn du einer Katze aus dem Tierschutz ein Zuhause geben möchtest, mache dir im Vorfeld eine Liste, was du ihr bieten kannst. Damit meine ich

---

* Bei Katzenschmusern handelt es sich um Menschen, die sich ehrenamtlich zu den Katzen in die Zwinger setzen, sich mit ihnen befassen und mit ihnen spielen.

deine Zeitfenster, deinen Wohnraum und deine finanziellen Möglichkeiten. Letzteres kann bei einer Katze, die dauerhaft Medikamente benötigt, wichtig sein. Aber ich meine damit auch deinen eigenen Charakter. Bist du geduldig oder ungeduldig? Möchtest du stundenlang mit einem neugierigen Kätzchen spielen, oder sehnst du dich nach einem alten Kater, der zufrieden neben dir liegt, während du abends Bücher verschlingst? Überlege auch genau, welche Eigenschaften die Katze haben soll, damit sie möglichst gut in dein Leben passt und ihr gemeinsam glücklich seid. Soll sie mit Kindern, Artgenossen oder Hunden verträglich sein? Legst du Wert darauf, dass sie menschenbezogen und verschmust ist, oder hast du das Bedürfnis, einer zurückhaltenden oder vielleicht sogar traumatisierten Katze eine Chance auf ein schönes Leben zu bieten, indem du ihr mit der nötigen Liebe und Geduld begegnest? Dann finde ein Tierheim, in dem sich Personal und Freiwillige intensiv mit den Katzen befassen und gemeinsam mit dir das für dich passende Tier auswählen. Um zu schauen, ob eine tiefere Verbindung zwischen euch existiert, besuche deine Wunschkatze in den nächsten Tagen, und spiele mit ihr. Schaue, ob sie dich mag und ob sie sich in dein Herz schleichen kann oder es bereits getan hat. Ich bin sicher, dass ihr es beide sehr schnell merken werdet. Wenn du bereit bist, mehreren Katzen ein Zuhause zu geben, verfahre nach demselben Prinzip, und freunde dich im Vorfeld mit ihnen an. So wirst du merken, ob ihr miteinander harmoniert. Dann steht einer glücklichen Mensch-Katzen-Gemeinschaft nichts mehr im Weg. Für anfängliche Herausforderungen im neuen Zuhause stehen dir gut ausgebildete Katzenpsychologen oder -verhaltenstherapeuten zur Verfügung. Doch meistens bedarf es nur etwas Geduld.

Seid ihr, du und deine Katze, euch sicher, dass ein weiterer vierbeiniger Lebensgefährte bei euch einziehen soll, solltest du deine Samtpfoten nach den Regeln, wie sie auch für Katze und Hund gelten, vergesellschaften. Gewöhne sie langsam aneinander, indem du die neue Katze in den ersten ein bis zwei Tagen in einem separaten Raum oder einer anderen Etage leben lässt. Dann tauschst du deren Decken oder andere Textilstücke, mit denen sie Körperkontakt hatten, miteinander aus, sodass sie den Geruch der anderen kennenlernen. Der nächste Schritt wäre der Tausch der Wohnräume bzw. Etagen, sodass der Geruch der jeweils anderen Katze intensiver wahrgenommen werden kann. Es wäre gut, wenn du dir für die Vergesellschaftung einige Tage freinehmen könntest, um deine Katzen genau zu beobachten und bei Bedarf einzugreifen. Wenn du das Gefühl hast, der Moment der Zusammenführung ist gekommen, dann lasse es einfach geschehen. Bist du unsicher oder noch unerfahren, nimm die Hilfe eines Tiertherapeuten für Katzen in Anspruch, der dich bei der Zusammenführung unterstützt und gewiss noch individuelle Tipps für dich hat. Denn sicher ist je nach Wohnraum einiges zu beachten. In einem großen Haus können sich Katzen wunderbar aus dem Weg gehen, in einer kleinen Wohnung hingegen muss man meist etwas mehr Kreativität aufbringen, um Ausweichmöglichkeiten und Ruheplätze zu schaffen. Lasse dir helfen, damit es gut wird. Bedenke, dass auch kleine Raufereien zu einem sozial gesunden Katzenverhalten dazugehören. Sie sind kein Grund zur Besorgnis, sofern sie in einem normalen Rahmen stattfinden.

Wenn du eine sehr kleine Studentenbude ohne Balkon bewohnst, solltest du am besten ganz auf junge, zeitintensive Haustiere verzichten. Hier wäre eine alte Wohnungskatze aus dem Tierheim, die einfach nur noch auf deinem Bett kuscheln will, eine gute Alternative. Aber auch diese Katze will täglich versorgt werden. Mache dir vorab Gedanken, ob du diese Zeit aufbringen kannst.

Wenn du zu den Menschen gehörst, die ein riesengroßes, wunderbares Herz besitzen, das voller Liebe zu Tieren ist, die aber nur sehr wenig Geld zur Verfügung haben, überlege dir gut, ob du dir zwei, drei oder noch mehr Tiere zulegst. Das ist gut von dir gemeint, aber bedenke stets, dass du für diese Tiere Sorge tragen musst. Sie haben ein Recht auf gute Ernährung und medizinische Versorgung. Gerade ältere Tiere aus dem Tierschutz, für die dein Herz wahrscheinlich ganz besonders schlägt, benötigen manchmal aufgrund ihrer körperlichen Schwachstellen kostspielige Nahrungszusätze und vielleicht sogar Operationen.

Ich möchte dir hier einen ernst gemeinten Rat geben: Wandle deine momentane Schwäche in eine Stärke um. Nimm deine Geldknappheit zum Anlass, kreativ zu werden, und finde einen Weg aus der Geldnot, der mit deiner Tierliebe harmoniert. Vielleicht gründest du einen Tiersitterdienst. Der Bedarf ist riesig, und ich kann dir versprechen, dass du viel Neues lernen wirst. Du könntest Katzen versorgen, deren Besitzer im Urlaub sind. Oder du gehst mit dem Hund der berufstätigen Nachbarn Gassi. So hätten die Tiere ein schöneres Leben und du einen Nebenjob, der dir Freude macht. Vielleicht werden sich dadurch noch andere Türen für dich öffnen – lasse dich überraschen.

Jedem Alleinstehenden möchte ich ans Herz legen, für seine Tiere Paten zu suchen, die sich im Notfall um sie kümmern können.

Katzengemeinschaften sind wunderbar – aber nicht immer möglich. Entscheide immer zum Wohle der Tiere.

Katze und Hund – geht das?

Im Zeitalter von Patchworkfamilien sollte sich jeder alleinstehende Tierbesitzer mit dem Thema Tierzusammenführung auseinandersetzen, denn ehe man sich versieht, steht man genau vor dieser Herausforderung. Ich spreche da aus Erfahrung, und der Titel meiner Facharbeit im Rahmen meiner Tierheilpraktikerausbildung lautet nicht zufällig »Die tierische Patchworkfamilie – Die positiv unterstützende Wirkung ganzheitlicher Naturheilverfahren und artgerechter Ernährung bei der Gründung einer neuen Lebensgemeinschaft mit teilweise verhaltensauffälligen Tieren«.

Ich kenne unzählige Wohngemeinschaften, in denen Hund und Katze friedlich zusammenleben, wobei die Rasse des jeweiligen Hundes völlig unerheblich ist. Auch ein Hund mit starkem Jagdtrieb kann innerhalb der vier Wände im Angesicht eines dominanten Katers oder einer selbstbewussten Kätzin zum Lamm werden und die Samtpfote als Mitbewohner und Spielkamerad akzeptieren. Die eigene Katze ist dann für ihn okay, fremde Katzen sind es dagegen noch lange nicht. Bei manchen Katze-Hund-Beziehungen handelt es sich eher um ein gegenseitiges Tolerieren, wogegen sich bei anderen auch echte Zuneigung entwickelt. In diesen Fällen wird gespielt, geschmust und gemeinsam auf der Couch geschlafen.

Die Entwicklung einer derartigen Freundschaft steht und fällt allerdings mit den Eigenschaften und Erfahrungen der Katze. Zeigt sie dem Hund durch ihr Verhalten, dass sie keine Angst vor ihm hat und sich wehren kann, wird dieser seinem fauchenden Mitbewohner nicht zu nahe kommen und ihn als Chef oder zumindest Gleichrangigen akzeptieren. Das setzt voraus, dass die Katze nicht fortläuft, sobald sich der Hund ihr nähert, sondern dem Hund mit deutlichen Warnsignalen zu verstehen gibt, dass er sich benehmen soll. Neben Buckeln und Fauchen wird dann auch die Pfote gehoben, an der die ausgefahrenen Krallen im Licht funkeln wie die Säbel eines Samurais.

Mein Streuner hat Hunde zur Weißglut gebracht, indem er einfach liegen geblieben ist, wenn sie sich ihm bellend näherten. Er hat sich nicht aus der Ruhe bringen lassen und rollte sich einfach weiter in der Sonne hin und her. Ob es unser Nachbarhund Oscar war, ein stattlicher Neufundländer, oder später unsere Schäferhündin Chelly – sie alle waren wie vor den Kopf gestoßen angesichts derartiger Dreistigkeit und blieben wie angewurzelt vor dem sich kugelnden Kater stehen. Streuner kam mit allen Hunden sehr gut zurecht, weil er selbstbewusst war und aufgrund mangelnder schlechter Erfahrungen einfach keine Angst vor ihnen hatte.

Anders sah es bei Lilly aus, der Katze meiner Stieftochter. Sie hatte zehn Jahre lang bis zu seinem Tod mit Pedro, dem Hund meines Mannes, zusammengelebt. Die beiden wuchsen miteinander auf und hatten daher ein gutes Verhältnis. Obwohl wir alle Maßnahmen einer vernünftigen Rudelzusammenführung ergriffen, konnte sich die kleine, verschmuste Lilly nicht an die penetranten Annäherungsversuche meines Hundes Basco gewöhnen und verschwand dann jedes Mal unter dem Sofa, was seine Dopaminausschüttung und Jagdlust weiter steigerte. Auch die eingeschaltete Hundetrainerin war der Ansicht, dass eine für beide Seiten glückliche Lebensgemeinschaft wahrscheinlich nicht möglich sei.

Bei der Zusammenführung von Katze und Hund gelten die gleichen Maßnahmen wie bei Katze und Katze, die im Kapitel »Katzengemeinschaften« (S. 161) beschrieben werden. Das bedeutet, dass sich die Tiere getrennt voneinander erst einmal an den Geruch des jeweils anderen gewöhnen müssen.

Bei der ersten Begegnung sollte der Hund einen Maulkorb tragen, weil niemand vorab sagen kann, was passieren wird. Aber auch der Hund kann durch die Katze verletzt werden, daher sollten die Besitzer stets bereit sein einzugreifen. Ich würde dir raten, einen auf Katzen und Hunde spezialisierten Verhaltenstherapeuten mit ins Boot zu holen, damit menschliches Fehlverhalten bestmöglich vermieden werden kann.

Des Weiteren sollte der Hund lernen, dass sowohl das Katzenfutter als auch das große Geschäft der Katze in ihrer Toilette nicht für ihn gedacht sind. Aber auch für dahin gehende Lernblockaden gibt es Lösungen. Deine Katze wird bei guter Haltung voraussichtlich bis ins hohe Alter springen können, also platziere Futter und Toilette einfach in einer Höhe, die für den Hund unerreichbar ist. Befestige passend zu deiner Einrichtung Bretter an den Wänden, und baue der Katze somit Treppen. Sei kreativ – es gibt für alles eine Lösung. Katzen sind sehr klug, sie werden sofort verstehen, was sie tun sollen. Vielleicht darfst du nach Rücksprache mit deinem Vermieter auch eine Katzenklappe in die Badezimmertür einbauen. Somit wäre die Katzentoilette ausschließlich für deine Samtpfote erreichbar. Je nachdem, wie hochwertig die Tür ist, kannst du dich auch vertraglich mit deinem Vermieter einigen, diese nach deinem Auszug auszutauschen. Eine normale Tür kostet nicht viel.

Richte deine Energie auf ein harmonisches Zusammenleben und nicht auf mögliche Probleme. Für Eigenheimbesitzer sind den Möglichkeiten im Bezug auf die Gestaltung eines Hunde- und Katzenparadieses natürlich keinerlei Grenzen gesetzt.

Die Freundschaft zwischen einer Katze und einem Hund ist etwas ganz Besonderes. Wenn du Geduld aufbringst, dich korrekt verhältst und mit etwas Glück kann das Zusammenleben wunderbar funktionieren und wird unvergessliche, lustige Momente in dein Leben zaubern.

Ist die Katze souverän genug und der Hund lernfähig,
können Katze und Hund ein tolles Team werden.

Katzenkinder –
Herzenswunsch oder Illusion?

Es gibt wohl nichts Entzückenderes als Katzenjunge bis zu einem Alter von ca. sechs Monaten. Sie sind so unfassbar süß und verspielt und schleichen sich in das Herz eines jeden Menschen, der sie zu Gesicht bekommt. Wer schon einmal von einem Kätzchen durch einen sanften Biss in die Nase geweckt wurde und beim Aufschlagen der Augen dessen zuckersüßes Gesicht erblickte, weiß, wovon ich spreche. Ja, diese einzigartige Schönheit und Herzensrührung ist mit keinen Worten zu beschreiben, und ich kann absolut verstehen, dass sich Menschen zu Katzenkindern hingezogen fühlen.

Jedes Jahr im Frühjahr sind die Tierheime voll mit den sogenannten Maikätzchen. Oftmals kommen diese in einem schlechten Zustand gemeinsam mit ihren Müttern ins Tierheim und werden dort liebevoll aufgepäppelt, bevor sie zur Vermittlung freigegeben werden. Katzenkinder, die ohne ihre Mutter gefunden werden, bekommen alle paar Stunden eine Spezialnahrung mit der Flasche. Diese mühevolle Arbeit wird von den Tierheimmitarbeitern nachts in deren eigenen vier Wänden und tagsüber in den Tierheimräumen erledigt. Man kann sich vorstellen, wie sehr ihnen das Herz blutet, wenn eines der Babys nicht überlebt oder die Kätzchen im Alter von ca. acht Wochen zur Vermittlung freigegeben werden.

Auch auf dem Bioland-Bauernhof, auf dem ich fünf Jahre lang gearbeitet habe, wurde regelmäßig nach Katzenbabys gefragt. Manchmal von jungen, vorpubertären Mädchen, oftmals allerdings auch von kinderlosen Frauen zwischen 40 und 50 Jahren, die mit leuchtenden Augen vor mir standen, sodass ich mich fragte, ob das gewünschte Katzenbaby vielleicht eine Herzenslücke schließen sollte. Angesichts Zehntausender vergessener, teilweise alter Katzen in deutschen Tierheimen bemühte ich mich dennoch stets um eine freundliche Antwort und verwies die Damen an umliegende Tierschutzvereine. Nebenbei erwähnte ich allerdings, dass die Hofkatzen glücklicherweise kastriert worden waren und somit ein weiterer, völlig unnötiger Anstieg der Katzenpopulation verhindert werden konnte.

Bevor du dir deinen Herzenswunsch erfüllst und dir ein Katzenjunges anschaffst, möchte ich an deinen gesunden Menschenverstand appellieren und dir ein paar Denkanstöße geben:

Ein Katzenjunges ist kein Spielzeug! Weder für dich noch für deine Kinder. Es darf nicht herumgetragen und schon gar nicht fallen gelassen werden und benötigt ausgiebige Ruhephasen.

Warum soll unbedingt ein Katzenbaby in dein Haus einziehen? Reflektiere einmal ganz ehrlich und in Ruhe, ob da nicht unbewusst irgendwelche Mutter- bzw. Vatergefühle gedeckelt oder Kindheitserinnerungen zurückgeholt werden sollen.

Bedenke, dass auch das entzückendste Katzenbaby nach einigen Monaten gar nicht mehr so süß ist, wie es einmal war. Katzen wachsen sehr schnell heran und sehen nach einem halben Jahr bereits völlig anders aus.

Halte dir auch vor Augen, dass du keinen Einfluss auf die Charakterentwicklung deiner Katze haben wirst. Aus dem süßen Katzenbaby kann eine Schmusekatze werden, ebenso aber auch ein sturer Kater, der nicht gestreichelt werden will, dich aber nachts weckt, weil er Hunger hat. Außerdem kann sich das Katzenbaby aufgrund seiner möglichen traumatischen Erfahrungen zu einer Katze entwickeln, bei der die vorherrschende Emotion die Angst bleiben wird.

Sei dir auch der Tatsache bewusst, dass eine Katze bei artgerechter Haltung und mit einigermaßen guten Erbanlagen um die 20 Jahre alt werden kann.

Während dieser Zeit können in deinem Leben große Veränderungen stattfinden.

So dauert es manchmal nur knapp ein Jahr, bis eine Adoptivmama bzw. ein Adoptivpapa merkt, dass es eine Illusion war zu glauben, die Katze bliebe so süß und pflegeleicht, wie sie einmal war. Es ist völlig in Ordnung, wenn du ein Katzenbaby haben möchtest, ich möchte dir diese Erfahrung nicht schlechtreden. Ich möchte jedoch verhindern, dass eine weitere Katze innerhalb der vier Wände einer deutschen Wohnung ein langweiliges und trauriges Dasein fristen muss, weil sich niemand mehr für sie interessiert.

Fühle noch einmal nach, ob es sich wirklich um einen Herzenswunsch handelt und du bereit bist, sämtliche Konsequenzen als Teil deines persönlichen Weges willkommen zu heißen. Wenn das der Fall sein sollte, lasse dich im nahegelegenen Tierheim auf die Warteliste für Katzenjunge setzen. Bei einem Großteil der Tierheimkatzen handelt es sich um sogenannte Europäisch Kurzhaar, die es in unterschiedlichen Farbvariationen gibt. Kätzchen von Rassekatzen wirst du ihm Tierheim nicht finden, weil Rassekatzen aus Angst vor Diebstahl meist keinen Freigang bekommen und sich daher auch nicht unkontrolliert fortpflanzen.

Eine weitere Alternative wäre der Kauf eines Katzenbabys von einem seriösen Züchter, der aus reiner Katzenliebe und nicht aus Profitgier züchtet. Manche Katzenbesitzer lassen ihre Kätzin ein einziges Mal decken, weil sie unbedingt Nachwuchs von ihr möchten. Vielleicht gibt es auch in deiner Nähe einen derartigen Wurf mit liebevoll aufgezogenen Jungen.

Nimm Abstand von Käufen über Kleinanzeigen in der Zeitung oder im Internet, in denen Tiere wie Ware angeboten werden. Oftmals sind dort auch Rassekatzen wie Maine Coons, Siamkatzen, Britisch Kurzhaar oder Perserkatzen zu finden, die – ähnlich wie es bei Hunden der Fall ist – unter schlechten Bedingungen gezüchtet und dann verkauft werden. Es ist erschütternd, wie viele Maine-Coon-Kätzchen ich im Umkreis von nur 20 Kilometern meines Wohnortes für 350–450 Euro im Internet kaufen könnte. Und das in Zeiten, in denen über 100.000 Katzen in deutschen Tierheimen ein unwürdiges Dasein fristen und teilweise aus Platzgründen nur noch in kleinen Boxen untergebracht werden können. Der Anblick dutzender reinlicher Katzen, die eingepfercht zwischen ihren Toiletten und Wassernäpfen in ihren Boxen kauern und sich verzweifelt schreiend ans Gitter hängen, sobald sie einen Menschen am Fenster erblicken, war bei jedem meiner Tierheimbesuche kaum zu ertragen und trieb mir auch nach Jahren noch die Tränen in die Augen.

Ich möchte dir auch ausreden, auf Bauernhöfen nach Katzenjungen zu fragen, weil auf diesem Weg sicher nicht erreicht werden kann, dass Hofkatzen kastriert werden. Wo Nachfrage herrscht, wird es auch immer ein Angebot geben.

Das Geschäft mit Tierkindern boomt leider noch immer. Doch wir können das Tierleid nur eindämmen, indem wir Verantwortung übernehmen und unser eigenes Verhalten reflektieren.

Sollte es sich bei dir tatsächlich um einen Herzenswunsch handeln, ein Katzenbaby aufzunehmen, setze alles daran, dass es von Beginn an artgerecht ernährt wird und somit gute Voraussetzungen für ein starkes Immunsystem und dauerhaft gesunde Zähne geschaffen werden. Informiere dich vorab, ob und welche Impfungen wirklich Sinn machen und welche pflanzliche Floh- und Zeckenprophylaxe du geben kannst. Übe mit deiner kleinen Katze noch im ersten Lebensjahr das sogenannte Medical Training, damit du sie ihr Leben lang regelmäßig untersuchen und behandeln kannst. Bringe ihr bei, sich von dir die Zähne untersuchen und die Krallen schneiden zu lassen. Außerdem sollte sie den Aufenthalt in einer Transportbox als etwas Positives kennenlernen. Eine Langhaarkatze sollte zudem von Beginn an ans Haareschneiden gewöhnt werden. Erziehe dein Kätzchen mit liebevoller Konsequenz, und zeige ihm, was es darf und was nicht. Das Anknabbern von Elektrokabeln muss ein absolutes Tabu sein. Katzen sind zwar nicht so gelehrig wie Hunde, trotzdem sollte auch dein Katzenbaby wissen, dass deine Zehen kein Spielzeug sind. So können Missverständnisse vermieden werden, sobald aus dem Katzenkind ein stattlicher Kater geworden ist. Lasse es rechtzeitig kastrieren, egal ob dein Kätzchen männlich oder weiblich ist, und lasse es vorher auf keinen Fall nach draußen.

> Wäge noch einmal vernünftig ab, ob es wirklich ein Katzenbaby sein soll. Vielleicht wartet im Tierheim ein alter Seelenkater auf dich, der dir unendlich viel geben kann.

Kastration und Narkosen bei der Katze – was du wissen solltest

Kastration

Während bei der Kastration von Hunden die Meinungen auseinandergehen und heutzutage nur noch bei einer Indikation dazu geraten wird, haben wir bei Katzen keine andere Wahl, wenn wir ein unkontrolliertes Fortpflanzen und das damit verbundene Leid verhindern wollen. Bei der Kastration werden einem Kater die Hoden und einer Kätzin die Eierstöcke und manchmal auch die Gebärmutter unter Vollnarkose entfernt. Eine reine Sterilisation, also das Durchtrennen von Samenleiter bzw. Eileiter, verhindert zwar die Fortpflanzung, aber sämtliche hormonell bedingte Nachteile wie Rolligkeit oder Markieren bleiben erhalten. Eine Kastration ist bei Katzen daher unumgänglich.

Menschen, die sich mit diesem Thema noch nicht intensiv auseinandergesetzt haben, fragen oft: »Warum sollen wir denn in die Natur eingreifen?« Ganz einfach: Weil wir es schon längst getan haben und nun dafür Sorge tragen müssen, das daraus resultierende Tierleid möglichst zu begrenzen. Schätzungen zufolge leben in Deutschlands Hinterhöfen, Wäldern, Dörfern und Städten ca. zwei Millionen Katzen, die auf sich allein gestellt sind. Aufgrund jahrhundertelanger Domestikation und mangelnder Beute sind sie jedoch nicht mehr in der Lage, sich und ihre Jungen komplett selbst zu versorgen. Viele dieser Katzen leiden an Infektionskrankheiten, sind mangelernährt und voller Parasiten. Mehrmals im Jahr bringen sie dementsprechend immunschwache Babys zur Welt, die sich ebenfalls fortpflanzen, noch bevor sie das erste Lebensjahr vollendet haben. Katzenbabys und ihre Mütter, die von Tierschützern aufgegriffen werden, sind meist in einem desolaten Zustand, verfloht, verwurmt und verschnupft. Viele verwaiste Katzenkinder überleben die Handaufzucht nicht. Auf der Internetseite des Deutschen Tierschutzbundes kannst du dir Rechenbeispiele ansehen. Demnach kann eine einzige Katze innerhalb von nur zehn Jahren zu über 240 Millionen Nachkommen beitragen, wenn sie selbst zweimal im Jahr Junge bekommt, von denen jeweils drei pro Wurf überleben und dann selbst begattet werden. Oftmals werden sogar wesentlich mehr Babys pro Wurf geboren.

Dieses Leid kann langfristig nur beendet werden, wenn deutschlandweit eine Kastrationspflicht eingeführt wird. In einigen Kommunen gilt diese bereits. Der Deutsche Tierschutzbund geht sogar noch weiter und verlangt eine Kennzeichnungs- und Registrierungspflicht.

Viele Besitzer von freilaufenden Katern sind beim Thema Kastration nachlässig, weil der Katzenmann bekanntlich nicht trächtig werden kann. Ich kann hier nur ausdrücklich an deine Vernunft und deine Tierliebe appellieren: Bitte lasse auch deinen Kater kastrieren! In der Zeit, wo er draußen unterwegs ist, kann er zu tausendfachem Nachwuchs beitragen.

Aber auch jede Wohnungskatze sollte kastriert werden, um unnötige Probleme durch Rolligkeit oder Markieren zu vermeiden. Außerdem kann eine Katze über 20 Jahre alt werden – während dieser Zeit kann in deinem Leben viel passieren. Das solltest du stets im Hinterkopf behalten und dementsprechend verantwortungsbewusst handeln.

Für einen gewissenhaft und liebevoll arbeitenden Tierarzt, der sich auf Kleintiere spezialisiert hat, ist die Kastration von weiblichen und männlichen Katzen ein Routineeingriff. Anschließend sollte ein Kater für ca. eine Woche daheim gepflegt, gefüttert und mit den nötigen Medikamenten versorgt werden. Bei einer Kätzin kann die Heilung der Narbe etwas länger dauern. Bis dahin muss gewährleistet sein, dass der Katze ein Lecken daran unmöglich ist. Am Abend nach dem Eingriff darf sie bereits eine leicht verdauliche Mahlzeit zu sich nehmen. Erst wenn die Operationsnaht gut verheilt ist, sollte einer Katze der gewohnte Freigang gewährt werden.

Die aus Sicht der Katze traumatische Erfahrung beim Tierarzt kannst du anschließend homöopathisch oder mit der passenden Bachblüte oder Essenz behandeln, beispielsweise mit der Schockblüte »Star of Bethlehem« als Globuli. Ein wenig Kolostrum in den nächsten Tagen stärkt das Immunsystem. Die nach der Kastration auftretenden Schwankungen im Hormonhaushalt der Katze lassen sich meist durch entsprechende Mittel aus der Homöopathie und Mykotherapie in die Regulation bringen, oder sie regulieren sich innerhalb weniger Wochen von selbst. Oder du erarbeitest bereits im Vorfeld zusammen mit einem klassisch-homöopathisch arbeitenden Tierheilpraktiker das passende Konstitutionsmittel, das dann individuell nach Anweisung verabreicht wird und die Heilung auf körperlicher und seelischer Ebene unterstützt.

Solltest du irgendwo wild lebende Katzen entdecken, die offensichtlich noch nicht kastriert worden sind, informiere den örtlichen Tierschutzverein oder die Katzenhilfe. Vielleicht streunt auch eine unkastrierte Katze regelmäßig durch deinen Garten. Bevor du irgendwelchen dubiosen Organisationen Geld spendest, suche nach Möglichkeiten, dein Geld und deine Hilfe in Tierschutzprojekte vor Ort zu investieren. Leihe dir vom örtlichen Tierheim eine Katzenfalle. Platziere die Falle in deinem Garten, und stelle täglich eine Schale mit Futter hinein, sodass sich die Katze an die Falle gewöhnen kann. Dann fängst du die Katze, lässt sie kastrieren, umsorgst sie, bis sie wieder fit ist, und entlässt sie anschließend zurück in die Freiheit. Danach kannst du der streunenden Katze weiterhin als Futterstelle dienen und ihr somit ein tolles Leben in Freiheit und mit der nötigen Fürsorge ermöglichen. Vielleicht wird sie mit der Zeit sogar handzahm. Tipps und Unterstützung für deine Kastrationsaktion bekommst du sicher bei einem der Tierschutzvereine, die sich auf Katzen spezialisiert haben. Sprich mit deinen Nachbarn und Freunden über die Notwendigkeit, ihre freilaufenden Katzen kastrieren zu lassen, und biete ihnen deine Hilfe an.

In welchem Alter sollte eine Katze kastriert werden?

Weibliche Katzen werden normalerweise zwischen dem sechsten und zehnten Lebensmonat geschlechtsreif, insbesondere die Herbstkätzchen jedoch auch wesentlich früher. Bei Erlangung der Geschlechtsreife wird die Kätzin rollig, was sich durch sehr lautes Maunzen zu zeigen beginnt. Bei Katern tritt die Geschlechtsreife meist ebenfalls bereits im Alter von ungefähr sechs Monaten ein und geht mit dem Absetzen einer sehr intensiv riechenden Körperflüssigkeit einher – dem Markieren.

Bei einer allein lebenden Wohnungskatze oder einem gleichgeschlechtlichen Wohnungskatzenpaar ist es nicht von essenzieller Wichtigkeit, den genauen Zeitpunkt der Geschlechtsreife abzupassen. Diese Tiere können im Anschluss an die ersten Anzeichen in Ruhe kastriert werden, sofern sie sich trotz der Hormonschwankungen weiterhin gut verstehen. Leben jedoch Bruder- und Schwesterkatze in einem Haushalt oder dürfen die Katzen schon sehr früh ihren Freigang genießen, müssen die Tiere noch vor Erlangung der sexuellen Reife kastriert werden, um eine Trächtigkeit zu verhindern. Den Eingriff in den Hormonhaushalt der Katzen müssen wir der Vernunft halber ebenso hinnehmen wie das Argument, männliche Katzen würden dadurch stets kleiner und verspielter bleiben als unkastrierte Artgenossen. Der möglichen erhöhten Gefahr, Harnsteine zu bekommen, weil die Harnwege zum Zeitpunkt der Kastration vielleicht noch nicht komplett entwickelt waren, kannst du mit einer artgerechten Ernährung entgegenwirken.

Vor- und Nachteile der Kastration

Vorteile der Kastration bei weiblichen Katzen:

- ✓ Verhinderung von Fortpflanzung und Katzenleid
- ✓ keine Belästigung durch Kater und die damit verbundene Gefahr, auf der Flucht vor ihnen überfahren zu werden
- ✓ kein Stress aufgrund von Rolligkeit
- ✓ Schutz vor Gebärmutterentzündungen und -vereiterungen
- ✓ Schutz vor Gesäugetumoren
- ✓ erhöhte Lebenserwartung

Vorteile der Kastration bei männlichen Katzen:

- ✓ kein geruchsintensives Markieren
- ✓ Verhinderung von Fortpflanzung und Katzenleid
- ✓ Minderung von sexuell motivierter Aggression
- ✓ keine oder weniger Revierkämpfe und dadurch verminderte Gefahr, sich zu verletzen und mit Krankheiten zu infizieren
- ✓ kleineres Jagdrevier und dadurch verminderte Gefahr durch Straßenverkehr
- ✓ erhöhte Lebenserwartung

Ein grundsätzlicher Nachteil der Kastration ist die Narkose und die damit einhergehende Belastung des Katzenorganismus, der vor und nach der Operation naturheilkundlich unterstützt werden sollte. Außerdem neigen Kastraten oftmals zu Übergewicht, weil keine Sexualhormone mehr produziert werden, dadurch der Appetit steigt und die Bewegungslust abnimmt. Bei Freigängern ist Letzteres aber nur bedingt zu beobachten, weil sie weitaus mehr Bewegung als Wohnungskatzen haben. Allerdings können sie sich mit dem nötigen Charme auch an diversen Futterquellen bedienen und sind daher manchmal trotzdem von kräftiger Statur.

Innerhalb eines wild lebenden Rudels sollte unbedingt darauf geachtet werden, sämtliche Katzen zu kastrieren, weil es ansonsten zu hormonell bedingten Dominanzrangeleien kommen kann, aus denen die Kastraten als Verlierer hervorgehen, die kaum noch fressen dürfen.

Narkosen

Es gibt mehrere Gründe, warum Narkosen für Katzen riskanter sind als für andere Tiere. Aufgrund ihrer Glucuronidierungsschwäche können sie das Narkosemittel und andere Medikamente nicht wasserlöslich und somit ausscheidungsfähig machen. Dementsprechend wird der Organismus belastet. Weitere anatomische Gegebenheiten wie ein kleiner Luftröhrendurchmesser und ein geringes Blutvolumen tragen ebenfalls dazu bei, dass die physiologischen Voraussetzungen für eine risikofreie Narkotisierung eher beschränkt sind. Daher sollte das Hauptaugenmerk gerade auch bei kleinen Eingriffen stets auf einer einwandfreien Narkotisierung liegen und nicht nur auf dem an sich harmlosen Eingriff. Auch die mit dem Arztbesuch einhergehende Aufregung der Katze, die daraus resultierende Ausschüttung von Stresshormonen und das dadurch bedingte Herzrasen sind im Bezug auf eine bevorstehende Operation nicht zu unterschätzen und können Komplikationen begünstigen.

Für Kurzeingriffe wie das Krallenschneiden gibt es mittlerweile die Möglichkeit einer Begasung (Inhalationsnarkose), bei der die Katze in ihrem Korb sitzend schlafen gelegt wird, was natürlich wesentlich stressfreier als eine Injektion ist.

Der Tierarzt deines Vertrauens sollte sich mit Katzen und ihren Eigenarten bestens auskennen, über eine gut ausgestattete Praxis verfügen oder die Tiere in eine entsprechende Tierklinik überweisen. Jeder Operation sollte eine ausführliche Untersuchung vorausgehen. Katzen benötigen neben einer liebevollen Zuwendung ein gutes Schmerzmanagement, eine individuell abgestimmte Anästhesie sowie eine professionelle Überwachung der Atmung, um mögliche Komplikationen während der Narkose rechtzeitig feststellen zu können. Bekommt eine Katze während einer Operation nicht genügend Sauerstoff, kann dies zu Hirnschäden und damit verbundenen Wesensveränderungen führen, was zumindest früher keine Seltenheit war. Auch sollte es niemals passieren, dass eine Katze während der Narkose aufwacht und durch die erlittenen Schmerzen ein lebenslanges Trauma davonträgt. Tödlich sind derartige Vorfälle fast nie, weil die Katze von Natur aus ein überaus robustes Wesen ist, das sehr viel stärkere Schmerzen aushalten kann als die meisten anderen Spezies. Eine Eigenschaft, die ihr bei verantwortungslosen Medizinern und Besitzern leicht zum Verhängnis werden kann.

Wie kann man die Katze bestmöglich unterstützen?

- ✓ Achte darauf, dass deine Katze am Tag der OP und am Abend zuvor bis auf etwas Wasser absolut nüchtern bleibt.
- ✓ Unterstütze das Immunsystem deiner Katze vor und nach der OP mit natürlichen Dopingmitteln, z. B. Kolostrum.
- ✓ Nahrungszusätze wie oligomere Proanthocyanidine (OPC) unterstützen aufgrund der enthaltenen Antioxidantien die Wundheilung.
- ✓ Stärke im Vorfeld die Darmflora mit alkoholfreier Propolis.
- ✓ Unterstütze bereits zwei Wochen vor der OP Leber und Nieren mit speziellen Katzenkräutermischungen oder homöopathischen Globuli wie Carduus marianus und Solidago virgaurea in einer niedrigen D-Potenz.
- ✓ Setze blutverdünnende Mittel wie Vitalpilze spätestens eine Woche vor der OP ab.
- ✓ Beginne bereits einige Wochen vor der OP damit, deiner Katze ausgleichende Bachblütenmischungen ins Trinkwasser oder Futter zu geben.

Nimm dir Urlaub, um deine Katze bis zur völligen Genesung begleiten zu können. Falls das nicht möglich ist, sorge dafür, dass sie nie allein ist. Sie darf auf keinen Fall springen, klettern oder bereits nach draußen, bevor sie sich nicht komplett von den Strapazen erholt hat und die Wunde nicht verheilt ist. Ein Lecken der Naht muss ebenfalls verhindert werden, notfalls mit einem Kragen, den es mittlerweile in bequemen und weichen Ausführungen zu kaufen gibt.

Körperinspektion – was sagen Fell, Haut und Sinnesorgane über die Gesundheit der Katze aus?

Fell

Glatt anliegendes, glänzendes Fell kombiniert mit Agilität ist meist ein Indiz für einen guten Allgemeinzustand der Katze. Sieht das Fell deiner Katze zottelig aus und verhält sie sich zudem noch merkwürdig, ist es Zeit für eine medizinische Untersuchung. Allerdings muss sich nicht zwangsläufig ein ernstes Problem dahinter verbergen, sondern es kann auch auf einen leichten Infekt hinweisen, der die Katze schwächt. Fellverlust kann z. B. auf Milbenbefall, Mineralstoffmangel oder ein Schilddrüsenproblem hindeuten. Sind die kahlen Stellen jedoch auf ein übermäßiges Putzen zurückzuführen (siehe »Overgrooming«, S. 201), können auch Schmerzen, Gelenkblockaden oder psychische Probleme die Ursache dafür sein.

Haut

Die gesunde Katzenhaut ist hell und duftig. Trockene weiße Schuppen können auf akuten Stress oder ein Nierenproblem hinweisen. Dunkle und rötliche Hautstellen haben meist mit Allergien, Futtermittelunverträglichkeiten und entzündlichen Prozessen zu tun, die mit Organschwächen oder Parasitenbefall einhergehen. In beiden Fällen sollte die Katze von einer Fachperson begutachtet werden.

Des Weiteren gibt es noch diverse Hautveränderungen, deren Ursache eine Autoimmunerkrankung sein kann. Tiere mit auffälligen Hautproblemen sollten daher von erfahrenen Tierheilpraktikern oder Tierärzten begutachtet werden, die im Zweifelsfalle an Fachärzte bzw. -kliniken überweisen.

Bei der felinen Kinnakne handelt es sich um eine recht häufig vorkommende Bildung von Mitessern am Kinn der Katze, deren medizinische Ursache bislang ungeklärt (idiopathisch) ist. Als möglicher Auslöser kommt auch hier Stress infrage, weil dieser das Immunsystem dauerhaft schwächt. Unbehandelt und mit Juckreiz einhergehend können durch eine anfangs harmlose Katzenakne Sekundärerkrankungen der Haut entstehen, weil sich an den betroffenen Stellen schnell Bakterien und Pilze bilden. Die Hautareale lassen sich sehr gut mit kolloidalem Silber, Propolis-Suspension oder belaVet behandeln, weil diese Mittel sowohl gegen Bakterien als auch Viren und Pilze wirksam sind. Parallel sollten stets die Rahmenbedingungen wie Fütterung und Lebensfreude unter die Lupe genommen werden.

Ohren

Die Ohren der Katze sind flexibel und ein wichtiges Jagdwerkzeug. Des Weiteren sagen sie einiges über die Stimmung einer Katze aus und können von ihr unabhängig voneinander in verschiedene Richtungen gedreht werden:

- ✓ Interesse und Aufmerksamkeit: Ohren sind steil aufgerichtet
- ✓ Entspannung und Aufmerksamkeit: Ohren sind leicht nach vorn gerichtet
- ✓ Warnung: Ohren sind zur Seite gerichtet
- ✓ Warnung und gleichzeitige Suche nach einer Fluchtmöglichkeit: ein seitlich gerichtetes Ohr und ein ortendes, sich bewegendes Ohr

Hat deine Katze ihre Ohren nach vorn gerichtet, faucht sie und peitscht sie ihren Schwanz hin und her, sollte sie unbedingt in Ruhe gelassen werden, denn dieses Verhalten signalisiert das Erreichen der Toleranzschwelle und einen möglicherweise bevorstehenden Angriff. Zeigt sie dieses Verhalten ohne einen erkennbaren Grund, sollte sie auf Ungleichgewichte des Hormonsystems und Schmerzen untersucht werden.

Ohren können von Bakterien, Milben und Pilzen befallen werden. Nach dem Befund durch ein Diagnostiklabor kann z. B. wie folgt behandelt werden:

- ✓ Bakterien: kolloidales Silber, belaVet, Propolis-Suspension, Spenglersan G
- ✓ Milben: Kokosöl
- ✓ Pilze: kolloidales Silber, belaVet, Propolis-Suspension verdünnt

Bis zum Abklingen der Beschwerden werden der Katze von dem Mittel deiner Wahl ein paar Tropfen in die Ohren geträufelt und, falls möglich, die Ohrmuscheln damit eingesprüht. Im Handel sind diverse Ohrenreiniger erhältlich. Es ist jedoch wichtig, vor deren Einsatz zu wissen, um welche Parasiten es sich handelt, damit du Hefepilze, die du fälschlicherweise für Milben hältst, nicht unnötigerweise mit Kokosöl oder einem paraffinhaltigen Ohrenreiniger nährst. Das Ohrengel der Firma AnoKat kann bei sämtlichen Entzündungen zum Einsatz kommen.

Augen

Starke Veränderungen des Augapfels, der Hornhaut und der Pupillen können auf diverse Erkrankungen der Augen sowie der inneren Organe hinweisen und sollten daher von Fachleuten untersucht werden.

Bindehautrötungen lassen sich gut mit Augentropfen aus der anthroposophischen Medizin behandeln. Ein wenig durchsichtiger Schleim am Morgen ist okay. Gelber zähflüssiger Augenschleim deutet jedoch auf eine eitrige Entzündung hin, die behandelt werden muss. Vorher muss jedoch sichergestellt werden, dass die Hornhaut nicht verletzt ist. Droht ein Augenleiden chronisch zu werden, sollte parallel auch ein Blick auf den Zustand der Leber geworfen werden. Augen gehören zum erweiterten Funktionskreis der Leber. Diese Zusammenhänge entsprechen den Lehren der Traditionellen Chinesischen Medizin und können für eine Diagnosestellung hilfreich sein.

Augen können noch weitere Hinweise liefern: Verfärbt sich der Augapfel gelb, muss an Hepatitis gedacht werden. Wird die Linse trübe, kann es sich um einen beginnenden grauen Star, aber auch um eine Infektion oder Diabetes mellitus handeln. Verengt sich die Pupille trotz Lichteinfalls nicht, kann dies ein Indiz für den grünen Star sein. Blinzeln und Tränenfluss können auf eine Infektion, aber auch auf eine Augenverletzung hinweisen. Eine punktuelle

Wölbung oder Schwellung innerhalb des Augapfels kann auf ein Ödem und eine damit verbundene Herzinsuffizienz hindeuten, die einen Rückstau des Blutes im Gewebe bewirkt. In diesem Fall sollte ein Tierkardiologe aufgesucht werden. Bestätigt sich der Verdacht, ist es ratsam, das Herz entweder naturheilkundlich oder schulmedizinisch zu unterstützen.

Die Nickhaut ist die Bindehautfalte am inneren Augenlid der Katze. Durch bakterielle oder virale Infektionen, Verletzungen, Abmagerung oder psychische Probleme, z. B. nach einem Schockerlebnis, kann es zu einem Nickhautvorfall kommen. Dabei wird das Auge teilweise oder ganz von der Nickhaut verdeckt. Um ernsthafte Erkrankungen auszuschließen, solltest du einen Nickhautvorfall von einem Fachmediziner begutachten lassen.

Insbesondere für den dämmerungsaktiven Freigänger ist die Sehkraft von großer Bedeutung. Aber auch die Wohnungskatze muss stets trittsicher bleiben. Suche daher umgehend eine Fachperson auf, wenn du Veränderungen der Augen feststellst. In jeder großen Stadt gibt es Facharztpraxen, die auf Augenheilkunde spezialisiert sind und über entsprechende diagnostische Geräte verfügen.

Nase

Manchmal bilden sich auf den zauberhaften kleinen Katzennasen dunkle Pigmentflecken, die nicht weiter schlimm sind. Wie bei uns Menschen sollten jedoch sämtliche Veränderungen der Haut unter Beobachtung bleiben. Verkrustungen, die nicht auf Futterreste zurückzuführen sind, sollten der Sicherheit halber von einem Tierarzt begutachtet werden, sofern damit auch andere Auffälligkeiten, beispielsweise häufiges Niesen, einhergehen.

Flöhe, Zecken und Co – keine Panik vor Parasiten

Flöhe

Ich möchte behaupten, dass sich jeder aktive Freigänger im Dickicht der Natur regelmäßig Flöhe einfängt. Bei Wohnungskatzen ist das nur möglich, wenn sie über einen anderen vierbeinigen Wirt damit in Kontakt kommen. Im Gegensatz zu Hunden treiben ein paar Flöhe die meisten Katzen nicht sofort in den Wahnsinn. Weil sie sich ohnehin stundenlang putzen, ist ein Flohbefall auch nicht gleich offensichtlich. Meist erkennt man ihn zuerst am Flohkot, der aussieht wie kleine Kohlebröckchen. Die Flöhe selbst bekommst du nur bei einem sehr starken Befall zu Gesicht. Mit Ausnahme von stark verflohten Katzenbabys sollten Stubentiger nicht gebadet werden, weil sie es einfach nicht mögen. Doch du kannst auf andere Maßnahmen zurückgreifen, um Flöhe und ihr Gelege zu bekämpfen:

- ✓ Kieselgur (Haushaltsinsektenpulver) – ein pflanzliches, für Flöhe scharfkantiges Pulver, das sie und ihre Brut aufschlitzt; in die Haut der Katze einmassieren; Vorsicht: Kieselgur darf nicht eingeatmet werden oder in die Augen gelangen!
- ✓ Kokosöl – leicht erhitzen oder zwischen den Handflächen verreiben, bis es sich verflüssigt hat, dann eine großzügige Menge tief ins Fell der Katze und bis auf die Haut einmassieren; Kokosöl verjagt Flöhe und vernichtet fast alle Milbenarten
- ✓ Spot-ons auf natürlicher Basis – das Fell der Katze so gut es geht scheiteln, dann vom Hinterkopf bis zur Schwanzwurzel tröpfchenweise Spot-on-Präparat auf die Haut auftragen; Lösungen werden heutzutage von diversen Herstellern angeboten; Bitte ausschließlich Spot-ons, die für Katzen zugelassen sind, verwenden!

Gib sämtliche eventuell befallenen Textilien bei 90 °C in die Kochwäsche, oder friere sie ein. Sprühe alles, was du nicht waschen kannst, z. B. Sofas, Kissen und Teppiche, mit einem natürlichen Insektenschutzspray ein, um Flöhe und Larven auszutrocknen. Manche dieser Sprays werden auf der Basis von Octansäure und Decansäure (Bestandteile des Kokosöls) hergestellt, andere auf der Basis von ätherischen Ölen. Letztere sollten in einem Katzenhaushalt nicht eingesetzt werden. Vergiss das tägliche Staubsaugen nicht.

Ist der Floh- und Nissenbefall bereits extrem, muss im Einzelfall entschieden werden, ob der Einsatz eines chemischen Mittels nötig ist. Falls dem so ist, stärke parallel zur Verwendung die Leber deiner Katze. Chemische Spot-ons enthalten Nervengift und sind daher nicht zu unterschätzen. Darum sollte deine Katze auch vorerst nicht gestreichelt werden.

Flöhe können übrigens Bandwürmer übertragen. Ein Bandwurmbefall lässt sich durch eine Laboruntersuchung nicht immer feststellen, geht jedoch mit auffallend starker Gewichtsabnahme trotz guter Futteraufnahme einher und ist daher normalerweise nicht zu übersehen. Besitzt du eine kräftige Katze, die noch nicht allzu viel an Gewicht verloren hat, ist noch genug Zeit für eine achttägige homöopathische Wurmkur (siehe S. 90) oder das einmalige Verfüttern eines Breis aus Buttermilch, Honig und Kürbiskernen. Sollte deine Katze jedoch weiterhin an Gewicht verlieren, besorge dir von einem Tierarzt ein chemisches Einzelpräparat für den Einsatz bei Bandwürmern.

Milben

Bis auf Grab- bzw. Krätzemilben (Sarcoptes) und die geruchsintensiven Haarbalgmilben (Demodex), die mit chemischen Medikamenten behandelt werden müssen, können Milben mit Kieselgur erfolgreich eliminiert werden – beispielsweise die Herbstgrasmilben, von denen Hunde und Katzen immer häufiger belästigt werden und die Juckreiz an Beinen und Pfoten verursachen. Wie beim Flohbefall müssen bei sämtlichen Milbenarten die Liegeplätze mitbehandelt werden. Auch Kokosöl ist für Milben unerträglich. Aufgrund des guten Geschmacks sollten damit allerdings nur Haut- und Körperareale eingerieben werden, die für die Katzenzunge unerreichbar sind, z. B. die Ohren, damit es nicht zu Leckekzemen kommen kann. Voraussetzung für den Einsatz von Kokosöl ist selbstverständlich eine vorherige Diagnose.

Zecken

Zecken können Borrelien und andere Bakterien übertragen. Katzen scheinen gegenüber Borreliose oder anderen Krankheiten, deren Erreger von Zecken übertragen werden, jedoch immun zu sein. Trotzdem ist es natürlich unangenehm für die Freigänger, wenn sie mit Blutsaugern übersät sind, die erst nach zwei Tagen abfallen, um sich als störende Tretminen auf den Bodenfliesen niederzulassen. Wenn du beim Kraulen auf der Haut deiner Katze also eine Zecke erfühlst, ziehe sie mit einem passenden Zeckenhebel (keine Zeckenzange!) blitzschnell heraus. Katzen sind froh, wenn sie die kleinen Spinnentiere los sind, und lassen sie sich meist ohne Gegenwehr entfernen. Meinem Streuner durfte ich sie während des Fressens herausziehen.

Um die Katze vor Floh- und Zeckenbefall zu schützen, empfehlen Tierärzte meist chemische Spot-ons zum Aufträufeln in den Nacken. Bevor du zu einer derartigen Chemiekeule greifst, probiere doch erst einmal die natürlichen und nebenwirkungsfreien Alternativen aus:

- ✓ Kokosöl – leicht erhitzen oder zwischen den Handflächen verreiben und gegen den Strich im Fell der Katze verteilen; bei Bedarf wiederholen
- ✓ Schwarzkümmelöl – ins Fell einmassieren, aber aufgrund des enthaltenen ätherischen Öls nur tröpfchenweise und nicht bis auf die Haut; nur einmal in der Woche verwenden
- ✓ Bierhefe – verfüttern; Epileptikern nicht zu viel davon und Katzen mit chronischer Niereninsuffizienz (CNI) gar nicht verabreichen
- ✓ Trinkwasser mit Rhodonit, schwarzem Turmalin und Bernstein informieren (siehe »Licht, Farben und Klänge«, S. 133)
- ✓ Spot-ons auf natürlicher Basis – meist wirken die auf dem Markt angebotenen Spot-ons mit natürlichen Inhaltsstoffen gegen Flöhe und Zecken gleichzeitig

Welches Mittel bei welcher Katze am besten wirkt, muss ausprobiert werden. Kokosöl würde ich grundsätzlich immer ins Fell massieren, weil es Zecken dadurch erschwert wird, sich anzudocken. Außerdem mögen sie den Geruch der darin enthaltenen Laurinsäure nicht. Zecken werden zügig mit einem Zeckenhebel herausgezogen, ohne vorher zu drehen. Es gibt Zeckenhebel für kleinere und für größere Zecken. Finde einmal am Tag die passende Gelegenheit, deinen Freigänger nach Zecken abzutasten – am besten ganz spielerisch und ohne, dass er es merkt.

Häufig auftretende Katzenkrankheiten – erkennen und behandeln

Bei einigermaßen guten Erbanlagen und artgerechter Haltung mit katzenkonformer Ernährung werden die meisten Katzen von derartigen Erkrankungen sicherlich verschont bleiben, zumindest für einen Großteil ihres Lebens. Trotzdem möchte ich in diesem Kapitel darauf eingehen und wichtige Hinweise dazu liefern, damit du als Katzenbesitzer Symptome und das Verhalten deiner Katze besser einschätzen kannst. Dieser Entscheidung ging meine Hoffnung voraus, dass sich die meisten Leser dieses Buches kein Katzenjunges anschaffen, sondern einer alten Katzenseele aus dem Tierheim ein Zuhause geben möchten.

Leider sind ältere Tierschutzkatzen gesundheitlich meist nicht mehr in Bestform und bedürfen daher einer ganzheitlich naturheilkundlichen Zuwendung. Einige der genannten Erkrankungen bedürfen einer tierärztlichen, schulmedizinischen Behandlung, die naturheilkundlich begleitet werden sollte. Auch wenn es dir merkwürdig erscheint, möchte ich dich an dieser Stelle bitten, deine Katze für medizinische Untersuchungen in die Hände von Medizinern zu geben, die mit Katzen vertraut sind und keine Angst vor ihnen haben. Ich sage das nicht ohne Grund, denn ich habe in der Vergangenheit erlebt, dass sich Katzenbesitzer zutiefst bestürzt über den Umgang mit ihren Katzen in Tierarztpraxen gezeigt haben. Auf der anderen Seite habe ich selbst gesehen, wie sanft und vorsichtig manche Tierärzte und deren Angestellte mit Stubentigern umgehen, auch wenn diese nicht einfach zu behandeln sind – mit Spezialhandschuhen ausgestattet, ruhig und liebevoll, so, wie es sein sollte. Ein Tierarztbesuch bedeutet für fast alle Katzen Stress, und dieser sollte so gering wie möglich gehalten werden.

Ähnlich wie Hunde haben Katzen heutzutage fast sämtliche Zivilisationskrankheiten entwickelt, an denen auch Menschen leiden. Viele Katzen haben diverse Stoffwechsel- und Herz-Kreislauf-Erkrankungen, oder sie erkranken an Epilepsie. Letztere sollten keinerlei unnötigen Reizen durch Lärm, Duft oder anregende Kräuter ausgesetzt werden. Im Folgenden einige der am häufigsten vorkommenden Erkrankungen bei Katzen.

Zahn- und Zahnfleischerkrankungen

Sobald dir auffällt, dass deine Katze einen schlechten Atem bekommen hat, sie bei der Futteraufnahme mäkelt oder versucht, ihr Mäulchen am Teppich oder an dir zu reiben, und auffallend oft mit ihrer Pfote darüberstreicht, solltest du einen Termin bei dem Tierarzt deines Vertrauens oder direkt bei einem Zahnspezialisten vereinbaren, denn dann liegt wahrscheinlich ein Problem im Maul der Katze vor. Diese Symptome treten allerdings nicht zwangsläufig auf. Eine zähe Katze leidet manchmal lange still vor sich hin, bevor sie Zeichen von Schmerz zeigt.

Schmerzhafte, teilweise chronische Entzündungen des Zahnfleisches und des kompletten Zahnhalteapparates kommen nicht selten bei Katzen vor. Manchen von ihnen müssen im Laufe ihres Lebens mehrere oder sogar sämtliche Zähne gezogen werden, weil Antibiotika keine Heilung bringen. Mich erinnert dieses Szenario an die frühere Seefahrerkrankheit Skorbut, die auf Vitamin-C-Mangel zurückzuführen war. Den Männern fielen auch die Zähne aus. Daher gehöre ich zu den Menschen, die bei Katzen eine maßvolle Supplementierung mit Vitamin C befürworten. Die Katze bildet dieses Vitamin zwar selbst, aber anscheinend nicht ausreichend. Irgendetwas muss doch an der allgemeinen Behauptung hinken, Vitamin C hätte als Zusatz im Katzenfutter nichts zu suchen. Ansonsten hätten unsere fellbewachsenen Schönheiten nicht mit so vielen Erkrankungen zu kämpfen. Vielleicht ist es auch ein Denkfehler der Katzenfutterspezialisten wie vor einigen Jahrzehnten im Bezug auf die Aminosäure Taurin. Diesen Fehler haben viele Katzen mit einem kranken Herzen bezahlt. Vielleicht bezahlen Katzen heutzutage mit ihren Zähnen. Natürlich gilt auch bei Vitamin C nicht das Motto »Viel hilft viel«, sondern es sollte mit Bedacht ergänzt werden.

Wie bei uns Menschen fördert Zahnstein bei Katzen die Entstehung von Zahnfleischentzündungen. Starker Zahnstein sollte daher auf jeden Fall fachgerecht entfernt werden, weil das ständige Abschlucken von Bakterien Herz und Nieren belastet. Bereits vor der Zahnsteinentfernung solltest du deiner Katze antibakterielle Mittel wie Propolis-Suspension ohne Alkohol oder kolloidales Silber verabreichen und das auch anschließend noch für zwei Wochen weiterführen. Manche Tierärzte verabreichen aber auch ein Antibiotikum.

Möglichkeiten, um Erkrankungen von Zähnen und Zahnfleisch vorzubeugen:

- ✓ Füttere deine Katze mit einer ausgewogenen, fleischhaltigen Nahrung – entweder roh oder schonend gegart. Das stärkt ihr Immunsystem und verhindert die Bildung von Zahnstein. Anders als es fälschlicherweise oft behauptet wird, reinigen Fleisch und Knochen die Zähne, nicht ungesundes, kohlenhydrathaltiges Trockenfutter.
- ✓ Trockenfutter führt außerdem zu Magenhitze, was sich wiederum in roten Zahnfleischrändern zeigt.
- ✓ Gib deiner Katze neben anderen lebenswichtigen Futterergänzungen täglich auch eine geringe Vitamin-C-Gabe – am besten in natürlicher Form, wie es in Hagebutten- oder Acerolapulver zu finden ist, oder eine Gabe oligomere Proanthocyanidine (OPC)
- ✓ Untersuche regelmäßig die Zähne und das Zahnfleisch deiner Katze, und achte darauf, wenn sie gähnt.

Besitzt du einen Industriefutter-Junkie, der lieber verhungern würde, als etwas Gesundes anzurühren, wird sich wahrscheinlich regelmäßig neuer Plaque bilden, der unbedingt vom Tierarzt entfernt werden sollte. Manche Kliniken arbeiten für derartige Kurzeingriffe mit einer Inhalationsnarkose, bei der die Katze in ihrem Korb sitzend begast und dadurch schlafen gelegt wird. Das ist eine schonende Alternative zur Injektionsnarkose, die nicht nur die Nieren belastet, sondern mit wesentlich mehr Stress verbunden ist. Katzen, die jahrelang unbemerkt an einer Zahnfleischentzündung gelitten haben, leben nach der Behandlung oftmals richtig auf und sind glücklicher.

Weil Katzen von einem Tierarztbesuch meistens extrem gestresst sind, würde ich meine Katze nur zur jährlichen Zahnuntersuchung vorstellen, wenn ich weiß, dass sie zu Zahnproblemen neigt. Ist der Zahnapparat meiner Katze in einem sehr guten Zustand, weil ich sie bereits von klein an optimal ernährt habe, würde ich nach Gefühl und Verstand entscheiden, wann eine Routineuntersuchung angesagt ist.

Schilddrüsenerkrankungen

Während bei Hunden heutzutage auffallend oft und nicht immer korrekt eine Schilddrüsenunterfunktion (Hypothyreose) diagnostiziert wird, leiden Katzen in der Regel an einer Schilddrüsenüberfunktion (Hyperthyreose). Manchmal sind gutartige Tumore auf der Schilddrüse die Ursache für eine Überproduktion von Schilddrüsenhormonen (T3 und T4). Daraufhin beschleunigt sich der Stoffwechsel, und die Katze verliert trotz guter Futteraufnahme an Gewicht, bekommt Fellprobleme und Herzrasen. Rastlos läuft sie durch die Wohnung und findet kaum noch Ruhe.

Doch warum tritt diese Erkrankung so häufig auf? Weil die Schilddrüse wie kein anderes Organ sehr empfindlich auf Fremdstoffe reagiert, können wir davon ausgehen, dass sich sämtliche Stoffe unnatürlicher Herkunft negativ auf die Schilddrüse auswirken. Dazu gehören Gifte in der Wohnung und der Umwelt, Schwermetalle (Adjuvantien in Impfstoffen), Beschichtungen von minderwertigen Konservendosen, Nitrate, synthetische Antioxidantien, Konservierungs- und Farbstoffe sowie chemische Medikamente. Auch ein Zuviel an Duftstoffen innerhalb des Wohnraums und in der Katzenstreu wird als Ursache diskutiert. An dieser Stelle wird erneut ersichtlich, dass eine Rückkehr zur Natur nicht nur der Umwelt, sondern auch der Gesundheit von Mensch und Tier zuträglich ist.

Viele Katzen, die an Hyperthyreose leiden, können auf schulmedizinische Medikamente nicht verzichten. Dennoch gibt es verschiedene Möglichkeiten, die Überfunktion der Schilddrüse und die damit einhergehende erhöhte Herzfrequenz auf natürlichem Weg positiv zu beeinflussen:

- ✓ Glandula thyreoidea als Organpräparat zur Regulation von Funktion und Struktur der Schilddrüse
- ✓ Thyreoidea Globuli aus der homöopathischen oder anthroposophischen Medizin
- ✓ Lycopus virginicus Globuli in D-Potenz (Wolfstrappkraut)
- ✓ Cordyceps sinensis als Extrakt zur Regulation des gesamten Hormonsystems
- ✓ unterstützende Therapie mit beruhigenden Farben und sphärischer Musik
- ✓ Melissen- und Johanniskrauttee

- ✓ Bestrahlungen mit blauem Farblicht und feinstoffliche Seelenhelfer, die ausgleichend und stressreduzierend wirken
- ✓ euphorisierende Pflanzen und Pflanzenteile wie Katzenminze und Baldrianwurzel sollten gemieden werden

Lasse dich von einer naturheilkundlich arbeitenden Fachperson gut beraten.

Nieren- und Blasenerkrankungen

Nierenerkrankungen

Wie zu Beginn des Buches bereits ausführlich erläutert, sind die Nieren die größten körperlichen Schwachstellen der Gattung Katze. Selbst Wildkatzen sollen bereits vermehrt von Nierenleiden betroffen sein. Als Entgiftungs- und Filterungsorgane eines ursprünglichen Wüstentieres leiden die Nieren extrem unter der Fütterung von Trockenfutter sowie unter Medikamenten, Schwermetallbelastungen, Vergiftungen und Infektionen. Sobald die Zellmembranen der Nieren geschädigt sind, kann die Versorgung mit Nährstoffen und Sauerstoff nicht mehr stattfinden, und die Zellen gehen zugrunde. Wichtige Entgiftungsvorgänge können dann nicht mehr stattfinden.

Anders als früher erkranken heutzutage bereits sehr junge Katzen an chronischer Niereninsuffizienz (CNI). Meist werden nach einer solchen Diagnose Medikamente verabreicht und Diätfutter verordnet. Eine Sorte dieser hochpreisigen Spezialtrockenfutter hat folgende Zusammensetzung: Maisfuttermehl, Reis, Tierfett, Weizenkleberfutter, Maiskleberfutter, Lignozellulose, tierisches Eiweiß (hydrolysiert), Sojaproteinisolat, Mineralstoffe, Rübentrockenschnitzel, Sojaöl, Fischöl, Fructooligosaccharide etc. Als Mensch, der gern alles verstehen will, fällt es mir schwer, innerhalb dieser Komposition fragwürdiger Füllstoffe neben dem Fischöl einen weiteren Bestandteil zu finden, der den Nieren einer Katze dienlich sein soll. Hinzu kommt, dass gerade ältere Katzen diese Futtersorten in der Regel nicht mehr akzeptieren. Für mich persönlich kommt es nicht infrage, meiner Katze auf ihre alten Tage den Genuss ihres Lieblingsfutters zu verweigern und ihr stattdessen ein Futter anzubieten, das nicht ansatzweise den Bedürfnissen eines

Fleischfressers entspricht. Selbst dann nicht, wenn ich ihr Leben dadurch für ein paar Monate verlängern könnte – was jedoch äußerst fraglich ist.

Katzen, die mit Rohfleisch gefüttert werden, haben meist erhöhte Kreatininwerte, das ist normal. Lasse dir dann nicht einreden, deine Katze sei nierenkrank. Typische Symptome einer Nierenerkrankung können sein: Müdigkeit, vermehrter Durst und infolgedessen häufiges Urinieren, unter Umständen auch Appetitlosigkeit, Erbrechen und Durchfall.

Wenn wirklich alles darauf hinweist, dass die Nieren deiner Katze immer schwächer werden, solltest du ihr spätestens jetzt ein hochwertigeres Futter geben. Im Kapitel »Futterumstellung bei Katzen« (S. 43) findest du dazu Tipps. Unter hochwertiger Katzennahrung verstehe ich ein gutes Feuchtfutter in Lebensmittelqualität, das alle lebenswichtigen Öle und Mineralstoffe enthält, oder Rohfutter, bei dem im Falle einer chronischen Niereninsuffizienz Folgendes zu beachten ist:

- ✓ keine Bierhefe (fehlende B-Vitamine durch einen Vitamin-B-Komplex-Präparat zuführen)
- ✓ kein Getreide und Gemüse oder nur zu Beginn der Therapie in sehr geringer Menge
- ✓ keine Fütterung von Leber, dunklem Muskelfleisch, Milchprodukten, Knochen und Knochenmehl wegen des hohen Phosphorgehalts; das Calcium-Phosphor-Verhältnis würde sich sonst auf bis zu 1,5:1 erhöhen
- ✓ keine künstlichen Calciumprodukte
- ✓ keine Pflanzenöle (Linolsäure) verfüttern, stattdessen Wildlachs- oder Krillöl
- ✓ Vitamin-E-Tropfen statt Weizenkeimöl verwenden

Der geschwächte Organismus der Katze sollte auf keinen Fall einer unnötigen Belastung durch schlecht verträgliche Nahrung ausgesetzt werden. Auch Impfungen und chemische Mittel sollten spätestens jetzt der Vergangenheit angehören.

Die Katze benötigt weiterhin wertvolle Proteine für wichtige Stoffwechselvorgänge im Körper. Wichtig ist die Qualität der Proteine! Daher sollte leicht verdauliches, proteinreduziertes, helles Fleisch verfüttert werden, z. B. Huhn. Vorzugsweise in Bioqualität bzw. von frei lebenden Tieren. Wichtig ist eine phosphorarme Ernährung, weil Phosphor über die Nieren abgebaut wird. Voraussetzung für diese Art der Fütterung ist immer die Akzeptanz der Katze. Weigert sich diese trotz aller Bemühungen strikt, die hochwertigen Mahlzeiten anzurühren, müssen wir ihr unbedingt das Futter geben, was sie gern mag. Egal, was es ist. Sie darf auf keinen Fall hungern, weil es dadurch zu Leberschäden (hepatische Lipidose) kommen kann.

Mit Homöopathie, passenden Kräutermischungen und Extrakten aus der Vitalpilzkunde können nierenkranke Katzen sehr gut unterstützt werden.

Eine wichtige Behandlungsmethode aus der Homöopathie ist die sogenannte SUCH-Therapie der Firma Heel.

Hierfür werden vier verschiedene Präparate in Ampullenform benötigt:

- ✓ Coenzyme compositum – regt blockierte enzymatische Abläufe, insbesondere der Energiegewinnung (Zitronensäurezyklus), an
- ✓ Ubichinon compositum – verbessert die Energiebereitstellung in den Zellen
- ✓ Solidago compositum – funktionelle Unterstützung der Nieren bei akuten und chronischen Nierenerkrankungen
- ✓ Hepar compositum – regt die Leberfunktion an

Der Therapieplan:

- ✓ 1. und 2. Tag: zweimal täglich SUC-Mischung (Coenzyme compositum, Ubichinon compositum, Solidago compositum)
- ✓ 3. bis 7. Tag: einmal täglich SUC-Mischung
- ✓ ab 2. Woche: jeden zweiten Tag SUC-Mischung
- ✓ ab 3. Woche: jeden dritten Tag SUCH-Mischung (SUC plus Hepar compositum)
- ✓ aber 8. Woche: einmal wöchentlich SUCH-Mischung

Die Mischung muss in ein verschließbares Glas gegeben werden. Täglich werden je nach Größe der Katze 1–2 ml dieser Mischung subkutan (unter die

Haut) gespritzt oder oral mit einer Spritze oder einem Plastiklöffel verabreicht. Wenn deine Katze an chronischer Niereninsuffizienz leidet, suche dir Hilfe bei einem Alternativmediziner, der dich in allen Belangen berät und unterstützt. So hat deine Katze noch gute Chancen auf eine glückliche Zeit an deiner Seite.

Blasenerkrankungen und Kristallbildung

Sehr viele Katzen leiden an regelmäßig auftretenden Blasenentzündungen, was am häufigen Harnlassen und den dabei geäußerten Schmerzlauten deiner Katze zu erkennen ist. Bei einigen Katzen kann sich eine Blasenerkrankung auch durch plötzlich auftretende Unsauberkeit erkenntlich machen. Weil diese Entzündungen nicht auf Bakterien zurückzuführen sind, helfen Antibiotika meist nicht. Als Ursachen können vermehrter Stress, stark konzentrierter Harn durch falsche Fütterung und die dadurch geförderte Kristallbildung angesehen werden. All das führt zur Beschädigung der Blasenwand, der dann die Entzündung folgt. Durch die Fütterung von Trockenfutter kommt es zur Konzentration des Harns, weil Katzen nie die nötige Flüssigkeit zu sich nehmen, um diese Trockenheit zu relativieren. Der pH-Wert, der bei einer nüchternen Katze ungefähr bei 6,5 liegen sollte, verschiebt sich, und es bilden sich Harnsteine.

Struvitsteine

Liegt der pH-Wert des Harns über 7 und ist zu basisch (alkalisch), bilden sich Struvitsteine. Der Urin muss angesäuert werden, z. B. mit Futterzusätzen, die reich an Vitamin C sind wie Hagebutten- oder Acerolakirschpulver. Wenn wir es schaffen, die Fütterung der Katze auf Frischfleisch umzustellen, wird der Harn automatisch angesäuert.

Oxalatsteine

Diese Harnsteine bilden sich, wenn der Harn zu sauer ist, der pH-Wert des Urins also unter 6,2 liegt. In diesem Fall muss der Harn neutralisiert werden. Etwa die Hälfte des fleischhaltigen Futters sollte aus Gemüse bestehen, das keine Oxalsäure enthält, also kein Spinat oder Mangold, keine Rote Bete oder Kleie. Das in Spirulina und Bierhefe enthaltene Magnesium trägt ebenfalls zur Oxalatsteinbildung bei.

Neben einer Futterumstellung auf fleischhaltige Nahrung gibt es in der westlichen und östlichen Naturheilkunde viele Behandlungsmöglichkeiten bei Blasenerkrankungen und Harnsteinbildung:

- ✓ Propolis und kolloidales Silber als natürliche Antibiotika gegen bakterielle Erreger
- ✓ Cranberrypulver
- ✓ homöopathische Mittel wie Cantharis und Berberis in D-Potenz
- ✓ isotherapeutische Mittel aus der Sanum-Therapie
- ✓ Schüßlersalze Nr. 2 und Nr. 9
- ✓ Kräuter aus der Traditionellen Chinesischen Medizin

Struvitkristalle lassen sich gut auflösen, wogegen Oxalatsteine manchmal operativ entfernt werden müssen. Es gibt noch weitere Arten von Blasensteinen. Grundsätzlich muss bei jeder Form dieser Erkrankung der Organismus sanft entgiftet und sowohl Körperzellen als auch Darm müssen grundsaniert werden. Um Blasensteine frühzeitig zu erkennen, sollte der pH-Wert des Urins regelmäßig kontrolliert werden

Urinprobe bei der Katze

In der Apotheke bekommst du Teststreifen, mit denen du den pH-Wert des Katzenurins regelmäßig kontrollieren kannst. Die Probe kannst du am einfachsten nehmen, indem du deine Katze beim Toilettengang begleitest und beispielsweise mit einer Suppenkelle ihren Urin auffängst. Du kannst auch eine Frischhaltefolie über die Einstreu in ihrer Katzentoilette spannen und anschließend den Urin schnellstmöglich in einen Urinbecher schöpfen. Dabei solltest du Einmalhandschuhe tragen – einerseits wegen der Hygiene, andererseits, um Spuren von dir selbst im Urin deiner Katze zu vermeiden. Sollte deine Katze die Folie misstrauisch ablehnen, stehst du am besten mit der Folie in der Hand neben der Katzentoilette bereit, wartest, bis sie eine Kuhle in die Einstreu gegraben hat, und stülpst dann erst blitzschnell die Folie darüber. Im Fachhandel und bei Tierärzten gibt es außerdem eine feuchtigkeitsabsorbierende Spezialeinstreu für das Sammeln von Katzenharn. Nach anfänglichen Schwierigkeiten und mit ein wenig Übung wird es dir sicher gelingen, eine Urinprobe zu sammeln. Entscheide dich für die Variante, die deiner Katze am wenigsten Stress bereitet. Einen Freigänger musst du für eine Urinprobe selbstverständlich im Haus behalten.

Arthrose

Kommt deine Katze in die Jahre, und du merkst, dass ihr bestimmte Bewegungen Schmerzen bereiten oder sie einige hoch gelegene Plätze einfach nicht mehr erreichen kann, ist das wahrscheinlich der Beginn einer Arthrose. Im Laufe eines Lebens werden die Knorpelschichten zwischen den Gelenken nach und nach zerstört. Einerseits durch Stoffwechselvorgänge und Unterversorgung mit Mineralstoffen, andererseits durch zu starke Belastungen. Betroffen können die Gelenke der Füße, Zehen, Knie, Ellbogen, Schultern und Hüften sein. Anders als bei Hunden ist die Arthrose allerdings nicht das häufigste Gesundheitsproblem bei Katzen und durch eine ausgewogene Ernährung vermeidbar. Sollte deine alte Katze trotzdem Unterstützung für ihre Gelenke benötigen, hast du folgende Möglichkeiten:

- ✓ Methylsulfonylmethan (Schwefelverbindung; kurz: MSM)
- ✓ Grünlippmuschelextrakt; enthält auch Taurin
- ✓ Kollagene, Glucosamin, Chondroitin
- ✓ Harpagophytum procumbens (Teufelskralle) oder Rhus toxicodendron als homöopathische Medikamente
- ✓ homöopathische Komplexmittel wie Zeel oder Traumeel
- ✓ Akupunktur oder Akupressur
- ✓ Energiearbeit und Farbtherapie

Schulmedizinische Schmerzmittel sind bei Katzen meist nicht nötig und wären bei einer alten Katze aufgrund der Nierenbelastung eher kontraproduktiv. Trotzdem hat auch bei unseren Samtpfoten die Lebensqualität die oberste Priorität, daher muss im Bezug auf Nebenwirkungen mitunter auch ein Kompromiss eingegangen werden. Im Falle der Verabreichung chemischer Medikamente kann die Naturheilkunde ebenfalls große Dienste leisten, indem sie Nebenwirkungen abpuffert, z. B. durch den Maitake-Vitalpilzextrakt, oder die Nieren stärkt, z. B. durch den Cordyceps-Vitalpilzextrakt.

Nicht nur Arthrosebeschwerden treten vermehrt bei älteren Katzen auf. Ähnlich wie bei allen anderen Lebewesen wird auch bei der Katze im Alter deutlich, wie gut ihre Zellen im Laufe ihres Lebens genährt wurden, wie viel sie sich bewegen und Freude erleben durfte und ob ihr Organismus übermäßig viel mit Entgiftung zu tun hatte oder nicht.

Diabetes

Wenn eine übergewichtige Wohnungskatze mit sehr wenig Bewegung ausschließlich kohlenhydratreiches Trockenfutter bekommt, erhöht sich die Gefahr, im Alter an Diabetes zu erkranken, gewaltig. Symptome hierfür können vermehrtes Trinken und Wasserlassen und Gewichtsverlust trotz normaler Nahrungsaufnahme sein. Weil diese Anzeichen auch auf Niereninsuffizienz oder Morbus Cushing hinweisen können, ist eine tierärztliche Diagnose unumgänglich. Doch auch hier kann man versuchen, die Bauchspeicheldrüse durch Organpräparate zu stabilisieren und die Ernährung zu optimieren. Auch wenn der Diabetes bereits insulinpflichtig ist, können insbesondere in Zusammenarbeit mit Tierarzt und Tierheilpraktiker sehr gute Ergebnisse erzielt werden. Auf die schlanke Figur eines Freigängers zu achten ist nicht immer möglich, weil er sich Mäuse einverleiben, an Outdoor-Futterstellen für Artgenossen oder Igel bedienen und mit dem nötigen Charme die Nachbarn dazu bewegen kann, ihm eine Bockwurst aus dem Kühlschrank zu holen. Das Körpergewicht einer Wohnungskatze hingegen ist einzig und allein von der Konsequenz ihres Besitzers abhängig.

Overgrooming

Allein die Tatsache, dass eine Katze mehrere Stunden am Tag damit zubringt, ihr Haarkleid zu reinigen, zeugt von ihrer angeborenen Reinlichkeit und Intelligenz. Sie befreit sich nämlich dadurch nicht nur von Schmutz, sondern verteilt den Talg der Haut zum Schutz vor Kälte oder Hitze in ihrem Fell. Das Lecken und Zupfen des Fells wird außerdem als Beschwichtigungssignal eingesetzt, zudem bewirken die stereotypen Bewegungen des Putzens die Freisetzung von Endorphinen (Glückshormone), was in einer stressigen Situation ausgleichend wirken kann. In einem gesunden Maß trägt die täglich mehrstündige Körperpflege der Katze also zu ihrem Wohlgefühl auf mehreren Ebenen bei.

Doch was können die Ursachen dafür sein, wenn eine Katze dieses Maß bei Weitem überschreitet und es zum Overgrooming (psychogene, selbst induzierte Leck-Alopezie) kommt, also dem übertriebenen Putzen und Belecken, das Fellverlust und teils tiefe Wunden zur Folge hat? Wie auch bei anderen Verhaltensauffälligkeiten oder Zwangsstörungen der Katze muss der Besitzer auf die Suche gehen, denn es können sowohl körperliche Beschwerden als auch psychische Ungleichgewichte ursächlich sein:

- ✓ Juckreiz durch Ektoparasiten wie Flöhe, Läuse und Milben sowie durch allergische Reaktionen auf Futtermittel, Waschmittel, Flohbisse, Hausstaubmilben, Grasmilben etc.
- ✓ Hautreizungen durch Dermatosen, die durch Entgiftungsvorgänge und innere Erkrankungen verursacht werden
- ✓ Schmerzen und Unwohlsein aufgrund von beginnender Niereninsuffizienz, Diabetes, Schilddrüsenerkrankung, Magen- und Darmentzündung und weiteren Erkrankungen des Bewegungsapparates
- ✓ Analdrüsenprobleme

Die Lokalisation der kahlen Stellen kann bereits Auskunft darüber geben, wo das Problem zu suchen ist. Die Schneise auf dem Rücken der Katze kann auf Schmerzen an der Wirbelsäule hinweisen, wogegen das Leckekzem an der Schwanzwurzel vielleicht mit einer Analdrüsenverstopfung zu tun hat. In jedem Fall bedarf es der Diagnosestellung durch einen Tierarzt oder einen Tierheilpraktiker.

Als psychische Ursachen für Overgrooming kommen Stress und Unwohlsein infrage. Diese können durch Veränderungen in der gewohnten Umgebung, z. B. durch Familienzuwachs, Auszug eines Kindes oder des Partners, Umzug und Berufstätigkeit des Halters, ausgelöst werden. Eine Katze kann sich einsam fühlen, durch Katzengesellschaft jedoch auch total gestresst sein. Starke Gerüche, Zigarettenqualm und Lärm tragen ebenfalls dazu bei, dass sich Katzen unwohl fühlen und dadurch gegebenenfalls eine Zwangsstörung entwickeln. Mache dich auf die Suche, fühle dich in deine Katze hinein, und nimm unter Umständen die Hilfe eines Tierkommunikators oder Verhaltenstherapeuten in Anspruch.

Des Weiteren solltest du die Haltungsbedingungen deiner Katze optimieren. Vielleicht hattest du in der Vergangenheit viel zu tun, und sie wurde vernachlässigt. Wohnungskatzen brauchen viel Aufmerksamkeit, das ist sehr wichtig. Führe wieder regelmäßige Spieleinheiten ein, und bringe ihr das Klickern bei – so hat sie Bewegung und Spaß und ist geistig ausgelastet. Das ist auch für dich entspannend. Wenn deine Katze ausgepowert und glücklich ist, braucht sie ihr Zwangsverhalten vielleicht nicht mehr.

Niemals solltest du deine Katze für ihr Verhalten bestrafen oder sie versehentlich darin bestärken. Auch ein Kragen zur Vermeidung des Leckens sollte für deine Katze nicht infrage kommen, weil dieser für deine freiheitsliebende Hoheit eine Erniedrigung darstellt, die in noch größeren Stress ausarten könnte. Behalte die Nerven, mache dich auf die Suche nach den Ursachen für ihr Verhalten, und hole dir Hilfe. Vielleicht hat ihr Problem am Ende auch mit dir selbst zu tun, und dir wird auf einmal klar, was auch in deinem Leben optimierungsbedürftig ist.

Geistige Aspekte und seelische Hintergrundthemen

Hier ein kleiner Exkurs in die Elementelehre der Traditionellen Chinesischen Medizin (TCM):

In der TCM gibt es nach dem Vorbild der Natur die fünf Wandlungsphasen, die in Wechselwirkung zueinander stehen und denen Emotionen, Organe, Sinnesorgane, Körpergewebe, Körperflüssigkeiten, Geschmäcker, Gerüche, Farben, Jahreszeiten und klimatische Faktoren zugeordnet sind. Obwohl jedes Lebewesen Anteile jedes Elementes in sich vereint, ist meist zu erkennen, dass ein bestimmtes Element dominiert.

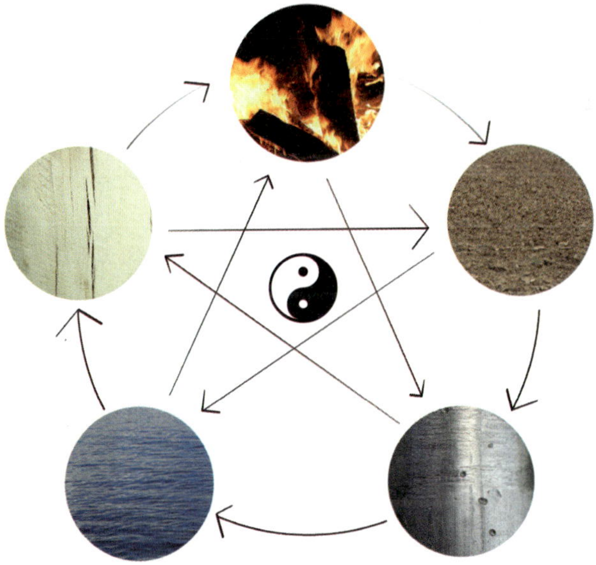

Hier eine Übersicht der Elemente, ihrer zugeordneten Organe, Sinnesorgane und Gewebe sowie der vorherrschenden Emotionen.

Elemente	Organe und Sinnesorgane	Gewebe	Emotionen
Holz	Leber, Gallenblase und Augen	Sehnen und Bänder	Zorn
Feuer	Herz, Dünndarm, Dreifach-Erwärmer und Zunge	Blutgefäße	Freude, Hektik
Erde	Milz, Pankreas, Magen und Mund	Muskeln und Bindegewebe	Grübeln
Metall	Lunge, Dickdarm und Nase	Haut und Haare	Trauer
Wasser	Nieren, Blase und Ohren	Knochen und Zähne	Angst, Panik

Nicht nur der chinesische Mediziner weiß, dass jeder Krankheit eine gelebte Emotion vorausgeht. Und obwohl in der westlichen Schulmedizin noch immer das Hauptaugenmerk auf der Symptombehandlung liegt, ist den meisten Menschen nicht entgangen, dass ein Übermaß an Zorn und Verbitterung für Gallenkoliken, dauerhaftes Sorgen und Grübeln für Magengeschwüre und permanentes Aufregen für Herzinfarkte verantwortlich sein können. Umwelteinflüsse und minderwertige Ernährung schwächen den Organismus zusätzlich und tragen nicht dazu bei, dass die Zellen den belastenden Emotionen etwas entgegenzusetzen haben. Manchmal macht es Sinn, einfach einmal genauer hinzuschauen und dadurch eine erweiterte Sicht der Dinge zu bekommen. So können wir uns selbst und unsere Tiere ganzheitlicher behandeln.

Wenn wir beispielsweise wissen, dass die Emotion Angst zum erweiterten Funktionskreis der Nieren gehört und Erkrankungen von Blase und Nieren mit dieser Emotion in Zusammenhang stehen, können wir die Nieren unterstützen, indem wir auf Seelenebene auch die Angst behandeln. Die Blase nimmt als Organ unreine Flüssigkeiten auf und lässt diese wieder los, damit sie den Körper verlassen können. Auch auf seelischer Ebene geht es bei Entzündungen der Blase um das Loslassen von belastenden Themen und Traumata. Bei der Bildung von Harnsteinen haben sich diese Themen bereits verdichtet. Wenn wir beobachten, dass heutzutage ein Großteil unserer Wohnungskatzen aus unkontrollierter Fortpflanzung mit anschließendem Tierheimaufenthalt stammt und noch dazu falsch ernährt wird, wundert es mich nicht, dass viele Katzen Nieren- und Blasenprobleme haben. Ebenso wie die Nieren als speichernde Organe und die Blase als ausleitendes Organ sind Zähne, Knochen und Ohren gemäß der Elementelehre der TCM dem Element Wasser und somit der Emotion Angst zuzuordnen. Hier geht es außerdem um Themen wie Durchbeißen, Begeisterung und auch Depression. Wir haben die Fähigkeit verloren, Dinge in kleine Stücke zu zerteilen, um besser mit ihnen umgehen zu können. Das Zahnfleisch steht für Verwundbarkeit und Kommunikation. Daher können Zahnfleischerkrankungen darauf hinweisen, dass unsere Katzen die Erfahrungen, die zu Stress führten, nicht kommunizieren und verarbeiten konnten.

Bei einer Schilddrüsenüberfunktion sind Lebewesen von intensiven Emotionen getrieben, befinden sich in einem Zustand der Kompensation und finden den Platz in ihrem Leben nicht – ein völliger Verlust des Gleichgewichtes. Arthrose kann auf eine Richtungsänderung hinweisen, eine Autoimmunerkrankung reflektiert Selbstangriff und ein in der Gegenwart oder Vergangenheit gebrochenes Herz. Diabetes und andere Bauchspeicheldrüsenerkrankungen, z. B. Pankreasinsuffizienz, gehören in der TCM zum Element Erde, also zur Mitte. Hier sind die Hintergrundthemen die Verdauung von Informationen und übermäßiges Grübeln. Bei einem Diabetes mellitus geht es um die Unfähigkeit des Körpers, Zucker zu verstoffwechseln, und die Überzeugung, dass das Leben nichts Süßes mehr zu bieten hat. Weiterhin kann er mit der Unfähigkeit zu tun haben, auf tieferer Ebene Liebe und Fürsorge zu empfangen.

Die Liste der Zusammenhänge ist lang, und ich kann dir zu diesem Thema die Bücher von Louise L. Hay und Chuck Spezzano empfehlen. Kein Buch dieser Welt sollte uns jedoch die Verantwortung abnehmen, selbst in uns und unsere Tiere hineinzuspüren und zu unseren eigenen Themen vorzustoßen. Wir alle sind Individuen auf sämtlichen Ebenen, und wir sollten unsere eigene Intuition schulen und nutzen. Lasse dir von niemandem sagen, wer du bist und warum du so bist, sondern begib dich auf den überaus interessanten Weg, es selbst herauszufinden.

Wie alle anderen Konflikte und Beeinträchtigungen unseres Lebens, denen wir manchmal hilf- und ratlos gegenüberstehen, können auch Krankheitsthemen in einem Zusammenhang mit unseren Ahnen stehen. Insbesondere dann, wenn es für die Erkrankung keine nachvollziehbaren Gründe wie eine schlechte Grundkonstitution oder suboptimale Ernährungs- und Lebensgewohnheiten gibt. Das Gleiche gilt für deine Haustiere, mit denen du eine innige Verbindung eingegangen bist. Hier können u. a. auch systemische Aufstellungen gute Dienste leisten und Klarheit bringen, was wiederum einen Heilungsprozess einleiten kann.

Sollte deine Katze unerwartet schwer erkranken, darfst du Folgendes reflektieren:

- ✓ Wie ist ihr körperlicher Zustand? Bekommt sie sämtliche Nährstoffe, die sie braucht? Schmecken ihr die Mahlzeiten?
- ✓ Ist sie glücklich? Kann sie sich entfalten und ausleben? Hat sie wirklich alles, was sie für ihr Glück braucht? Ist sie körperlich und geistig ausgelastet? Bekommt sie die Beachtung von dir, die ihr gebührt?
- ✓ Hat sie ihre Traumata verarbeiten können, oder musst du sie dahingehend noch etwas unterstützen? Wie sieht es in ihrer Seele und mit ihren Emotionen aus?
- ✓ Kannst du sicher sein, dass sich bei ihr keine Erkrankung manifestiert hat, die eigentlich dich und deine Themen betrifft?

Nicht selten ist man bei den eigenen Tieren »betriebsblind« und kommt allein nicht weiter. Lasse dir ergänzend zur tierärztlichen Versorgung von ausgebildeten Katzenpsychologen und Tierheilpraktikern helfen.

Elektrosmog und andere Strahlungen –
gefährlich für Katzen?

Neben hochsensiblen Menschen kann auch jeder Geopathologe, Rutengänger und Baubiologe die Existenz von Strahlungsfeldern in der Natur und im Wohnumfeld der Menschen bestätigen und diese messen. Das ist kein Geheimnis und wird, anders als noch vor einigen Jahren, nicht mehr als Unsinn abgetan.

Mittlerweile haben sich Wissenschaft und Bundesbehörden eingeschaltet, wenn es um Strahlenschutz für die Bürger geht. Die Strahlung, die von Smartphones, WLAN, Sende- und Starkstrommasten ausgeht, ist allgegenwärtig und verursacht Schäden bei Mensch und Tier, die wir derzeit noch nicht exakt benennen können, weil diese meist langfristig auftreten. Neben den durch Technik verursachten elektromagnetischen Feldern existieren auch natürliche Strahlungen durch Wasseradern oder Erdverwerfungen, die sich negativ auf die Gesundheit auswirken können, sofern man sich für längere Zeit dort aufhält.

Historische Überlieferungen von geopathologischen Zonen reichen bis in frühe Zeiten zurück. Bereits vor Jahrhunderten wurden die Kräfte der Natur bei Bauplanungen berücksichtigt, was dazu führte, dass Siedlungen, Kirchen, Kathedralen und Burgen auf Kraftplätzen errichtet wurden. An Orten also, die hochenergetisch waren und die Menschen nicht schwächten, sondern stärkten. Heutzutage interessieren sich kaum noch Menschen dafür, wo sie wohnen oder schlafen, dabei würde es angesichts der zunehmenden Strahlenbelastung durch technische Geräte Sinn machen, wenigstens geopathologische Störfelder auszuschließen.

Versuche, die Strahlungsintensität in deinem Wohnraum zu minimieren, und setze die Blume des Lebens und Quarzkristalle (Rosenquarz, Bergkristall, Amethyst) als Schutzmaßnahmen ein. Letztere sollten regelmäßig unter fließendem Wasser gereinigt werden. Verbanne Smartphones, schnurlose Telefone und Router aus deinem Wohn- und Schlafraum, und tausche Energiesparlampen gegen LED-Lampen aus. So wird dein Immunsystem geschont, und du kannst besser schlafen.

Doch schadet Elektrosmog auch deiner Katze? Nun, dazu gibt es verschiedene Meinungen und Erfahrungen. Auf der Welt gibt es sowohl Strahlensucher als auch Strahlenflüchter. Zu den Strahlenflüchtern gehören beispielsweise Menschen und Hunde. Beide fühlen sich unter Strahleneinfluss unwohl und würden instinktiv strahlenfreie Aufenthaltsorte bevorzugen, wenn sie nicht reizüberflutet wären und ihre Empfindungen besser wahrnehmen könnten. Babys sollen sich ihrem natürlichen Instinkt folgend von Strahlen wegbewegen und eine dementsprechende Schlafposition einnehmen.

Die Katze gehört jedoch zu den Strahlensuchern, was bedeutet, dass sie sich auf geopathischen Zonen sehr wohlfühlt. Sie findet Erdstrahlen, Wasseradern und Erdverwerfungen toll und wird durch sie gesundheitlich nicht negativ beeinflusst. Viele Katzen verschmähen ihr kuscheliges Körbchen, wenn dieses an einem Ort steht, der ihnen energetisch nicht zusagt. Bienen gehören auch zu den Strahlensuchern und sollen eine reichere Honigernte produzieren, wenn die Bienenbeuten auf geopathischen Feldern platziert werden.

Ob technisch bedingter Elektrosmog schädlich für Katzen ist, kann niemand mit Sicherheit sagen. Manchen Erfahrungsberichten zufolge konnten kranke Katzen geheilt werden, nachdem der Router und die Telefonstation aus dem Wohnraum entfernt wurden. Anderen Erfahrungen zufolge legen sich Katzen gern auf die Tastatur des Laptops, um ein Nickerchen zu machen – und bleiben trotzdem gesund.

Um mithilfe deiner Tiere zu erfahren, wo sich Strahlenquellen in deiner Wohnung befinden, entfernst du am besten Kissen, Körbchen und sonstigen Wärmequellen und filmst während deiner Abwesenheit, wohin sich deine Katze instinktiv legt. Diesen Ort solltest du als Schlaf- oder Arbeitsplatz auf jeden Fall meiden. Ähnlich kannst du mit deinem Hund vorgehen. Nur wird dieser dir anzeigen, wo keine Strahlungen spürbar sind. Allerdings ist es möglich, dass es ihn aus Gründen der Bequemlichkeit oder Gewohnheit auf die Couch oder ins Bett verschlägt.

Auch wenn Katzen Strahlensucher sind, so schadet ihnen ein strahlungsarmer Wohnraum natürlich auch nicht. Und weil unsere Haustiere die größte Freude an gesunden und glücklichen Menschen haben, sollten wir die Strahlungsbelastung generell so gering wie möglich halten und nicht stundenlang mit einem schnurlosen Telefon telefonieren.

Sollte deine Katze immerzu in deinem Bett liegen, solltest du einen Geopathologen mit einer Strahlentestung beauftragen und unter Umständen dein Bett umstellen.

Geruchs- und Geräuschbelästigungen – was Katzen nicht ertragen sollten

Die Geruchsbelästigung unserer Wohnungskatzen hat viele Facetten: Duftkerzen, in bunte Flüssigkeit getränkte Bambusstäbchen, Räucherstäbchen, Raumsprays und Duftöle – alles auf chemischer Basis und extrem geruchsintensiv. Auch elektrische Duftstecker, die entspannungsfördernde oder mückenabwehrende Stoffe im Raum verteilen, sollten nicht in einem Katzenhaushalt angewendet werden. Ob das alles gesund für den menschlichen Organismus ist, wage ich zu bezweifeln, doch die in der Wohnung eingesperrten Wohnungskatzen sollten dem ganz sicher nicht ausgesetzt werden. Benutze daher keine unnötigen Düfte in der Wohnung, und wasche die Katzendecken geruchsneutral und ohne Weichspüler. Auch die Katzenstreu sollte nicht künstlich beduftet sein. Was wir als angenehm empfinden, ist für Katzen mitunter eine Zumutung, die sie still leidend hinnehmen.

Solltest du innerhalb deiner vier Wände rauchen, entscheide dich für das Zimmer, in dem sich deine Katzen am wenigsten aufhalten, und mache daraus einen Raucherraum, der stets gut gelüftet wird. Solltest du in deinem Appartement keine Möglichkeit haben, die Zwischentür zu schließen, kannst du das Kippfenster mit einem Schutzgitter absichern. Sollte deine Katze trotz aller Maßnahmen an Atemwegsproblemen leiden, schaue auch einmal hinter deinen Schränken oder der Verkleidung deiner Garderobe nach, ob du dort eventuell einen Schimmelpilzbefall entdeckst.

Desinfektionsmittel sind nicht nur eine Geruchsbelästigung für Tiere, sondern zudem auch mitverantwortlich für multiresistente Keime. Leider verhindern sie keine Infektionen, sondern sorgen dafür, dass nur die starken Bakterien, Viren und Keime überleben und am Ende durch nichts mehr zu bekämpfen sind. Ein Immunsystem mit ausreichend Antikörpern und Abwehrkräften bleibt nur durch die Auseinandersetzung mit diversen Keimen stabil.

Die Belastung einer Wohnungskatze durch intensive und noch dazu synthetische Gerüche ist sicherlich um ein Vielfaches höher als die eines Freigängers, der sich jederzeit durch die Katzenklappe an die frische Luft retten kann und viele Stunden außerhalb der Wohnung verbringt. Während der Mensch über höchstens 20 Millionen Geruchszellen verfügt, besitzt die Katze über 60 Millionen. Der Körper einer Katze kann noch nicht einmal handelsübliche ätherische Öle verstoffwechseln, geschweige denn synthetische Duftstoffe. All das kann zu schweren Leberschäden führen, Atemwegserkrankungen verursachen und Allergien auslösen. Die Erkrankungen der Atemwege können vielschichtig sein. Meist sind u. a. die Nebenhöhlen stark verschleimt, die Katze bekommt kaum noch Luft und verweigert irgendwann die Nahrungsaufnahme, weil sie ihr Futter nicht mehr riechen und schmecken kann.

Ich kann dir nur ans Herz legen, die Luft in deiner Wohnung so rein wie möglich zu halten. Lebst du mit deiner Wohnungskatze in einem Ballungsraum, in dem neben frischer Luft auch jede Menge Feinstaub und Autoabgase durch das geöffnete Fenster in den Wohnraum strömt, kannst du die Luft mit einfachen Mitteln ionisieren. Stelle in jedes Zimmer eine Salzlampe, und gieße regelmäßig Basensalz mit kochendem Wasser auf. So kannst du auch an einer viel befahrenen Straße wohnend einen Hauch von Meeresluft in deine vier Wände zaubern.

Sollte sich eine Person aus deinem näheren Umfeld mit dem Gedanken tragen, eine Katze zu adoptieren, obwohl ihre Lebensumstände absolut nicht mit den Bedürfnissen einer Katze konform gehen und sie überall in ihrer Wohnung Duftkerzen aufgestellt hat, zögere nicht einzugreifen. Es ist keineswegs unhöflich, wenn du deine Mitmenschen aufklärst und verhinderst, dass eine Katze ihr Leben lang leidet, weil sie ständig allein ist und unerträgliche Sinnesreize aushalten muss. Vor allem sehr junge Leute, die sich und ihren Weg erst noch finden müssen, sind sich der Tragweite ihrer Entscheidung, ein Tier zu adoptieren, manchmal nicht bewusst. Weil Tiere nicht mit einem Modeaccessoire zu vergleichen sind, das man nach Belieben austauschen kann, darfst du als Freund oder Familienmitglied Impulse aussenden, die ein weiteres trauriges Tierschicksal verhindern können. Ob du dich dadurch beliebt machst, ist fraglich, aber unwichtig. Sieh es einfach als Übung an, authentisch zu leben und Konflikten achtsam und respektvoll zu begegnen. Vielleicht wird man dir für deine Anregungen auch dankbar sein.

Eine ähnlich starke Belastung für Katzen ist eine laute Geräuschkulisse, der sie nicht entfliehen können. Eine Dauerbeschallung durch extrem laute Musik, Computerspiele oder den Fernseher ist für sie unerträglich. Katzen brauchen ausgiebige Ruhephasen und hören gern sphärische oder klassische Musik in für sie angenehmer Lautstärke.

Die Sinne deiner Katze sind sehr gut ausgeprägt – sei dir dessen bewusst, und vermeide unnötige Reize.

Impfungen –
was ist zu beachten?

Kaum ein anderes Thema polarisiert mehr und ist dermaßen stark mit Angst, ja, sogar Todesangst verknüpft. In den sozialen Netzwerken werden hochemotionale Diskussionen geführt, in denen von »dummen Impfgegnern« und »an Parvovirose krepierenden Welpen« die Rede ist. Diesen Aussagen gegenüber stehen Berichte über diverse Impfschäden und Sekundärerkrankungen, epileptische Anfälle und autistische Kinder.

Die hier wie auch in vielen Bereichen der Alternativmedizin geforderten wissenschaftlichen Studien über Risiken und Nutzen existieren nicht. Wissenschaft ist teuer – wer sollte derartige Studien finanzieren? Die Pharmaindustrie ist sicher nicht daran interessiert und hat außerdem eine sehr starke Lobby. Lediglich über den Impfstoff gegen die feline infektiöse Peritonitis (FIP) existiert ein wissenschaftlicher Nachweis in Form einer Doktorarbeit, die ein Veterinär an der Justus-Liebig-Universität Gießen veröffentlicht hat.* Seine Ausführungen beweisen, dass die Impfung gegen FIP insbesondere bei Tierheimkatzen nur mangelhaft wirksam ist.

Wer Impfdiskussionen verfolgt, dem fällt auf, dass impfkritische Menschen gern als unterdurchschnittlich intelligent dargestellt werden, während es sich bei den Impfbefürwortern anscheinend um hochintelligente Akademiker handelt. Wer sich jemals intensiv mit diesem Thema befasst und die DVDs zum jährlich stattfindenden Impfsymposium in Stuttgart angeschaut hat, weiß jedoch, dass diese Darstellung nicht der Realität entspricht. Während dieser Veranstaltungen kommen v. a. studierte Mediziner sowie ehemalige Mitarbeiter der Pharmaindustrie zu Wort, die sich von Impfempfehlungen und dem damit verbundenen System losgesagt haben, weil sie es aus ethischen und moralischen Gründen nicht mehr vertreten können.

Dabei ist die Grundidee des Impfens gar nicht so schlecht: Durch das Injizieren von abgeschwächten Erregern sollen im Organismus Antikörper gebildet werden, um ihn zu immunisieren. Irgendwann wurden den Impfstoffen jedoch Fremdeiweiße, Konservierungsstoffe, Antibiotika, Formaldehyd und

* geb.uni-giessen.de/geb/volltexte/2002/745/pdf/d020045.pdf

hochgiftige Schwermetalle wie Aluminiumhydroxid, Thiomersal und Quecksilber als Verstärker (Impfadjuvantien) beigemengt, die sich insbesondere durch jährliches Überimpfen im Körper ansammeln und dort Schäden verursachen. Später wurden aus Einzelimpfstoffen Kombinationsimpfstoffe, und so werden Kindern, Erwachsenen, Hunden und Katzen heute bis zu sieben verschiedene Erreger inklusive Impfadjuvantien an einem einzigen Tag injiziert – eine unvorstellbare Belastung für das Immunsystem.

Leider existieren keine Studien darüber, an welchen Infektionen und Krankheiten Mensch und Tier in den Wochen nach dieser extremen Schwächung des Immunsystems erkranken oder welche Vorgänge auf zellulärer Ebene ansonsten noch in Gang gesetzt werden, weil das Immunsystem mit Impferregern und der Ausleitung der Schwermetalle beschäftigt ist. Bei einem Hundepatienten von mir brach trotz der Schutzimpfung die Leishmaniose drei Jahre nach dem Spanienurlaub, in dem er sich höchstwahrscheinlich mit Leishmanien infiziert hatte, aus. Der Ausbruch mit akutem Nierenversagen erfolgte, nachdem er wenige Tage zuvor das zweite Mal innerhalb von vier Wochen eine Leptospiroseimpfung erhalten hatte. Niemand weiß, ob die Leishmaniose jemals ausgebrochen wäre, wäre das Immunsystem nicht durch die Leptospiroseimpfungen völlig überfordert gewesen. Die Leishmaniose-impfung, die dreimal verabreicht werden muss, erwies sich in diesem Fall als unwirksam.

Die Journalistin Monika Peichl hat sich aufgrund eines Impfsarkoms ihrer Katze eingehend mit dem Thema Impfungen bei Haustieren befasst und ihre Erkenntnisse in ihren Büchern festgehalten. Ihr Buch »Katzen impfen – ein kritischer Ratgeber« ist ein Muss für jeden Katzenbesitzer, der sich intensiv mit diesem Thema befassen will. Nur mit Hintergrundwissen und ausführlichen Informationen sind wir in der Lage, Entscheidungen beim Thema Impfen zu treffen und dabei ein sicheres Gefühl zu haben. Monika Peichl ist keine Impfgegnerin, sie beleuchtet das Thema zwar kritisch, aber objektiv.

Die Tierärztin Dr. Jutta Ziegler hingegen bezieht auf ihrer Internetseite* deutlich Stellung: »Aufgrund jahrzehntelanger Konfrontation mit schwerwiegenden gesundheitlichen Schäden, ausgelöst durch Impfungen, haben wir uns entschlossen, keine Impfungen mehr durchzuführen. Nicht nur wegen häufiger Impfschäden, sondern auch zahlreicher Impfdurchbrüche bzw. Impf-

* www.dr-ziegler.eu/de/impfen.htm

versagen geimpfter Tiere stellt sich die Frage, ob Impfungen allgemein überhaupt einen Schutz bieten können. In einer Studie an 17.000 Kindern hat sich herausgestellt, dass Ungeimpfte gesünder sind als Geimpfte.* Und wenn das auf den Menschen zutrifft, wieso sollte es beim Tier anders sein? Es gibt derzeit keinerlei unabhängige Belege oder Studien, weder in der Human- noch in der Veterinärmedizin, die beweisen, dass Impfungen Schutz gegen die jeweilige Erkrankung bieten.« Und darum geht es doch. Die Existenz und Gefährlichkeit von diversen Infektionserkrankungen können wir nicht leugnen. Fraglich ist nur, ob Impfungen helfen können, diese zu vermeiden.

Krankheiten, gegen die eine Katze geimpft werden kann

Katzenseuche (felines Parvovirus, kurz: FPV) ist eine hoch ansteckende, tödlich verlaufende Viruserkrankung mit Immunschwächung durch Erbrechen und wässrig-blutigen Durchfall sowie Abnahme der Leukozyten. Die Erreger können durch den Menschen ins Haus gebracht werden. Der

* www.efi-online.de/wp-content/uploads/2014/01/UngeimpfteGesuender.pdf

Impfschutz durch eine Grundimmunisierung ab der 16. Lebenswoche hält mindestens siebeneinhalb Jahre, wahrscheinlich lebenslang.

Katzenschnupfen ist eine ansteckende Atemwegerkrankung, die durch zwei verschiedene Viren verursacht werden kann:

- ✓ Felines Herpesvirus (Rhinotracheitis, kurz: FHV), Symptome sind Augen- und Nasenausfluss, Niesen, Fieber und Nahrungsverweigerung. Die Impfung bietet keine sichere Immunität.
- ✓ Felines Calicivirus (FCV), Symptome sind Fieber, Appetitlosigkeit und Müdigkeit sowie wässriger bis eitriger Augen- und Nasenausfluss. Die Impfung bietet keine sichere Immunität, was wissenschaftlich bewiesen ist.

Felines Leukämievirus (FeLV) ist eine hoch ansteckende Viruserkrankung, bei der die Leukozyten zerstört werden, wodurch das Immunsystem extrem geschwächt wird. Die Symptome dieser Erkrankung sind vielschichtig, weil es aufgrund der allgemeinen Schwäche zu Sekundärinfektionen kommen kann. Zwischen dem Zeitpunkt der Ansteckung mit dem Erreger und dem Ausbruch der Krankheit können viele Jahre vergehen. Hier gilt es, das Immunsystem zu stärken und nicht durch weitere Herausforderungen aus dem Chemiekasten zu schwächen. Der Impfschutz ist unterschiedlich gut, nach Testimpfungen infizierten sich jedoch mehr geimpfte als ungeimpfte Tiere.

Tollwut ist eine virusbedingte, tödlich verlaufende Erkrankung, die das Gehirn befällt und in einem seit vielen Jahren tollwutfreien Deutschland nur noch von vereinzelten Fledermäusen übertragen werden kann. Seit vielen Jahren wurde jedoch kein einziger Fall eines tollwütigen Haustieres dokumentiert, trotzdem wird hier mit der Angst der Besitzer gespielt, weil tollwutverdächtige Tiere getötet werden müssen. Wohnungskatzen benötigen auf keinen Fall eine Tollwutimpfung.

Feline infektiöse Peritonitis (Bauchfellentzündung, kurz: FIP) ist eine virusbedingte, ansteckende Erkrankung, die u. a. mit Abmagerung und einer Entzündung von Milz, Leber und Nieren einhergehen kann. Die Impfung bietet bewiesenermaßen einen sehr schlechten Immunschutz.

Chlamydiose ist eine bakterielle Entzündung der Schleimhäute im Körper der Katze, die u. a. Erblindung oder Unfruchtbarkeit zur Folge haben kann. Die Impfung hat viele Nebenwirkungen und bietet kaum Schutz.

Einige der Impfstoffe sind als Tot- und Lebendimpfstoff erhältlich. Weil Katzen von den Impfadjuvantien in den Totimpfstoffen nicht selten Impfsarkome (bösartige Tumore an der Einstichstelle) davontragen, werden manchmal Lebendimpfstoffe injiziert. Diese Erreger können im Körper jedoch mutieren, und über die Ausscheidungen können andere Katzen infiziert werden – sowohl ungeimpfte als auch geimpfte. Ich persönlich frage mich: Überwiegt der Nutzen tatsächlich noch die Risiken?

Dass die Impfung gegen Katzenschnupfen sinnlos ist, habe ich ein- bis zweimal im Jahr in dem Tierheim erleben können, in dem ich ehrenamtlich Hunde ausgeführt habe. Dann nämlich, wenn in den Katzenhäusern der Katzenschnupfen trotz Impfungen immer wieder ausbrach. Lediglich die neuen, noch ungeimpften Katzen infizierten sich nicht. In den Hundehäusern ging trotz »Immunität« regelmäßig der Zwingerhusten um.

Du bist die einzige Person, die darüber entscheiden sollte, ob deine Katze geimpft wird oder nicht. Lasse daher niemals zu, dass deine Katze eine Impfung erhält, wenn sie krank ist. Ein Tier darf nur geimpft werden, wenn es kerngesund und immunstark ist. Ansonsten machen Impfungen überhaupt keinen Sinn. Eine Impfpflicht für Katzen und Hunde innerhalb Deutschlands existiert nicht.

(Über-)Lebenswichtig: Das Immunsystem

Der beste Schutz vor Infektionskrankheiten ist ein starkes Immunsystem. Erst wenn der Organismus durch Krankheit, chemische Medikamente, schlechte Ernährung oder andere Belastungen dauerhaft geschwächt ist, kann es zu Infektionskrankheiten kommen. Viren und Parasiten suchen sich gern einen Wirt, dessen Abwehr ihnen nicht viel entgegenzusetzen hat.

Von einer Impfung ist abzuraten …

- ✓ wenn in den nächsten Wochen eine Operation ansteht oder kurz zuvor eine Operation durchgeführt wurde.
- ✓ wenn die Katze krank ist oder sich in der Rekonvaleszenz befindet.
- ✓ während des Fellwechsels.
- ✓ kurz nach, kurz vor oder während der Rolligkeit, falls die Katze noch nicht kastriert wurde.
- ✓ während der Säugezeit.
- ✓ wenn die Katze alt und schwach ist.
- ✓ direkt nach einer chemischen Wurmkur.

Nebenwirkungen einer Impfung können sein:

- ✓ Impfsarkom – ein bösartiger Tumor an der Einstichstelle
- ✓ Erbrechen und Durchfall
- ✓ Fieber
- ✓ gestörtes Allgemeinbefinden und Mattigkeit
- ✓ Leber-, Nieren- und Nervenstörungen, eventuell Lahmheit
- ✓ Allergien, Hautreaktionen, Ekzeme
- ✓ Blutgerinnungsstörungen
- ✓ Lymphdrüsenschwellungen
- ✓ Vergrößerung der Milz
- ✓ Atembeschwerden
- ✓ Schock
- ✓ Sekundärerkrankungen, weil das Abwehrsystem überfordert ist

Du hast dich für eine Impfung entschieden – was ist zu beachten?

Stärke in den Wochen vor der anstehenden Impfung das Immunsystem deiner Katze, und verzichte auf zusätzliche Belastungen wie chemische Wurmkuren und Parasitenprophylaxe. Außerdem solltest du mit ihr eine pflanzliche Entwurmung durchführen. Du musst sicher sein, dass dein Tier körperlich in der Lage sein wird, seine Immunreaktion und die Nebenwirkungen der Impfung zu verkraften.

Ziehe den Kombinationsimpfungen (Mehrfachimpfungen) ein Einzelpräparat vor, damit du die Belastung des Immunsystems so gering wie möglich hältst. Sei kritisch, und erkundige dich vorab über den verträglichsten Impfstoff. Lasse deine Katze vormittags und nicht direkt vor dem Wochenende impfen. So kann sie noch lange beobachtet und im Falle schwerwiegender Reaktionen zum Tierarzt gebracht werden. Am besten nimmst du dir zwei Tage frei, um deiner Katze rund um die Uhr Gesellschaft leisten zu können. Lasse sie nachts in deiner Nähe schlafen, damit du auch im Schlaf ihr Befinden erspüren kannst. Markiere oder merke dir genau die Einstichstelle der Impfnadel, damit du diesen Punkt beobachten kannst, und dokumentiere sämtliche Auffälligkeiten, auch diejenigen, die dir unwichtig erscheinen.

Um die Schwermetalle der Impfadjuvantien aus dem Organismus deiner Katze zu leiten, bieten sich dir folgende Möglichkeiten:

- ✓ homöopathische Komplexmittel, die passend zum Tier von einem Tierarzt zusammengestellt werden
- ✓ die Gabe des klassisch-homöopathischen Konstitutionsmittels deiner Katze
- ✓ Derivatio – sehr langsam einschleichen und nicht mehr als ½ Tablette pro Tag über zwei Wochen verabreichen
- ✓ Stärkung des Immunsystems mit Kolostrum, Propolis, Hanfprodukten oder weiteren gesunden Nahrungsergänzungen
- ✓ Streicheleinheiten und liebevolle Zuwendung anstatt körperlicher Verausgabung in den ersten beiden Tagen nach der Impfung

Wusstest du, dass …

… innerhalb einer Affengruppe jedes Mitglied mit den Affenbabys nach deren Geburt und auch später kuschelt und die Kleinen auf diese natürliche Weise eine Immunisierung erhalten? Die Äffchen kommen so mit diversen Keimen in Kontakt, und ihr Immunsystem kann Antikörper bilden.*

Und wusstest du, dass auf dem Gebiet der Infektionskrankheiten bereits große Behandlungserfolge zu verzeichnen sind? Die Firma AnoKath hat hochwirksame, rein mineralische Produkte entwickelt, die 99,999 % aller Bakterien und Viren sowie 99,99 % aller Pilze und Parasiten die Existenzgrundlage entziehen, was anhand von Gutachten belegt ist. Sie sind daher bei vielen Erkrankungen unserer Tiere einsetzbar. Die AnoKath-Mittel werden u. a. mit einem speziell getesteten und modifizierten Luftbefeuchter im Wohnraum oder Stall vernebelt. Tierhaltern steht eine kostenlose Service-Hotline zur Verfügung.

* Mehr dazu im Buch »Das Mysterium der Tiere – Was sie denken, was sie fühlen« von Karsten Brensing.

Impfen oder nicht impfen – du allein entscheidest,
also informiere dich:

- ✓ www.impf-report.de
- ✓ www.individuelle-impfentscheidung.de
- ✓ www.impfkritik.de
- ✓ DVDs zu den jährlichen Impfsymposien, die bis 2017 in Stuttgart stattgefunden haben
- ✓ diverse Bücher zu diesem Thema

Deine Katze will dir zu mehr Eigenverantwortung
und Vertrauen in deine Entscheidungen verhelfen.
Mache dich schlau, und gib die Verantwortung
für das Leben deiner Katze nicht an der Praxistür ab.
Deine Katze und du, ihr allein müsst mit den Folgen
deiner Entscheidungen leben können.

Verhaltensauffälligkeiten – Ursachen und Lösungen

Markieren

Beim Harnmarkieren handelt es sich um das absichtliche Abstecken des Reviers. Es wird von potenten Katern, aber auch von Kastraten und Weibchen durchgeführt, meist mit gestreckten Beinen und einem zitternden, aufrecht erhobenen Schwanz. Innerhalb der Wohnung erfolgt das Markieren gern an den gleichen Stellen. Das Markierungsproblem eines potenten Katers ist nach der Kastration meist behoben. Innerhalb einer Katzengemeinschaft sollte herausgefunden werden, wer der Markierer ist, unter Umständen mithilfe eines abwechselnd verabreichten fluoreszierenden Farbstoffs, der über den Urin ausgeschieden wird. Bevor anschließend mit der oft empfohlenen, die Katze jedoch demütigenden Wasserspritzmethode eine Bestrafung der betreffenden Katze stattfindet, sollte immer erst nach möglichen Ursachen geforscht und deren Behebung angestrebt werden:

- ✓ Fühlt sich die Katze in der Gemeinschaft überhaupt wohl, oder will sie vielleicht Freigang?
- ✓ Hat es Veränderungen im sozialen Umfeld oder innerhalb der Familie gegeben? Seid ihr umgezogen? Gibt es einen neuen Lebenspartner? Hat sie dadurch Stress, ist verunsichert, traurig oder in Aufregung?
- ✓ War die Katze in einer Katzenpension oder Tierklinik untergebracht und ist dadurch traumatisiert und verunsichert, was ihr Revier angeht?
- ✓ Liegt ein hormonelles Problem vor?
- ✓ Wurde der Urin an den zuvor markierten Stellen nicht gründlich genug entfernt und wird von deiner Katze noch immer wahrgenommen?

Je nachdem, wo die Ursache liegt, sollten wir über verschiedene Lösungen nachdenken.

Versuche, allein oder mithilfe eines Tierkommunikatoren herauszufinden, ob sich deine Katze im Haus und in der Gesellschaft anderer Katzen wohlfühlt. Ist dies nicht der Fall, musst du zugunsten ihrer Lebensqualität eine

Lösung finden. Entweder suchst du dir eine Wohnung, in der du ihr den Wunsch nach Freiheit erfüllen kannst, oder du gibst sie als Einzelkatze mit Freigang in allerbeste Hände ab. Denke in Ruhe darüber nach, was jetzt für euer Leben am wichtigsten ist.

Hat es in der letzten Zeit große strukturelle Veränderungen gegeben, die dir und deinen Haustieren in irgendeiner Form Stress bereitet haben? Falls dem so ist, benötigt ihr wahrscheinlich alle einen Seelenhelfer, z. B. aus der Homöopathie oder Bachblütentherapie. Versuche, euch die neue Situation so angenehm wie möglich zu machen, und verwöhne deine Katzen mit schönen Spieleinheiten und sanfter Musik. Das entspannt auch dich.

Nicht jedes sensible Tier übersteht den Aufenthalt in einer Pension oder Klinik ohne einen seelischen Schaden. Wenn eine solche Situation nicht zu umgehen ist, musst du vorher und danach unbedingt mit deiner Katze reden, ihr alles erklären und sie um Verzeihung bitten. Das mag sich für dich vielleicht verrückt anhören, doch ich kann dir versichern, dass das nichts mit Vermenschlichung zu tun hat und deine Katze dich besser versteht, als du es für möglich hältst. Beginne früh genug, sie mit passenden Bachblüten, Elixieren oder Energiesprays zu unterstützen, falls sie das mag.

Ein hormonelles Problem lässt sich meist sehr gut mit Mitteln aus der klassischen oder komplexen Homöopathie in den Griff bekommen. Auch der Cordyceps-Pilzextrakt leistet hier wertvolle Dienste.

Des Weiteren kannst du versuchen, das Markieren zu unterbinden, indem du an die markierten Stellen das Lieblingsfutter deiner Katze oder alternativ ihre Toilette platzierst, das bzw. die du dann schrittweise wieder entfernst. Der Katzenharn sollte sehr gründlich mit einem ökologischen Putzmittel entfernt werden, jedoch niemals mit einem scharfen Reiniger, der Ammoniak enthält. Dieser Geruch könnte die Katze dazu anregen, erneut zu markieren, weil sie das Ammoniak für den Urin eines Konkurrenten hält.

Wenn alle aufgeführten Punkte bei deiner Katze nicht relevant sind, liegt dem Markierungsproblem vielleicht ein viel tiefer greifendes Thema zugrunde, das nun endlich angesehen werden will. Verzweifle daher nicht, sondern sei dankbar dafür, und überdenke den nächsten Schritt. Es kann ein persönliches Thema sein oder eines, das deine Familie bzw. deine Ahnen betrifft. Vielleicht warst du als Kind Bettnässer und solltest dir nun innerlich die damalige Situation noch einmal anschauen und die Angst vor deinen Eltern und die Scham loslassen. Ein Seminar zur Heilung deines Inneren Kindes könnte dich dabei unterstützen. Oder der Katzenurin soll dich an die unliebsame, kranke Tante erinnern, die von deinen Großeltern zwar gepflegt, aber gehasst wurde. Im Kapitel »Systemische Aufstellungsarbeit« (S. 254) gehe ich näher darauf ein, wie wir gestörte Beziehungen innerhalb des Systems wieder in die Ordnung bringen können. Sobald die alten Blockaden gelöst sind und du eine andere Energie ausstrahlst, wird deine Katze vielleicht auch mit dem Markieren aufhören.

Unsauberkeit

In diesem Fall benutzt die Katze ihre Toilette nicht oder nicht mehr ausschließlich und setzt ihre Exkremente daneben oder an einem anderen Ort ab. Anders als das Markieren unterliegt diese Form der Stubenunreinheit keiner Absicht, sondern erfolgt entweder aufgrund eines körperlichen Problems oder einer unsauberen Katzentoilette.

Unsaubere Katzentoilette

Die Katzentoilette muss täglich und am besten nach jedem Geschäft gesäubert werden. Der berufstätige Katzenbesitzer sollte sich nach seiner Heimkehr direkt im Anschluss an die Begrüßung seiner Katze der Säuberung ihrer Toilette widmen. Wenn deine Katze täglich lange auf dich warten muss, macht es Sinn, in der Wohnung eine zweite Katzentoilette aufzustellen. Bei mehreren Katzen in einem Haushalt ist das natürlich Pflicht. Jede Katze braucht ihre eigene Toilette. Spätestens nach drei Tagen sollte die Katzeneinstreu gewechselt werden. Verwende eine geruchsneutrale Einstreu, damit die

Atemwege deiner Katze nicht unnötig belastet werden. Viele Katzen reagieren allergisch auf die synthetische Beduftung so mancher Katzenstreu. Auch das ständige Wechseln der Streu oder ein ungeliebter Duft kann zu Irritationen führen. Deine Katze gibt sicher ihr Einverständnis, wenn du ein paar Lavendelblüten als natürliche Duftergänzung auf der Einstreu verteilst.

Der Freigänger wird sein Geschäft in der Regel in Freiheit erledigen. Nur bei Unstimmigkeiten mit anderen Katzen bezüglich der Revierverteilung kann es sein, dass er für sein kleines Geschäft ins Haus kommt. Das kann insbesondere nach einem Umzug für einige Wochen der Fall sein. Deiner eher zurückhaltenden Samtpfote, die in einer katzenreichen Wohngegend zurechtkommen muss und Streit lieber aus dem Weg geht, solltest du ebenfalls eine saubere Katzentoilette innerhalb des Wohnraumes anbieten.

Eine Katzentoilette sollte sich immer in großer Entfernung zum Fressplatz und Wassernapf befinden.

Krankheiten, die Unsauberkeit zur Folge haben können

Dabei handelt es sich um Entzündungen im Urogenitalbereich, Erkrankungen der Nieren und Harnwege, Nierensteine und Harnkristalle, Diabetes, Lähmungen des Schließmuskels und diverse Erkrankungen des Bewegungsapparates. Bei Letzteren kann es sich um Gelenkprobleme, verschobene Wirbel, schmerzhafte Verknöcherungen oder eingeklemmte Nerven handeln. All das kann bereits beim Betreten der Katzentoilette und spätestens beim Absetzen von Kot und Urin große Schmerzen verursachen. Für den Fall, dass deine Katze von einem Tag auf den anderen trotz guter Hygiene unsauber wird, solltest du sämtliche Möglichkeiten medizinisch abklären lassen.

Innerhalb von Katzengemeinschaften kann es vorkommen, dass der Katze in der Toilette mit Deckel ein weiteres Tier auflauert. Auch dieses eher selten vorkommende Verhalten kann Unsauberkeit zur Folge haben.

Therapiemethoden wie lautes Händeklatschen oder das Heben der urinierenden Katze ins Katzenklo, während man »Nein!« oder »Stopp!« schreit, kommen für mich nur als allerletzte Notlösung infrage, weil wir damit bei der Katze mehr Verwirrung stiften, als dass wir ihr helfen. Sie neigt ja nicht von Natur aus zu Unsauberkeit oder Protesthandlungen, sondern hat dafür einen aus ihrer Sicht guten Grund. Und auch an dieser Stelle möchte ich dich bitten, einmal deine eigene Gefühlswelt zu reflektieren. In welcher Situation in deinem täglichen Leben würdest du gern einmal protestieren, traust dich aber nicht?

Wird deine Katze im Alter inkontinent und verliert etwas Urin, während sie schläft oder läuft, kann eine Erschlaffung des Bindegewebes der Blasenwand ursächlich dafür sein. Hier hat sich das Schüßlersalz Nr. 11, Silicea, als tägliche Gabe über einen längeren Zeitraum gut bewährt.

Aggression

Die Vielfalt an Charakterzügen und Verhaltensweisen bei Katzen ist unendlich groß, und viele Katzen lassen sich meiner Meinung nach nicht in Schubladen stecken. Trotzdem möchte ich in diesem Kapitel auf die Aggression als Verhaltensauffälligkeit hinweisen, weil diese bestimmten Ursachen unterliegt und das Zusammenleben von Mensch und Katze extrem belasten kann. Hier ist es wichtig, die Signale zu verstehen und Lösungen zu finden. Nimm das Verhalten deiner Katze nie persönlich, sondern versuche stets, die Dinge aus ihrer Sicht zu betrachten und ihr zu helfen. Sei dir bewusst, dass sie nicht anders kann und von dir verstanden werden will.

Die Katze ist ein instinktgesteuertes Tier, das für sein Überleben ein gewisses natürliches Aggressionspotenzial im Bezug auf Revier und Beute benötigt. Sie ist ein großartiger Jäger und hat extrem scharfe Krallen, das sollten wir nie vergessen. Katzen haben völlig unterschiedliche Persönlichkeiten. Die einen wollen stundenlang schmusen, die anderen überhaupt nicht. Manche haben nichts gegen ein paar Streicheleinheiten, geben mithilfe ihrer Krallen jedoch deutlich zu verstehen, wenn sie genug haben. Das alles ist völlig normal und sollte von dir ohne Wenn und Aber akzeptiert werden. Wenn deine Katze, die ansonsten sehr verschmust ist, plötzlich nicht mehr gestreichelt werden will, können Schmerzen die Ursache dafür sein, was dann abgeklärt werden muss. Sollte dich deine Katze jedoch aus unerklärlichem Grund angreifen und verletzen, kann Folgendes dahinterstecken:

- ✓ Sie hat eine schmerzhafte Erkrankung oder einen Juckreiz aufgrund von Allergie oder Parasiten. Auch eine neurologische Ursache muss unter Umständen in Betracht gezogen werden. Lasse das von einem Tierarzt abklären.
- ✓ Deine Katze ist aus dem Tierschutz und noch traumatisiert. Ihr aggressives Verhalten geschieht aus ihrer Angst und einem Mangel an Selbstsicherheit heraus. Hier brauchst du viel Geduld, Liebe und die Unterstützung von feinstofflichen Seelenhelfern, z. B. Bachblüten.
- ✓ Sie wurde zu früh von ihrer Mutter getrennt und ist nicht ausreichend sozialisiert worden. Hier ist weitere Erziehung deinerseits gefragt.
- ✓ Das Leben in ihrem Wohnumfeld frustriert und langweilt sie. Sie möchte jagen, hätte gern Freigang, bessere Flucht-, Spiel- und Klettermöglichkeiten oder einen Artgenossen zum Spielen. Sie kann sich

nirgends verstecken, hat kaum Kratzmöglichkeiten, keinen höher gelegenen Liegeplatz und wird zu wenig von dir beschäftigt oder beschmust. Mache eine Bestandsaufnahme aus der Sicht deiner Katze, und bringe Veränderung in euer Leben.

- ✓ Sie mag nach eurem Umzug ihr neues Zuhause, bestimmte Gegenstände, Gerüche, Bewegungen oder Geräusche nicht. Auch hier musst du auf die Suche gehen.
- ✓ Sie kann ihre Aggression, die sich beim Beobachten durch ein Fenster aufbaut, innerhalb der Wohnung nicht abbauen. Denke über Freigang oder den Umzug in eine ruhiger gelegene Wohnung, die Freigang bieten kann, nach.
- ✓ Sie mag die Tiere oder Menschen in ihrer Wohngemeinschaft nicht. Vielleicht warst du bei der Vergesellschaftung zu schnell. Gib deiner Katze Zeit, und versuche, die Gesellschaft der anderen mit angenehmen Situationen und Leckerlis zu verknüpfen.
- ✓ Sie wird ständig gestört und angefasst, obwohl sie ihre Ruhe haben will, sie kann nicht in Ruhe fressen und wird von Kindern oder Artgenossen bedrängt. Dies solltest du auf jeden Fall unterbinden. Bei Problemen mit Artgenossen solltest du die Hilfe eines Verhaltenstherapeuten für Katzen in Anspruch nehmen.
- ✓ Sie hat Hunger und wird nicht satt. Wenn deine Katze schlank ist, solltest du ihre Ration erhöhen.
- ✓ Du hast sie unabsichtlich erschreckt oder mit Wasser bespritzt, was von ihr missverstanden und fehlverknüpft wurde. Hier musst du versuchen, ganz langsam ihr Vertrauen zurückzuerobern. Auch dabei kann naturheilkundliche Schwingungsmedizin unterstützen.

Ein lautes »Nein!« muss innerhalb der nächsten zwei Sekunden nach dem Angriff erfolgen, weil ansonsten Missverständnisse und Fehlverknüpfungen entstehen können. Meist kündigen Katzen ihre Angriffe durch Körpersprache, z. B. angelegte Ohren und Schlagen mit dem Schwanz, an. Auch die Pupillen sind dann erweitert. Dann kannst du einen Ball oder ein anderes Spielzeug von dir wegwerfen, um die Aufmerksamkeit der Katze darauf zu lenken. In deiner Wohnung sollten daher diverse Wurfgeschosse herumliegen. Die Katze zu bestrafen ist kontraproduktiv und würde eurer Vertrauensbasis schaden. Das Spritzen von Wasser einzusetzen halte ich in den meisten Fällen für bedenklich. Nur eine absolut selbstbewusste und souveräne Katze, die es liebt, die Vorhänge vom Fenster zu reißen, könnte man damit auf den Boden der Tatsachen zurückholen, ohne bleibende psychische Schäden zu verursachen.

Die Kratzer einer Katze müssen desinfiziert werden. Der Biss einer Katze ist nicht ungefährlich, und die Wunde sollte schulmedizinisch versorgt werden.

Wenn du allein nicht in der Lage bist, die Ursache für das Verhalten deiner Katze zu ergründen, dann zögere nicht, dir helfen zu lassen. Verhaltenstherapeuten und Katzenpsychologen kennen sich bestens aus und können dir individuell auf eure Lebens- und Wohnsituation zugeschnittene Hilfestellungen anbieten. Du kannst dir auch einen gut ausgebildeten Tierkommunikator in deiner Nähe suchen und deine Katze nach den Gründen für ihr Verhalten befragen lassen. Oder du erlernst diese Verständigungstechnik selbst, was in vielen Situationen hilfreich sein kann. Im Anschluss an die Ursachenfindung ist kurzfristiges Handeln angesagt, damit euer Vertrauensverhältnis nicht unnötig auf die Probe gestellt wird und Veränderungen zeitnah herbeigeführt werden können. Diese erfordern mitunter eine Veränderung deines Verhaltens oder des Verhaltens deiner Mitbewohner. Vielleicht wirst du dich durchsetzen und klare Anweisungen geben müssen – etwas, was eventuell bislang nicht zu deinen Stärken gehörte, weil du ein harmoniebedürftiger Mensch bist, der Konflikten gern aus dem Weg geht. Es kann aber auch sein, dass diverse Kratzmöglichkeiten und weitere Tunnel und Fummelbretter angeschafft werden müssen. Und all diese Dinge müssen in deiner Wohnung einen guten Platz finden. Besprich mit deinen Mitbewohnern deine Pläne sowie die Gründe dafür, und nimm die Herausforderung mit deiner Katze zum Anlass, selbstbewusst aufzutreten und für deine Wünsche und Überzeugungen einzustehen.

Krallenwetzen an Möbeln

Die Katze liebt es, ihre Krallen zu wetzen, und dafür gibt es verschiedene Gründe. Einerseits will sie dadurch die stumpfe äußere Schicht loswerden, damit die darunterliegenden scharfen Krallen zum Vorschein kommen. Andererseits verteilen Katzen durch das Kratzen auch Duftnachrichten, die schnell verfliegen, weshalb es ständig wiederholt werden muss. Außerdem macht es ihnen Spaß, und sie stellen ihre eigene Wichtigkeit damit zur Schau. Das Krallenwetzen ist daher nicht als Verhaltensauffälligkeit zu bezeichnen, sondern völlig normal. Erst wenn die Katze ihren Kratzbaum verschmäht, um ihre Krallen an deinem Designersessel zu wetzen, wird es ärgerlich.

Freigänger wetzen ihre Krallen meist an Baumstämmen, wohingegen Wohnungskatzen nicht selten die Wände, das Sofa oder sonstige Möbel als Kratzunterlagen auswählen. Wie kann das verhindert werden? Vielleicht befinden sich in deiner Wohnung nicht genug Kratzmöglichkeiten. Ein einzelner Kratzbaum reicht oftmals nicht aus. Befestige auch Kratzmöglichkeiten und Sisalmatten an Wänden und Türzargen. Achte außerdem darauf, dass du deiner Katze mehrere Kratzbäume anbietest, die ihr verschiedene Aussichten bieten. So kann sie dir immer einmal wieder vorführen, wie toll sie kratzen und klettern kann. Sollte sie weiterhin das Sofa bevorzugen, versuche, ihr Interesse für die anderen Kratzmöglichkeiten zu wecken, indem du die Flächen mit einem Sud aus Baldrianwurzel besprühst. Weil Baldrian auf Katzen eine leicht halluzinogene Wirkung hat, wird sie sicher begeistert sein. Auch andere Kräuter, die deine Katze ganz besonders mag, können hier angewendet werden.

Milchtritt

Ich werde nie meinen Albtraum vergessen, in dem ich glaubte, ersticken zu müssen. Etwas schien meinen Brustkorb zu erdrücken und nahm mir immer heftiger die Luft zum Atmen. Bis ich schließlich die Augen aufschlug und nach Luft ringend feststellte, dass mein 8 kg schwerer Streuner mit unwiderstehlicher Freude seinen Milchtritt auf meiner Brust vollzog.

Doch was genau ist der Milchtritt? Katzenbabys treteln den Bauch ihrer Mütter, um den Milchfluss anzuregen. Aber auch Waisenkätzchen treteln vor sich hin, sodass man davon ausgehen kann, dass der Milchtritt kein erlerntes Verhalten, sondern instinktgesteuert ist. Warum ihn auch erwachsene Katzen vollführen, können wir nur erahnen. Vielleicht, um ihr Wohlbehagen auszudrücken, ihr Revier mit den Pfoten, an denen sich Duftdrüsen befinden, zu markieren oder uns zu zeigen: »Du gehörst zu mir.«

Schnurren, Miauen, Fauchen, Jammern und Schreien

Es gibt keinen wirkungsvolleren Blutdrucksenker für den Menschen als das Schnurren einer Katze. Vielen Katzenbesitzern wird jedoch neu sein, dass Schnurren nicht in jedem Fall ein Zeichen für Wohlbehagen ist. Auch bei Schmerzen schnurren Katzen vor sich hin, um so schmerzlindernde Hormone zu produzieren.

Katzen besitzen ein großes Repertoire an Ruflauten, um sich mit ihren Menschen zu verständigen, und jeder Katzenbesitzer muss für sich selbst herausfinden, was seine Katze ihm mitteilen will. Fauchen ist in jedem Fall ein Warnsignal, das manche Katzen großzügiger anwenden als andere. Gejammert wird meist eher, wenn der Napf leer ist oder die Terrassentür geschlossen bleibt, denn Schmerzen ertragen Katzen leider oftmals ohne jegliche Lautäußerung. Am besten unterhältst du dich regelmäßig mit deiner Katze und versuchst, ihre ganz individuelle Sprache zu erlernen.

Noxen und andere Gefahren –

lieber auf Nummer sicher gehen

Gifte

Je nachdem, wo wir wohnen, sind sowohl unsere Katzen als auch wir mehr oder weniger diversen Schadstoffbelastungen ausgesetzt. Autoabgase, Pestizide und vieles mehr strapazieren die Gesundheit aller Lebewesen. Nachfolgend findest du ein paar Anregungen, wie du innerhalb deiner Wohnung die Belastungen möglichst gering halten kannst.

Bei der Frage, ob eine Katze Pflanzen oder sonstige Stoffe, die für sie giftig sind, denn nicht instinktiv meiden würde, kann ich nur aus voller Überzeugung sagen: »Lasse es nicht darauf ankommen!« Bei manchen ist das sicher der Fall. Bei vielen allerdings nicht, ansonsten gäbe es kein auf Tiere spezialisiertes Personal in den Giftnotrufzentralen, und Tierärzte hätten nicht ständig mit Vergiftungen zu tun. Ob es an Langeweile, Frust oder Neugierde liegt, kann niemand mit Gewissheit sagen. Doch ich glaube, dass eine normal entwickelte, glückliche Katze, die körperlich und geistig ausgeglichen ist und artgerecht ernährt wird, weniger gefährdet ist als eine vernachlässigte, kränkelnde und gelangweilte Katze.

Im Folgenden führe ich verschiedene Dinge auf, die für eine Katze gefährlich werden können.

Spielzeuge

Gerade im Bereich der Haustierspielzeuge gibt es einen unendlich großen Markt. Hier ist auf die Qualität des Materials Wert zu legen. Achte unbedingt auf Ökostandards, und kaufe gutes, geprüftes Spielzeug.

Erbgutschädigungen, Krebserkrankungen, Allergien – diese Folgen und viele mehr können die Chemikalien und Weichmacher haben, die ÖKO-

TEST im Jahr 2007 bei einer Studie in über 90 % der getesteten Tierspielzeuge gefunden hat. Derart stark belastete Produkte gehören nicht zwischen die Pfoten, geschweige denn zwischen die Zähne eines Tieres. Achte daher bei der Wahl des Katzenspielzeugs einerseits auf eine gute Qualität und andererseits auf möglichst wenig Chemie. Entferne bei Kuscheltieren die Augen und alles, was deine Katze verschlucken und daher eine Gefahr für sie darstellen könnte.

Näpfe

Alu-, Edelstahl- und Plastiknäpfe setzen bewiesenermaßen Schadstoffe wie Nickel und Weichmacher frei. Insbesondere das Trinkwasser der Katze sollte nicht dauerhaft in derartigen Näpfen stehen. Nimm stattdessen lieber Schälchen aus Keramik oder aus Glas, beispielsweise stabile Auflaufschalen.

Decken und Auflagen

Nicht selten reagieren Katzen auf parfümiertes Waschmittel mit Hautausschlägen, Schilddrüsenproblemen oder Unwohlsein, was sich auch in Verhaltensänderungen bemerkbar machen kann. Wasche daher die Katzendecken und -auflagen mit einem duftneutralen Waschmittel, und benutze keinen Weichspüler. Die Katzenkörbe und -schlafplätze sollten unbehandelt und ökologisch geprüft sein.

Teppiche

Wer schon einmal ein Teppichgeschäft betreten hat, weiß, wie intensiv es dort mitunter nach Chemikalien riecht. Sollten deine Teppiche und Läufer nicht aus dem Ökohandel stammen, lasse sie erst einmal mehrere Wochen im Freien ausdünsten, bevor du sie dir in die Wohnung legst. Auch durch neue Bodenbeläge kommt es immer wieder zu negativen Reaktionen bei Tieren, die die Ausdünstungen direkt einatmen, wenn sie auf dem Boden liegen. Die Symptome können sowohl die Atemwege als auch die Haut betreffen.

Putzmittel und Chemikalien

Verwende zum Putzen ökologische Mittel, die nicht übermäßig stark riechen. Du kannst auch einfach warmes Wasser nehmen und ein paar Tropfen Lavendel- oder Lavandinöl hineingeben. Sie wirken antibakteriell und hinterlassen einen ganz zarten Duft, der relativ schnell verfliegt. Auch umweltfreundliche Putzmittel sollten gut verschlossen werden.

Verwahre sonstige Chemikalien wie Kalklöser, Frostschutzmittel, Pflanzenschutzmittel, Schneckentod, Schimmelentferner, Lacke und Ähnliches in einem abschließbaren Schrank, den deine neugierige Katze unter keinen Umständen öffnen kann. Bei manchen Mitteln reicht eine winzige Menge aus, um schwerwiegende Vergiftungen oder Verätzungen zu verursachen.

Autoabgase und Pestizide

Wenn du in einer Stadt oder an einer stark befahrenen Straße wohnst, versuche, nachts reichlich zu lüften, damit tagsüber die Fenster bis auf kurze Stoßlüftungsphasen möglichst geschlossen bleiben können. Wenn du in der Nähe oder am Rande von konventionellen Feldern wohnst, bitte den Bauern, dir Bescheid zu geben, wann er Pestizide aufträgt. So kannst du die Fenster geschlossen halten und deiner Katze während der betreffenden Zeit den Freigang verwehren. Auch wenn ihr das nicht gefallen wird, so kannst du dadurch ernsthafte gesundheitliche Folgen verhindern.

Medikamente und Alkohol

Diverse Medikamente aus dem Humanbereich lösen bei Katzen Vergiftungserscheinungen aus. Dazu gehören sämtliche Schmerzmittel, Erkältungs- und Allergiepräparate, Antidepressiva, Schilddrüsenhormone und die Anti-Baby-Pille. Das Medikament, das Kindern bei Hyperaktivität verabreicht wird, kann bei Katzen nicht nur zu Herzproblemen, Krämpfen und Tremor, sondern auch zum Tod führen. Weil der Verzehr von Alkohol bei Katzen große Schäden verursacht, ist es logisch, dass alkoholische Tinkturen wie Hustentropfen giftig für sie sind.

Bei manchen Mitteln reicht bereits eine verschluckte Tablette aus, um starke Krämpfe und Vergiftungserscheinungen hervorzurufen. Bei anderen Mitteln treten Leberschädigungen und Symptome erst nach dem Verzehr von größeren Mengen auf. Beim leisesten Verdacht, dass deine Katze eine Pille verschluckt hat, bringe sie umgehend in die nächste Tierklinik.

Ein Grund, dass Katzenbesitzer in Sachen Lagerung ihrer Medikamente oft fahrlässig sind, ist sicher der, dass Katzen sich meist sehr schwertun, eine Tablette zu schlucken. Wenn man an das Prozedere einer Wurmkurverabreichung denkt, kann man sich einfach nicht vorstellen, dass eine Katze freiwillig die bittere Kopfschmerztablette schlucken würde. Das ist verständlich. Doch manche Katzen tun es tatsächlich. Sei daher in Zukunft achtsam.

Floh- und Zeckenmittel für Hunde

Die Verabreichung dieser Mittel steht leider immer noch mit ganz oben auf der Liste der Ursachen für Vergiftungen bei Katzen. Obwohl bereits auf der Verpackung steht »Nur für Hunde« wird der chemische Spot-on in den Nacken der Katze geträufelt, deren Organismus und Stoffwechsel nicht mit denen des Hundes identisch sind. Die in chemischen Spot-ons enthaltenen Nervengifte können auch beim Hund schwerwiegende zerebrale Störungen verursachen, für Katzen sind diese Mittel jedoch nicht selten tödlich.

Dekogegenstände, die im Dunkeln leuchten

Dibutylphthalat heißt die chemische Verbindung, die in diesen Accessoires enthalten ist. Es handelt sich um eine farblose, ölige Flüssigkeit mit aromatischem Duft, die Katzen dazu animieren kann, an diesen Gegenständen zu knabbern. Dies kann wiederum starkes Speicheln und Schmerzen auslösen, was sich glücklicherweise nach der Aufnahme von Futter oder Wasser wieder gibt.

Giftige Pflanzen

Unter Katzen ist das Anknabbern toxischer Pflanzen die häufigste Vergiftungsursache. Habe keine Hemmungen, bereits auf der Einladung zu deiner Geburtstagsfeier die Besucher darauf hinzuweisen, dass sie dir aus Rücksichtnahme auf deine Katze keine Blumen und Pflanzen schenken sollen. Das ist völlig in Ordnung und keineswegs unhöflich.

Die gängigsten Pflanzen und Blumen, die für Katzen giftig sind und daher von dir in Wohnung und Garten vermieden werden sollten sind: Azalee, Alpenveilchen, Buchsbaum, Blauer Eisenhut, Fingerhut, Chrysantheme, Calla, Dieffenbachie,

Dipladenie, Flieder, Farn, Gemeine Eibe, Geranie, Ginster, Herbstzeitlose, Hortensie, Hyazinthe, Kaktus, Krokus, Liliengewächse, Lorbeer, Liguster, Narzisse, Nieswurz, Osterglocke, Orchidee, Oleander, Philodendron, Primel, Stechpalme, Tollkirsche, Tulpe, Weihnachtsstern.

Diese Liste lässt sich noch weiter fortführen und hätte trotzdem keinen Anspruch auf Vollständigkeit, weil in vielen Pflanzen Toxine vermutet werden oder auch nachgewiesen sind, bislang allerdings keine Vergiftungsfälle bei Tieren dokumentiert wurden. Gehe daher kein Risiko ein. Auch dann nicht, wenn du noch nie ein Interesse seitens deiner Katze an Zimmerpflanzen beobachten konntest. Bei vielen Katzen mit Vergiftungserscheinungen konnte im Nachhinein niemand genau sagen, was die Ursache dafür war. Das ungiftige Zyperngras stellt aufgrund der Scharfkantigkeit seiner Blätter ebenfalls eine Gefahr für Katzen dar. Schmücke deine Wohnung nur mit katzenkonformen Pflanzen, die im Kapitel »Phytotherapie – Heilpflanzenkunde« (S. 93) aufgeführt sind. Dann seid ihr auf der sicheren Seite.

Sonstige Gefahren für Katzen

Halsbänder

Immer wieder sieht man Freigänger mit Halsband durch die Gärten streunen. Manche tragen ihren Katzenklappensender daran oder einfach nur ihre Adresse. Bei anderen ist ein Glöckchen daran befestigt, das potenzielle Beute warnt. Was für einen Frust muss das bei einem vierbeinigen Jäger und Fleischfresser auslösen …

Halsbänder sind nicht ungefährlich, denn auch mit denen, die sich auf Zug angeblich schnell öffnen, können sich Katzen strangulieren oder sich lebensgefährlich in etwas verheddern. Das ist alles schon passiert! Wenn die Katze an einem Zweig oder Zaun hängen bleibt und in Panik gerät, kann diese Zugmechanik schnell versagen.

In katzenreichen Gegenden lassen sich elektronisch gesteuerte Katzenklappen manchmal nicht vermeiden. Insbesondere dann, wenn nicht noch ein Hund Teil der Wohngemeinschaft ist, der fremde Katzen fernhält. Ich würde dir jedoch zum Kauf einer Katzenklappe mit Chip raten, der auf die Mikrochipnummern deiner Katzen programmiert werden kann. Somit wird ein gefährliches Halsband nicht mehr benötigt. Wenn fast immer eine Person zu Hause ist, reicht eine normale Katzenklappe völlig aus. Insbesondere dann, wenn die eigene Katze dominant ist und keine Artgenossen in ihrem Revier duldet.

Kippfenster und geöffnete Fenster

Die einen wollen hinaus, um einen Schmetterling zu fangen, die anderen wollen hinein und dir das köstlich riechende Essen aus der Bratpfanne stehlen. Wenn du vergessen könntest, die Kippfenster zu schließen, bevor du das Haus verlässt, klebe ein Hinweisschild in Augenhöhe auf die Haustür. Der Katzentod im Kippfenster ist qualvoll und unnötig. Mittlerweile gibt es auch Fensterschutzgitter und Schutzkeile zu kaufen, damit auch von außen keine Besucher mehr versuchen, ins Haus zu kommen. Eine Katze, die in einem Kippfenster eingeklemmt war, hat meistens schwere innere Verletzungen und muss sofort in die nächste Tierklinik. Auch ein zum Lüften weit geöffnetes Fenster und ein ungesicherter Balkon können eine große Gefahr darstellen. Falls deine Katze immerzu durch deine Beine in die Freiheit entfliehen will, solltest du darüber nachdenken, ihr Freigang zu gewähren.

Duftlampen und Kerzen

Der weitverbreitete Trend zur Beduftung des Wohnraums ist für Katzen nicht nur gesundheitsschädlich und führt zu einer Überreizung ihrer Geruchszellen, sondern birgt noch ganz andere Gefahren. Kerzen und anderweitige leuchtende und qualmende Gegenstände können von der Katze schnell als Spielzeug missverstanden und mitsamt der zerbrechlichen Schale und dem leicht entzündlichen Duftöl durch die Luft geschleudert werden. Auch brennende Kerzen haben nichts in einem Zimmer zu suchen, in dem sich Katzen aufhalten. Wie ich im Kapitel »Phytotherapie – Heilpflanzenkunde« (S. 93) näher erläutert habe, sind herkömmliche ätherische Öle für Katzen gesundheitsgefährdend. Der Einsatz von Teebaumöl oder anderen phenolhaltigen Ölen kann sogar tödlich sein.

Straßenverkehr

Der Verkehr stellt noch immer die größte Lebensgefahr für Freigänger dar. Jedes Jahr verlieren Tausende Katzen auf den Straßen ihr Leben. Die einzige Möglichkeit, deinen Freigänger davor zu schützen, ist das katzensichere Einzäunen des eigenen Gartens. Ansonsten musst du in die Fügungen des Lebens vertrauen und lernen loszulassen. Viele Katzen, insbesondere die intelligenten, kommen mit Straßenverkehr zurecht und halten sich meist von Fahrzeugen fern. Ich kenne jedoch einige Beispiele, wo auch in sehr ländlichen Gegenden Katzen überfahren wurden, obwohl dort kaum Autos unterwegs waren. Das geschah meist nachts, wenn mit überhöhter Geschwindigkeit gefahren wurde und die Katzen die Schnelligkeit der Fahrzeuge nicht richtig einschätzen konnten.

Selbstverständlich ist eine Katze in den Betonwüsten der Innenstädte fehl am Platz. Auch sollte eine ältere Katze, die zehn Jahre und länger ausschließlich im Haus gelebt hat, nicht plötzlich in die Freiheit und die Nähe von viel befahrenen Straßen entlassen werden. Diese Katzen haben noch nie in ihrem Leben ein Auto gesehen und können diese Gefahr nicht einordnen.

Ich denke, bei der Entscheidung, ob Freigang gewährt werden soll oder nicht, sollte eine Mischung aus Vertrauen und gesundem Menschenverstand als Grundlage dienen. Manchen Katzen, insbesondere den älteren Tierheimkatzen, reicht oftmals ein gesicherter Balkon oder ein Spaziergang im Garten. Es gibt jedoch Katzen wie meinen Streuner, die durch und durch Freigänger sind und ihren Menschen das Leben zur Hölle machen, wenn sie nicht tun können, was sie wollen. Dass Streuner seine Freiheit nach neun Jahren an meiner Seite zum Verhängnis wurde und er auf der Straße vor unserem Haus überfahren wurde, ist natürlich traurig. Der Abschied von einem geliebten Haustier bricht einem immer das Herz. Ich kann sein Schicksal jedoch deswegen annehmen, weil ich weiß, dass es durch nichts hätte abgewendet werden können, seine Mission war an diesem Tag beendet. Für meinen Streuner gab es zur Freiheit keine Alternative, mit der er glücklich geworden wäre.

Solltest du im Tierheim nach einer Katze Ausschau halten, höre stets auf dein Herz, aber lasse deine Wohnsituation nicht außer Acht, und entscheide dich für die Fellnase, deren Wünsche du erfüllen kannst. Jede Katze ist ein Individuum, auf dessen Bedürfnisse wir eingehen sollten. Hier ist es unmöglich, pauschale Ratschläge zu geben.

Aber nicht nur motorisierte Fahrzeuge können deinem Freigänger gefährlich werden. Fahrräder sind ebenfalls riskant. Leider gibt es auch viele Menschen, die Katzen nicht ausstehen können. Ich möchte dir ans Herz legen, bei der Wohnungssuche stets auf eine tierliebe Umgebung zu achten. Wie bereits zu Beginn dieses Buches berichtet, liebte mein Streuner es, seine Mitmenschen zu erschrecken. Auch meine Nachbarn blieben davon nicht verschont. Wenn sie im Erdgeschoss lüfteten, sprang er gern durch das weit geöffnete Fenster und verkroch sich unter dem Bett. Erst, als meine Nachbarin nichts ahnend die Kissen ausschüttelte, kam er mit einem riesigen Satz hervor und verursachte damit fast einen Herzstillstand bei ihr. Selbst bei den Nachbarn im ersten Stock lag er mitunter auf der Sonnenliege, und wenn ihm danach war, schlief er in deren Waschkeller – dafür wählte er selbstverständlich den Korb mit der frisch gewaschenen Wäsche. Von böswilligen Nachbarn mit mangelnder Tierliebe könnten solche Frechheiten streng geahndet werden. Wir hingegen haben uns alle köstlich darüber amüsiert.

Gefahren im alltäglichen Leben

Im Grunde stellen dieselben Dinge eine Gefahr für Katzen dar, die auch kleinen Kindern gefährlich werden können. Dazu gehören geöffnete Konservendosen, heiße Herdplatten und Kaminöfen, gefüllte Badewannen und Aquarien, zerbrechliche Dekoartikel und Bodenvasen, Mobiles und tief hängende Leuchten, Heizungsgitter und alles, worin sich Katzen verheddern können, z. B. Vorhänge mit Schlaufen oder Kabelsalat.

Weil man all dies nicht immer vermeiden kann, sollte man zumindest sicherstellen, dass die Räume, in denen sich die Katze unbeaufsichtigt aufhält, relativ gefahrenfrei sind. Nicht jede Katze interessiert sich für Hängeleuchten, manche aber schon. Du wirst dein Tier sicher am besten einschätzen können. Wenn Katzen in leere Tüten krabbeln, mag das zunächst lustig aussehen, kann aber schnell zur Erstickungsgefahr werden, sobald die Besitzer abgelenkt sind, was durch moderne Kommunikationsmittel nicht selten der Fall ist.

Schokolade mit hohem Kakaogehalt ist für Katzen ebenso giftig wie für Hunde und sollte stets sicher verstaut werden. Weil gekochte Knochen splittern und dadurch schwere innere Verletzungen verursachen können, sollten sie am besten direkt entsorgt werden. Zwiebelgewächse und Schnittlauch können eine lebensgefährliche Anämie verursachen, und auch Weintrauben, Rosinen, rohe Kartoffeln und Avocados gehören nicht in den Katzennapf und im Falle einer neugierigen oder verhaltensauffälligen Katze in den Schrank. Sicher macht hier die Dosis das Gift, doch wir sollten unsere Katzen nicht unnötig einer Gefahr aussetzen. Die für Hunde aufgrund eines fehlenden Enzyms lebertoxisch wirkenden Süßstoffe Xylit und Erythrit, die u. a. in Diabetikerlebensmitteln zu finden sind, sollen für Katzen ungefährlich sein. Ich würde trotzdem lieber auf Nummer sicher gehen und derartige Lebensmittel im Schrank verstauen.

Saisonale Gefahren

Hitze

Ich selbst habe es zwar nie erlebt, aber Katzen sollen durchaus am Bauch, auf dem Nasenrücken und an den Ohren, also an kaum behaarten Stellen, einen Sonnenbrand bekommen können – insbesondere Tiere mit weißem Fell. Die Symptome sind ähnlich wie beim Menschen: Rötung und Juckreiz mit anschließender Hautablösung. Ein übermäßiges Kratzen oder Belecken der verbrannten Hautareale sollte notfalls mit einem Schaumstoffkragen verhindert werden, weil sonst Sekundärinfektionen entstehen können. Ein hochwertiges, ultrareines ätherisches Lavendelöl kann hier sehr schnell helfen und darf therapeutisch einige Male extrem verdünnt angewendet werden. Je nach Grad der Verbrennung muss eventuell ein Tierarzt aufgesucht werden. Um einen erneuten Sonnenbrand zu vermeiden, dürfen Ohren und Nase dünn mit einem parfümfreien Ökosonnenschutz behandelt werden, weil er an diesen Stellen nicht abgeleckt werden kann.

Wird deine Dachgeschosswohnung aufgrund direkter Sonneneinstrahlung im Sommer zum Backofen, können fachmännisch angebrachte Thermorollläden Abhilfe schaffen. Lasse dich gut beraten, es lohnt sich für dich und für deine Katze, der du bei unerträglicher Hitze außerdem kühle Rückzugsorte anbieten solltest:

- ✓ Styroporhütte, an deren Innenwänden du feuchte Tücher anbringen kannst
- ✓ seitlich umgekippte Kühltasche mit Kühlelementen, in die sich deine Katze zur Abkühlung hineinkuscheln kann
- ✓ etwas kaltes Wasser in die Duschtasse füllen
- ✓ bruchsichere Schüsseln mit kaltem Wasser und Spielzeug, das zum Planschen einlädt, in der Wohnung aufstellen
- ✓ feuchte Handtücher auf die Fliesen in Küche und Bad legen, die bei Bedarf von der Katze zum Pfotenbefeuchten genutzt werden können
- ✓ einen Ventilator aufstellen

Weihnachten

Jedes Jahr erscheinen in der Weihnachtszeit lustig anmutende Fotos in den sozialen Netzwerken, die Katzen in Weihnachtsbäumen zeigen. So drollig das auch aussehen mag, so riskant kann es werden. Katzen sehen Weihnachtsschmuck wie Kugeln und Lametta als Spielzeug. Dabei können die Kugeln zerbrechen und zur Gefahr für die Stubentiger werden. In Lametta und den Elektrokabeln der Weihnachtsbeleuchtung können sich Katzen verheddern und im schlimmsten Fall damit strangulieren. Wenn eine Katze meint, den Tannenbaum erklimmen zu müssen, kann dieser sehr leicht umfallen und sie unter sich begraben sowie andere Schäden anrichten. Engelshaar, Geschenkband und andere feingliedrige Dekoartikel können leicht abgeschluckt werden und im Verdauungstrakt der Katze Verletzungen und Entzündungen verursachen. Auch Adventskränze und brennende Kerzen im Allgemeinen stellen unbeaufsichtigt stets eine Gefahrenquelle für neugierige Katzen im Haushalt dar. Verzichte in Rücksichtnahme auf deine Katze auf einen Weihnachtsstern, denn diese Pflanze ist für sie giftig.

Stürme, starke Gewitter und Silvester

Lärm, Blitz und Donner wirken auf die meisten Katzen beängstigend. Lasse die Rollläden herunter, und spiele deine Musik an gewittrigen Tagen etwas lauter ab als normal. Ein paar Schockblüten in Form von Globuli und spielerische Ablenkung können auch helfen. Deinem Freigänger solltest du den Ausgang verweigern, wenn ein Gewitter bevorsteht, denn er könnte durch den Donner aufgeschreckt werden und panisch davonlaufen, ohne auf den Straßenverkehr zu achten. Auch Stürme und umherfliegende Gegenstände können dem Freigänger gefährlich werden. Der Geräuschpegel an Silvester ist für viele Katzen noch weitaus beängstigender als der bei einem Gewitter. Ein Freigänger sollte den ganzen Tag hindurch Hausarrest bekommen, weil bereits mittags vielerorts geknallt wird. Versüße ihm die Zeit in Gefangenschaft mit Spielchen und Leckerlis. Für die Silvesternacht benötigt deine Katze einen sicheren Rückzugsort. Das können Kartons sein, ein geöffneter Kleiderschrank oder einfach das Sofa, unter dem sie sich verstecken kann. Geschlossene Vorhänge oder heruntergelassene Rollläden sind ein Muss. Ein Baldriansäckchen kann während der stressigen Stunden gute Dienste leisten, eine gelöste Stimmung mit Musik und Gelächter ebenfalls. Seit ich die Verantwortung für ein Tier übernommen habe, gehe ich nicht mehr zu Silvesterpartys, was mir aber nie etwas ausgemacht hat. Es gibt 364 andere Tage im Jahr, an denen ich feiern und tanzen kann, wenn ich es möchte.

Unseriöse Altkleidersammlungen

Sei achtsam, wenn in deinem Briefkasten Flyer von Organisationen landen, die angeblich Kleidung und Schuhe für einen guten Zweck sammeln, aber in Wahrheit nicht existieren. Diese erkennst du z. B. an aufgedruckten Handynummern, die keinem Anschluss zuzuordnen sind, sowie an ungefragt vor die Haustür gestellten Wäschekörben. Ich möchte keine Hysterie verbreiten, doch was auch immer Menschen an dem Ort, wo du wohnst, ausspähen wollen, lasse es dir nicht gefallen, und halte die Augen offen. Es gibt mittlerweile Internetseiten, die sich ausschließlich mit dem Diebstahl und Verschwinden von Haustieren befassen. Dort findest du viele hilfreiche Informationen. Ich würde dir raten, deiner Katze ihren Freigang zu verwehren, sobald eine Aktion bevorsteht, die dir nicht geheuer ist. In der Gegend, in der ich früher gewohnt habe, habe ich besagte Wäschekörbe eingesammelt und an einer Straßenecke in Höhe der Dorfeinfahrt zu einem riesigen Turm gestapelt, sodass die Verantwortlichen keine Lust mehr hatten, im Dorf herumzuschnüffeln oder die Aktion zu wiederholen.

Besonderheiten bei verhaltensauffälligen Katzen

Wie bereits beschrieben gehörte Kater Sunny bis zu seinem Tod im Alter von zwölf Jahren zur Familie meines Mannes. Sunny, der als Katzenbaby ertränkt werden sollte und dadurch eine Sauerstoffunterversorgung des Gehirns davongetragen hatte, war zeitlebens etwas verhaltensoriginell und nicht in vollem Besitz seiner instinktiven Fähigkeiten. Er knabberte nicht nur Pflanzen an, sondern fraß auch kleinere Gegenstände wie Haargummis und Socken. Glücklicherweise sind all diese Dinge durch vom Tierarzt verabreichte Brechmittel wieder zum Vorschein gekommen. In der Wohngemeinschaft mit einer Katze wie Sunny ist es also wichtig, kleine Dinge, die wir normalerweise gern herumliegen lassen, umgehend katzensicher zu verstauen. Das Gleiche gilt für Essensreste, Alkohol und Zigarettenkippen. Wenn du dich bereit erklärst, ein Katzenjunges mit der Flasche aufzuziehen, um es anschließend zu behalten, denke immer daran, dass es sich unter Umständen nicht normal entwickelt und zwar absolut liebenswert, aber etwas sonderbar bleiben wird. Das kann eine wunderbare Erfahrung für dich werden und dir bei der Entwicklung deiner Persönlichkeit helfen, sollte dir allerdings vorher bewusst sein.

Vergiftungen erkennen

Eine akute Vergiftung kann man an veränderten Vitalfunktionen (Bewusstsein, Atmung, Kreislauf, Unruhe, Körpertemperatur unter 37,8 °C), einem gestörten Allgemeinbefinden oder plötzlich auftretendem Durchfall und Erbrechen erkennen, während chronische Vergiftungen nicht immer offensichtlich sind. Auch durch Insektenstiche, Impfungen, Todesangst, Hitze- und Stromschlag und Aufgasung infolge eines Darmverschlusses können Schockzustände auftreten.

Bei dem leisesten Verdacht einer Vergiftung oder eines Schocks bringe deine Katze schnellstmöglich in eine Tierklinik oder Tierarztpraxis, und rufe parallel dazu dort an, damit man auf eure Ankunft vorbereitet ist! Auf dem Weg dorthin solltest du Notfalltropfen oder das homöopathische Mittel Carbo vegetabilis in die Lefzen geben, sodass es direkt über die Maulschleimhaut aufgenommen werden kann.

Versuche nicht, Erbrechen herbeizuführen oder irgendwelche Flüssigkeiten zu verabreichen. Wenn die Katze bereits erbrochen hat, befreie das Maul von Erbrochenem, und lagere die Zunge aus. Verpacke das Erbrochene in einer Tüte, und nimm es mit, weil es unter Umständen Aufschluss über die Art der Vergiftung geben kann.

Bewahre die Telefonnummer von Tierklinik oder Tierarztpraxis an einem festen Platz auf, damit du im Notfall nicht erst danach suchen musst.

Unter dieser Adresse erhältst du wichtige Informationen über Vergiftungen:

Giftnotrufzentrale Berlin
Tel.: 030/19240 (Tag und Nacht)
www.giftnotruf.de

Dinge, die jeder Katzenbesitzer im Haus haben sollte:

- ✓ Digitalthermometer – Fieber bei der Katze: über 39 °C; Vergiftung bei der Katze: unter 37,8 °C
- ✓ Zeckenhebel – einen für große und einen für kleine Zecken
- ✓ Pinzette – zur Fremdkörperentfernung
- ✓ Taschen- und Kopflampe – zur Maul- und Fellinspektion bei Wunden oder Parasitenverdacht
- ✓ Kühlelement – zur Kühlung bei Schwellungen und Insektenstichen
- ✓ Propolis-Liquid, kolloidales Silber oder belaVet – zur Desinfektion und Behandlung von Wunden und Verletzungen
- ✓ Arnikagel und/oder Traumeel-Salbe – bei stumpfen Verletzungen und Prellungen
- ✓ Carbo vegetabilis Globuli in D6-Potenz – bei Erschöpfungszuständen
- ✓ Bachblüten-Notfalltropfen ohne Alkohol oder als Globuli – zur Verabreichung bei Schockerlebnissen

- ✓ Komplettausrüstung, um blutende Wunden zu verbinden, bis man in der Tierarztpraxis angekommen ist: Kompressen, selbstklebende Binden, Kreppklebeband, Mullbinden, Watte, die vor dem Verbinden der Pfote zwischen die Zehen gestopft wird, Erste-Hilfe-Schere

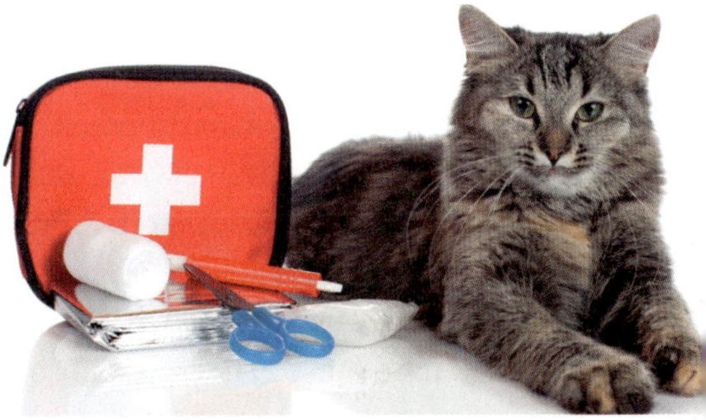

Ist dir das Verbinden der Wunde bei deiner verletzten Katze nicht möglich, weil sie sich wehrt, solltest du sie sanft in eine Wolldecke wickeln und festhalten, während euch eine weitere Person zum Tierarzt fährt. So bist du vor ihren Krallen geschützt, und sie kann sich beruhigen.

Selbstverständlich gehört auch ein Tragekorb für Katzen in jeden Katzenhaushalt, damit das Tier sicher transportiert werden kann. Damit sich die Katze darin wohlfühlt und im Falle eines Transportes keinen zusätzlichen Stress erleidet, kannst du sie bereits im Alltag daran gewöhnen, indem du den Korb ohne Deckel in euren Wohnraum stellst und deiner Katze als Rückzugsort anbietest oder Leckerlis darin versteckst.

Ein Tragekorb sollte immer mit beiden Armen festumschlungen getragen werden. So kann dich deine Katze besser wahrnehmen, sich beruhigen, und es besteht keine Gefahr, dass sich der Deckel löst.

Je nachdem, wie weit die nächste Tierklinik von deiner Wohnung entfernt ist, sollte sich für den Notfall immer eine gewisse Geldsumme an einem festen Platz befinden, sodass ihr jederzeit – auch nachts oder am Wochenende – von einem Taxi dorthin gebracht werden könnt. Das gilt insbesondere für Alleinstehende oder Menschen, die kein Auto besitzen. Aber auch innerhalb einer Partnerschaft ist der Lebenspartner nicht immer anwesend, und so sollte man entsprechend vorbereitet sein, um in einer Notfallsituation auch allein handeln zu können.

Finde durch deine Katze zurück zur Natur, und versuche, unnötige Gifte und Gefahrenquellen im Alltag zu vermeiden.

Urlaub und Katze – die beste Lösung finden

Es gibt Katzen, die mit in ein Ferienhaus oder auf einen Campingplatz genommen werden können, ohne dass sie offensichtlichen Stress hätten, der sich durch Unruhe, Unsauberkeit oder Nahrungsverweigerung bemerkbar machen würde. Gechillt fahren sie mehrere Stunden im Auto mit und bewegen sich am Urlaubsort stets in unmittelbarer Nähe ihrer Besitzer. Nachts schlafen sie mit im Haus, Wohnwagen oder Zelt, wodurch sie keinen Revierkämpfen ausgesetzt sind. Ich möchte an dieser Stelle jedoch ausdrücklich betonen, dass diese Katzen die absolute Ausnahme bilden, und generell von dieser Urlaubsplanung abraten. Geht der Versuch nämlich schief, erlebt die Katze unter Umständen die schlimmste Zeit ihres Lebens, die bereits mit der Autofahrt beginnt. Oder sie verliert die Orientierung in einer für sie völlig fremden Umgebung und findet nicht mehr zurück zu ihren Menschen.

Wir sollten uns auf eine für die Katze bessere Lösung konzentrieren und keine Experimente mit ihrem Leben machen. Grundsätzlich sind sich wahrscheinlich sämtliche Katzenexperten darin einig, dass sich eine Katze in ihrer gewohnten Umgebung am wohlsten fühlt – auch dann, wenn ihre Menschen einmal für einige Tage oder Wochen nicht zugegen sind. Anders als die meisten Hunde scheinen Katzen davon überzeugt zu sein, dass ihre Menschen solche göttlichen Wesen, wie sie es sind, niemals für immer im Stich lassen würden. Und so ist es ja auch. Ich jedenfalls habe noch nie von einer Katze gehört, die, während sie gut versorgt in gewohnter Umgebung auf ihre Menschen warten musste, die Nahrung verweigert oder von Trauer überwältigt ihr Fell verloren hätte. Voraussetzung ist allerdings eine liebevolle Urlaubsvertretung, die die Katze füttert und sich um die Katzentoilette, die Streicheleinheiten und das sonstige leibliche und seelische Wohl der Katze kümmert. Bei einem eigenbrötlerischen Freigänger reichen mitunter auch das leibliche Wohl und das Öffnen der Katzenklappe aus.

Was muss die Urlaubsvertretung erledigen?

Wohnungskatze	Freigänger
Reinigung der Katzentoilette	
	Ein- und Auslass bzw. das Öffnen und Schließen der Katzenklappe
Näpfe spülen, füllen und je nach Vorliebe beim Speisen anwesend bleiben und die Katze streicheln	Näpfe spülen, füllen und je nach Vorliebe beim Speisen anwesend bleiben und die Katze streicheln
Trinkwasser austauschen	Trinkwasser austauschen
unter Umständen Verabreichung von Medikamenten	unter Umständen Verabreichung von Medikamenten
Bespaßung mit Spielzeug und mit ihr schmusen	eventuelle Bespaßung mit Spielzeug, möglicherweise mit ihr schmusen
	Entfernung und Entsorgung von Zecken im Frühjahr und Sommer
Entsorgung von Müll	Entsorgung von Müll
Fenster zum Lüften öffnen und anschließend wieder schließen	Fenster zum Lüften öffnen und anschließend wieder schließen

Diese Tätigkeiten sollten im Normalfall zweimal täglich, morgens und abends, durchgeführt werden. Der tägliche Zeitaufwand kann je nach Anreise, Katzentyp und Anzahl der Katzen ohne Weiteres zwischen einer und zwei Stunden liegen.

Vorab sollte eine genaue Einweisung der zu erledigenden Arbeiten stattfinden. Dazu gehören auch sämtliche Eventualitäten, Besonderheiten und persönliche Vorlieben der Katze. Selbstverständlich merkt die Katze, dass sie von einer anderen Person gefüttert wird, und ist dieser gegenüber vielleicht zunächst misstrauisch. Ein vorheriges Kennenlernen wäre daher optimal. Auch sollte eine permanente Erreichbarkeit während des Urlaubs gewährleistet sein, um eventuell aufkommende Fragen klären zu können. Ist dies nicht möglich, muss vor dem Urlaub explizit besprochen werden, unter welchen Umständen die Katze zu welchem Mediziner gebracht werden soll. Die Telefonnummern von Tierarzt, Tierklinik, Tierheilpraktiker und von dir selbst sollten sich gut ersichtlich an einem abgesprochenen Platz befinden. Eine schriftliche Auflistung über sämtliche Dinge, die zu erledigen sind und die miteinander besprochen wurden, ist sinnvoll.

Das Betreuen einer oder mehrerer Katzen ist eine sehr verantwortungsvolle Aufgabe, und man sollte vorab über einen Energieausgleich sprechen. Ob dieser in Form eines Geldbetrages, einer Einladung zum Essen oder des Tiersittens als Gegenleistung geschieht, ist egal. Auch wenn ein Freund oder ein Familienmitglied sich während deiner Abwesenheit um deine Katze kümmert, sollte das entsprechend honoriert werden.

Möglichkeiten der Urlaubsbetreuung

Katzenpension

Es gibt Katzenpensionen mit schön eingerichteten Zimmern und Außengehegen, wo die Stubentiger ihr gewohntes Futter bekommen und der Besitzer zwischen Einzel- oder Gemeinschaftszimmer wählen kann. Meiner Meinung nach sollte eine Katzenpension die letzte Option sein, und zwar dann, wenn kein anderweitiger Katzensitter gefunden wird. Dort kann es nämlich tatsächlich passieren, dass deine Katze ihr Futter verweigert, weil sie in der fremden Umgebung völlig gestresst ist. Ich möchte Katzenpensionen ganz und gar nicht schlechtreden. Im Gegenteil, es ist gut, dass es sie gibt, insbesondere in Notfällen, wenn Alleinstehende plötzlich ins Krankenhaus kommen und es allein schon aus Zeitgründen keine anderen Möglichkeiten gibt. Auch in der Anonymität von Großstädten kann es mitunter schwierig sein, einen Nachbar zu finden, dem man seine geliebte Fellnase anvertrauen will. Ich bin allerdings der Meinung, dass es für das Gewohnheitstier Katze im Falle eines lang geplanten Urlaubs in der Regel bessere Alternativen gibt.

Nachbarn, Freunde und Familie

Wem möchtest du dein geliebtes Haustier anvertrauen? Wer kennt sich ein wenig mit Katzen aus, und für wen stellt es keine große Belastung dar, zweimal oder zumindest einmal am Tag zu dir nach Hause zu kommen?

Es hat sich als vorteilhaft erwiesen, zwei verschiedene Personen für die Urlaubsbetreuung einzuspannen. Wenn sich der Nachbar morgens kümmert und die Freundin oder Schwester abends, können sich zwei Menschen ein Bild vom Gesundheitszustand der Katze machen – insbesondere dann, wenn diese bereits älter ist oder ein gesundheitliches Problem hat. Außerdem hat dann jeder nur einmal täglich der Betreuungspflicht nachzugehen, was sicherlich jedem Berufstätigen entgegenkommt.

Beauftrage für die Betreuung deiner Katze niemanden, dem du nicht 100%ig vertrauen kannst, der sich vor Tieren und deren Exkrementen ekelt oder gar Angst vor Katzen hat. Die Person sollte auf jeden Fall beurteilen können, ob sich deine Katze in einem allgemein guten Gesundheitszustand befindet, und in der Lage sein, sie im Notfall in eine Katzenbox zu heben. Auch diese muss an einem festen Platz bereitstehen. Einige Menschen mögen Katzen und deren unkontrollierbares Verhalten nicht. So eine Person sollte für deine Katzenbetreuung jedoch niemals infrage kommen.

Professionelle Katzenbetreuung bei dir zu Hause

Diese Form der Katzenbetreuung ist eine sehr gute Alternative, insbesondere dann, wenn sich Tierarztfachangestellte, Tierpfleger oder Tierheilpraktiker auf diesem Weg etwas dazuverdienen wollen. Hier ist deine Katze sicherlich in guten Händen, und ein eventuell während deines Urlaubs auftretendes Gesundheitsproblem kann rechtzeitig erkannt werden. Außerdem könntest du dir sicher sein, dass deine Katze von einer Person betreut wird, die Tiere sehr gern hat und ihre Aufgabe mit Freude erledigt.

Catsitting-Clubs

Diese privaten Interessengemeinschaften gibt es mittlerweile in vielen Städten. Hier treffen sich Katzenliebhaber regelmäßig zum persönlichen Austausch und bieten sich gegenseitig die kostenlose Betreuung der Samtpfoten in deren Zuhause an. Wobei die Betonung auf gegenseitig liegt. Wer eine Betreuung in Anspruch nehmen möchte, muss sie selbst auch anbieten. Es handelt sich hier um eine Art Selbsthilfegruppe, die es sich zum Ziel gemacht hat, den Katzen ihrer Mitglieder auch in deren Abwesenheit ein schönes Leben in der gewohnten Umgebung zu bereiten. So können die Katzenbesitzer mit gutem Gewissen Urlaub machen, geschäftlich verreisen oder einfach einmal spontan ein Wochenende in einer Wellness-Oase verbringen. Selbstverständlich springen die Vereinsmitglieder auch im Falle von Krankheit ein. Catsitting-Clubs oder Katzenbetreuungsvereine sind sehr lobenswerte und gut funktionierende Einrichtungen.

Egal, für welche Betreuungsvariante du dich entscheidest, versuche, die Zeit deiner Abwesenheit für deine Katze so angenehm wie möglich zu gestalten. Besorge vorab ihr Lieblingsfutter in ausreichender Menge, und lege ein paar von dir bereits getragene Kleidungsstücke in die Nähe ihrer Ruheplätze.

Bei sehr sensiblen Katzen haben sich stressausgleichende, harmonisierende Blütenessenzen bewährt, mit deren Verabreichung man am besten bereits vier Wochen vor der Abreise beginnt. Des Weiteren hat Baldrian eine leicht halluzinogene, cannabisähnliche Wirkung auf Katzen. Wenn du getrocknete Baldrianwurzel in ein Kissen einnähst und dieses deiner Katze ins Körbchen legst, hat sie immer ein leicht beschwingtes Lebensgefühl, obwohl sie dich vielleicht furchtbar vermisst. Diese Variante des Psychodopings würde ich in jedem Fall bei einem Aufenthalt in einer Katzenpension empfehlen. Habe keine Angst, sie wird dadurch nicht zum Junkie.

Wenn du einen souveränen Freigänger besitzt, der täglich nach draußen darf und noch dazu mit seinem Lieblingsfutter gefüttert wird, dann wird dich dieser wahrscheinlich weniger vermissen, als es dir lieb ist.

Kümmere dich vor deinem Urlaub früh genug um eine geeignete Betreuung für deine Katze. So könnt ihr beide diese Zeit besser genießen.

Systemische Aufstellungsarbeit – Beziehungen heilen und Ordnung wiederherstellen

Diese bislang wissenschaftlich nicht belegte, jedoch sehr effektive Therapieform wird mithilfe einer ausgebildeten Fachperson durchgeführt, die neben dir mit weiteren Personen als Vertreter arbeitet. Erfahrene, einfühlsame Therapeuten können sich während einer Aufstellung auch in verschiedene Personen oder Tiere hineinversetzen bzw. deren Energiefeld erspüren, was die Anwesenheit von Menschen, die sich als Vertreter zur Verfügung stellen, unnötig macht. In beiden Fällen ist deine Katze nicht anwesend. Grundvoraussetzung für eine Aufstellung ist ein persönliches Thema, das du bearbeiten möchtest bzw. das dir im Sinne deiner Katze am Herzen liegt, z. B.:

- ✓ Der Freund meiner Tochter leidet an einer Katzenhaarallergie. Jetzt haben sich die beiden getrennt, und ich habe Schuldgefühle.
- ✓ Ich werde total sauer, wenn mein Kater sein Lieblingsfutter nicht anrührt.
- ✓ Meine Katze markiert, seitdem mein Sohn ausgezogen ist.

Es wird davon ausgegangen, dass alle Beziehungen, sei es innerhalb der Familie, zwischen Arbeitskollegen oder mit Haustieren, einer gewissen Energie oder Ordnung unterliegen. Jedes Mitglied hat seinen festen Platz in dieser Beziehungsstruktur und ist ein energetischer Teil des großen Ganzen – sowohl in den morphogenetischen Feldern (Hypothese des Biologen Rupert Sheldrake) als auch im höheren Plan eines jeden Lebewesens.

Durch Krieg, Missbrauch, traumatische Erlebnisse und dem Bestreben der Menschen, die Leere, die Verstorbene hinterlassen haben, anderweitig zu füllen, entstehen in der Beziehungsordnung Ungleichgewichte. So kann es beispielsweise passieren, dass sich eines von mehreren liebevoll erzogenen Geschwisterkindern völlig anders entwickelt und trotz eines gesunden Selbstbewusstseins ins Drogenmilieu abdriftet. Es lebt vielleicht gar nicht sein eigenes Leben, sondern das eines verstorbenen Familienmitgliedes, das nicht genügend gewürdigt wurde und dessen Platz es unbewusst eingenommen hat.

Zu Beginn der Aufstellungsarbeit werden die mitwirkenden Personen von dir (Aufsteller) als Vertreter deiner Katze, deiner Familienmitglieder oder sonstiger Personen intuitiv im Raum aufgestellt. Hierdurch entsteht ein energetisches Gruppenfeld, und die Stellvertreter beginnen, sich wie deine Katze bzw. die Menschen zu fühlen, die sie vertreten. Die ausgebildete Fachperson, die dein Anliegen kennt, stellt den Personen nun Fragen über ihre Gefühle. Auf diese Weise werden Zuneigung und Abneigung sichtbar sowie Hintergründe verständlich, und Beziehungen können durch verbale Ablösungsrituale in die Ordnung gebracht werden. Warum diese Therapiemethode so gut funktioniert, weiß niemand genau. Doch sie hat bereits unzähligen Menschen geholfen, problematische Beziehungen zu heilen und dadurch mehr Lebensqualität zu erlangen.

In jeder Familie gibt es kleinere oder größere Tragödien. Die Generation, die von Menschen erzogen wurde, die den Zweiten Weltkrieg erlebt haben, hat jedoch eine besonders große energetische Unordnung in der Familienstruktur davongetragen, weil während dieser traumatischen Zeit das Leben fast aller Menschen völlig aus den Fugen geraten ist. Familienmitglieder kehrten nicht von der Front zurück oder kamen anderweitig gewaltsam ums Leben. Gefühle vereisten, und dies spiegelte sich in der Kindererziehung wider. Die Liebesunfähigkeit und die daraus resultierende Härte der Eltern erlebten viele Menschen der Nachkriegsgeneration am eigenen Leib, was ihr Leben noch heute auf negative Weise beeinflusst. Hinzu kommt die Schuld, die Eltern und Großeltern während des Krieges auf sich geladen haben, die sie nie verarbeitet, über die sie nie gesprochen und somit auf die nächste Generation übertragen haben. Nie zuvor befanden sich derart viele Menschen in psychotherapeutischer Behandlung, während eine noch größere Anzahl an Menschen versucht, ohne die Hilfe von Psychologen zurechtzukommen. Viele Menschen agieren oder reagieren aus ihrem verletzten und schamhaften Inneren Kind heraus und verursachen dadurch weitere Probleme in Familie und Privatleben.

All das kann dazu beitragen, dass deine Katze markiert, weil dein Sohn ausgezogen ist (Angst, er kommt nicht wieder zurück). Oder dass du dich schuldig fühlst wegen der Trennung deiner Tochter von ihrem Freund, obwohl die Existenz deiner Katze und seine Allergie in keinem Zusammenhang miteinander stehen und diese Verknüpfung nur in deinen Gedanken existiert. Auch die Futterverweigerung deines Katers kann dich auf unbewusster Ebene an alte Kriegsthemen wie Hungersnöte erinnern und dadurch wütend werden lassen.

Des Weiteren haben religiöse Ausrichtungen dazu beigetragen, dass sich manche Menschen noch heute wie Sünder fühlen. Dazu kommen wesentlich mehr Fehlgeburten und Abtreibungen als früher. Darf ein Familienmitglied aus einem dieser Gründe nicht leben, kann dies bei Eltern oder Geschwistern ein lebenslanges Gefühl der Sehnsucht und Traurigkeit hinterlassen. Dieses Gefühl können sie wiederum auf ihre Kinder oder Haustiere projizieren, oder es lässt sie mit dem Leben hadern, was sie in die Depression führen kann.

Vielleicht ist deine Katze ja auch in dein Leben getreten, um dir diese Themen vor Augen zu führen, damit dein Herz heilen kann und du mehr Freude in deinem Leben zulassen kannst. Die Katze, selbstbewusst und mutig wie kaum ein anderes Tier, möchte dir helfen, deinen Platz in dieser Welt zu finden – ohne Angst und Schuldgefühle.

In den morphogenetischen Feldern wird jede Emotion, alles, was war und ist, abgespeichert. Diese Felder stehen uns jederzeit zur Verfügung. Daher ist es uns möglich, alte Energien zu verändern und Heilung geschehen zu lassen. Wir bedienen uns quasi ihrer Energien und Informationen und transformieren sie.

Die systemische Aufstellungsarbeit ist ein wirksames Werkzeug, um die Beziehungen zwischen dir und deiner Katze und allen weiteren Familienmitgliedern zu heilen. Auch bei der Arbeit mit dem Inneren Kind wird u. a. die emphatische Wahrnehmung von Energiefeldern als Werkzeug eingesetzt. Wenn du den Weg deiner Heilung bereits ein Stück weit gegangen bist und deine Katze dir das Gefühl vermittelt, dass du den nächsten Schritt tun solltest, kann ich dir nur empfehlen, dich mit der Heilung deines Inneren Kindes auseinanderzusetzen. Dabei kann dir das Buch »Die Heilung des Inneren Kindes – Sieben Schritte zur Befreiung des Selbst« von meiner Schirner-Kollegin Susanne Hühn eine Unterstützung sein.

> Die systemische Aufstellungsarbeit ist nicht nur hilfreich, um familiäre Strukturen und zwischenmenschliche Beziehungen zu beleuchten und in die Ordnung zu bringen. Sie kann auch Konflikte zwischen dir und deiner Katze sowie die ursächlichen Glaubensmuster deutlich machen und durch einfache Rituale positiv beeinflussen.

Mit Katzen kommunizieren – Verständigung auf telepathischer Ebene

Telepathie (zu altgriechisch: tēle »fern, weit« und páthos »Leiden«) ist eine Bezeichnung für die Übertragung von Informationen zwischen Lebewesen ohne Beteiligung bekannter Sinneskanäle. Wissenschaftlern, die Dinge nicht als getrennt voneinander betrachten, ist bereits seit Jahrhunderten klar, dass die Telepathie etwas ganz Normales ist. Noch heute wird sie von einigen Naturvölkern, beispielsweise den Aborigines, als gängiges Kommunikationsmittel eingesetzt. Leider ist diese wunderbare Fähigkeit bei einem Großteil der Menschheit in Vergessenheit geraten. Doch sie ist nicht verloren, sondern bedarf nur der Übung.

In der Tiermedizin ist es mitunter sehr schwer, die Ursachen eines Leidens oder eine Erkrankung in einem relativ frühen Stadium zu erkennen, weil die Tiere dem Behandelnden über ihren seelischen und körperlichen Zustand nicht Bericht erstatten können. Katzenbesitzer wissen, wie groß die Schmerztoleranz ihrer geliebten Stubentiger sein kann, und so ist es beim Erkennen erster Symptome manchmal schon zu spät. Gerade bei unterforderten oder gestressten Wohnungskatzen kommt es vermehrt zu Verhaltensauffälligkeiten, z. B. Unsauberkeit, weil sie ihrer Situation nicht entfliehen können. Manchmal sind die genauen Auslöser nicht offensichtlich, und die Katzenbesitzer stehen gemeinsam mit den Verhaltenstherapeuten vor einem Rätsel. Was für eine großartige Hilfe es für die Besitzer wäre, die Gedanken und Gefühle der Haustiere über die morphischen bzw. morphogenetischen Felder wahrnehmen und verstehen zu können! Viele Bedürfnisse könnten besser erfüllt und Missverständnissen vorgebeugt werden.

Du findest das alles verrückt? Glaube mir, solche Gedanken sind völlig normal. Aber denke an Einsteins Theorie: »Everything in life is vibration.« Wenn tatsächlich alles Schwingung ist, mit wem könnte eine Kommunikation auf Schwingungsebene besser funktionieren als mit den reinsten und liebevollsten Lebewesen auf Erden – den Tieren? Allen voran den hochsensiblen Katzen? Schalte einmal deinen kritischen Verstand ab, und probiere es einfach aus.

Es gibt verschiedene Techniken, mit Tieren zu kommunizieren. Bei vielen von ihnen visualisiert der Mensch eine Verbindung zwischen sich selbst und dem Tier, z.B. in Form eines Bandes, einer Brücke oder eines silbernen Lichtstrahls. Er versucht, die Bilder wahrzunehmen, die er vom Tier geschickt bekommt. »Liebe« und »Vertrauen« sind auch hier die Zauberwörter – sie gewähren uns Einblick in die Gefühlswelt unserer Fellnasen. Meine sehr geschätzte Schirner-Kollegin Beate Seebauer hat sich der Tierkommunikation verschrieben und bereits mehrere Bücher zu diesem Thema veröffentlicht. Außerdem bietet sie Seminare und Webinare dazu an.

Wir müssen unseren medialen Fähigkeiten wieder mehr vertrauen, dann eröffnen sich uns ganz neue Möglichkeiten in unserem Leben. Unsere Katzen sind uns dabei sicher gern behilflich. Wenn wir erst einmal verinnerlicht haben, dass alle Lebewesen miteinander verbunden sind, können kleine Wunder geschehen.

Versuche, telepathisch Kontakt zu deiner Katze aufzunehmen, und lasse Wunder geschehen.

Kindern Empathie und Tierliebe vermitteln – eine Investition in eine liebevolle Zukunft

Kinder übernehmen Verhaltensweisen von Erwachsenen und schauen sich bei ihnen ab, wie Dinge gehandhabt werden, was normal ist und was man auf keinen Fall tun darf. Je bewusster und liebevoller jeder Einzelne von uns die Natur und die Tiere behandelt, desto achtsamer werden auch unsere Kinder und Enkelkinder mit ihnen umgehen. Das betrifft nicht nur unsere Haustiere, sondern auch Wildtiere, Tiere in Gefangenschaft und die Tiere, die sich für unsere Nahrungsaufnahme zur Verfügung stellen. Jedes Lebewesen ist ein Teil der göttlichen Schöpfung und verdient unseren Respekt. Wenn wir Kindern diese Überzeugung vorleben, ist der erste Schritt in eine liebevolle Zukunft getan.

Robert Ressler, Gründer der Abteilung Verhaltensforschung des FBI, hat einmal auf die Frage, wie jemand zum Massenmörder wird, geantwortet: »Das sind die Kinder, die niemals gelernt haben, dass es falsch ist, einem Hund die Augen auszustechen.«

Beginne noch heute damit, die Welt ein Stück weit besser zu machen, und versuche, die folgenden Ratschläge in deinem Alltag umzusetzen: Motiviere Kinder zum mitfühlenden Handeln, indem du es ihnen vorlebst, und vermittle ihnen Freundlichkeit anhand von Beispielen. Achte darauf, wie du dich ihnen gegenüber oder in ihrer Anwesenheit ausdrückst. Sage niemals »Halt die Klappe, blöder Köter!«, »Du dumme Sau!«, »Scheiß Katzenviecher!«, »Ich hasse Katzen!« oder andere respektlose Dinge in ihrem Beisein. Schlage oder demütige Tiere niemals, und überdenke gründlich verhaltenstherapeutische Ratschläge im Bezug auf deine Katze, bevor du ihnen folgst. Fange Spinnen und andere Insekten ein, die sich ins Haus verirrt haben, und setze sie vor die Tür. Schenke Kindern ein Insektenfanggerät, damit sie das üben können und Freude daran finden, das Leben von Insekten und Kleintieren zu retten. So entwickeln sie auch diesen Geschöpfen gegenüber Mitgefühl.

Wenn du eine Familie hast, mache Katzen oder andere Tiere zu einem festen Bestandteil eures Lebens. Lebst du allein oder in einer Beziehung, lade Kinder zu dir nach Hause ein, und schaffe eine Verbindung zwischen ihnen und deiner Katze. Zeige den Kindern, wie schön das Leben mit einem Tier ist und wie viel Freude es bereitet, sich um sein Wohlergehen zu kümmern. Wenn im Winter alles zugefroren ist, kannst du mit ihnen Löcher in Pfützen und Teiche machen, damit Wildtiere daraus trinken können. Besuche mit Kindern keinen Zirkus oder Zoo, und erkläre ihnen genau, warum. Erkläre ihnen auch, warum du ausschließlich Bioeier kaufst, tierversuchsfreie Kosmetik verwendest und gegebenenfalls auf tierische Produkte verzichtest.

Pflanzt gemeinsam Blumen und Sträucher für Schmetterlinge, Bienen und Kleintiere in deinem Garten, oder verstreut Samen auf öffentlichen Grünflächen. Wenn ihr einen Spaziergang am Strand oder im Wald macht, könnt ihr gemeinsam Müll aufsammeln, der Vögeln, Fischen und anderen Tieren gefährlich werden kann. Besucht das örtliche Tierheim, und fragt dort, ob ihr den Mitarbeitern helfen könnt. Lies Kindern Geschichten vor, die Tiere als fühlende Wesen zeigen, z. B. »Die Konferenz der Tiere« oder »Der König der Löwen«. Kritisiere im Beisein von Kindern ausdrücklich tierunfreundliches Verhalten, und motiviere sie, Schwächeren zu helfen, indem ihr verletzte Wildtiere wie Igel zum Tierarzt bringt oder ihnen selbst helft.

Solltest du ein Kind dabei erwischen, wie es vorsätzlich ein Tier quält oder sogar tötet, lasse ihm dies nicht kommentarlos durchgehen, auch dann nicht, wenn es nicht in böser Absicht geschah, es ein Einzelfall war oder das Kind nur aus Neugierde gehandelt hat. Nimm dir die Zeit, mit dem Kind über die Tat zu sprechen, und erkläre ihm, warum es das nie wieder tun darf. Mache ihm anhand von Beispielen deutlich, dass auch Tiere Schmerzen empfinden und Gefühle haben. Kinder, die dadurch auffallen, dass sie wiederholt Tiere quälen, bedürfen psychologischer Hilfe, denn es könnte sich um erste Anzeichen einer wachsenden Gewalttätigkeit bzw. -bereitschaft handeln.

Kinder, die mit einem Haustier aufwachsen und lernen, dieses liebevoll zu umsorgen, sollen im späteren Leben auch freundlicher, gerechter und achtsamer gegenüber ihren Mitmenschen sein. Aus meinen persönlichen Erfahrungen heraus kann ich das bestätigen.

> Das selbstbewusste und verspielte Wesen unserer Katzen
> entzündet einen Funken der Stärke und Freude in uns,
> den wir an unsere Kinder und Enkelkinder weitergeben sollten.

Tiere und das Innere Kind –

warum ein Leben mit Tieren heilsam ist

Wir lieben sie unendlich, möchten sie immerzu streicheln und knuddeln. Wir freuen uns, wenn sie Spaß haben und glücklich sind, und leiden mit ihnen, wenn sie sich nicht wohlfühlen: unsere Tiere. Ob Katzen, Hunde, Pferde oder welche Tiere auch immer unser Herz erobert haben – ihnen können wir geben, was unserem Inneren Kind vielleicht gefehlt hat. Das hat nichts mit Vermenschlichung zu tun, sondern mit Liebe, die wir bereit sind, aus tiefstem Herzen und ohne das Erwarten einer Gegenleistung zu schenken und ebenso auch zu empfangen.

Von Außenstehenden, die nie ein Tier umsorgt haben, wird Tierliebe manchmal fehlinterpretiert. Sie meinen, dass ein Haustier dem Besitzer als Ersatz dient. Doch ich weiß, dass die Beziehung viel tiefer geht. Tiere können einen Partner oder ein Kind nicht ersetzen, sie haben eine völlig andere Aufgabe in unserem Leben. Unsere Tiere öffnen unser Herz und bringen uns dazu, all die Liebe fließen zu lassen, die wir selbst in dieser reinen Form vielleicht nie zuvor erfahren durften. In der Gesellschaft von Tieren können wir wieder Kind sein, wir können uns freuen und albern sein, tun und lassen, was wir wollen, ohne dafür getadelt zu werden. Gleichzeitig wird der Aspekt der inneren Mutter bzw. des inneren Vaters in uns angesprochen, der das Tier wahrnimmt, es in seiner ganzen Schönheit und Einzigartigkeit wertschätzt und sich liebevoll und bedingungslos um es kümmert, es versorgt und ernährt, hält und streichelt. Haustiere sind ein Segen. Mit ihnen erleben wir Momente, die unseren Alltag zu etwas Besonderem werden lassen. Wir fühlen uns gesehen und geliebt und sind niemals einsam.

Während die Schmerzvermeidung uns oftmals unbewusst dazu verleitet, Dinge zu tun, um von unseren Mitmenschen geliebt zu werden oder zumindest keine Ablehnung von ihnen zu erfahren, dürfen wir durch ein Tier erfahren, wie es sich anfühlt, einen aufrichtigen Gefährten zu haben, der uns seine Zuneigung schenkt, ohne eine Gegenleistung zu erwarten. Im Zusammenleben mit unseren Tieren können wir sämtliche Masken fallen lassen und die Schönheit dahinter entdecken. Sie lieben uns ungeschminkt und mit all unseren Fehlern, und auch wir sehen ihnen das Malheur neben der Katzentoilette und das Mäusemassaker vor der Terrassentür nach, denn wir geben die bedingungslose Liebe, die wir von ihnen erfahren, an sie zurück. Eine wunderschöne Erfahrung für das Kind in unserem Inneren und auch für unser Erwachsenen-Ich.

Wenn unser geliebtes Tier eines Tages in die ewigen Jagdgründe aufbricht, weil es seine Aufgabe auf der Erde erfüllt hat, kann es passieren, dass sich unser Inneres Kind unendlich einsam, verletzt und vielleicht sogar bestraft fühlt. Auch wenn wir uns dieser Zusammenhänge bewusst sind und versuchen, für unser Inneres Kind zu sorgen und es zu halten, kann uns die tiefe Traurigkeit über den Verlust in eine emotionale Krise stürzen. Dabei ist es völlig unerheblich, wie alt das Tier war und ob es überraschend oder nach langer Krankheit gegangen ist. Wir sind nur Menschen, und wir dürfen trauern – so lange und so intensiv, wie wir es fühlen. Mir hat in dieser Zeit ein Seminar zur Heilung des Inneren Kindes sehr geholfen. Dadurch konnte ich mit dem Geschehenen in Frieden kommen und das Leben wieder von einer anderen Ebene aus betrachten. Allein die Absicht, mit dem, was ist, in Frieden zu kommen, kann unserem Herzen und unserem Inneren Kind bereits Heilung bringen.

Es ist ein großes Geschenk des Universums an dein Inneres Kind, wenn es dir ein Tier an die Seite gibt. Manchmal geschieht es durch einen Impuls, der dich zu einer bewussten Entscheidung führt, und manchmal schleicht sich der Seelengefährte auf Umwegen in dein Leben und in dein Herz. Nimm ihn in den Arm, drücke ihn sanft an dich, spüre die Einheit, und lasse Heilung geschehen.

> Es ist das größte Geschenk des Universums an dein Inneres Kind, wenn es dir ein Tier an die Seite gibt.

Regenbogenbrücke –
die letzte Reise und die Zeit danach

Eine Redewendung besagt, Katzen hätten sieben oder neun Leben, was sicherlich darin begründet ist, dass sie weitaus zäher sind als Tiere anderer Gattungen und sich relativ schnell von Verletzungen und Infektionen erholen können. Der Freigänger, der sich beim Sprung von einem Baum die Pfote verstaucht, humpelt meist nicht länger als zwei Tage, um anschließend wieder schmerzfrei seines Weges zu gehen. Und auch größere Unfälle und Operationen überstehen die meisten Katzen ohne gravierende Folgeschäden.

Diese Zähigkeit hat aber auch zur Folge, dass man einer Katze ihre Schmerzen und ihr Unwohlsein nicht immer gleich anmerkt. Sie gibt keine Schmerzlaute von sich und zieht sich zum Schlafen zurück, wenn es ihr nicht gut geht, sodass der Mensch ihre schwere Atmung, das auffällige Hecheln oder Schnurren nicht zwangsläufig mitbekommt. Erst dann, wenn die Katze beginnt, sich gänzlich zurückzuziehen, und die Nahrungsaufnahme verweigert, merkt so mancher Katzenbesitzer, dass seine Katze krank ist. Aber auch der natürliche Sterbeprozess der Katze beginnt mit diesen Symptomen.

Die normale Herzfrequenz von 110–130 Schlägen pro Minute beginnt ebenso zu sinken wie die Körpertemperatur, die bei einer gesunden Katze zwischen 37,8 und 39 °C liegt. Die Herzfrequenz kannst du mit deiner Hand erfühlen. Zähle die Herzschläge für 15 Sekunden, und multipliziere diese Anzahl mit vier. Die Körpertemperatur der Katze lässt sich entweder in ihrem Ohr oder rektal, indem du das Digitalthermometer mit Fett bestreichst und der Katze einführst, ermitteln. Insbesondere bei einer älteren Katze ist es also wichtig herauszufinden, ob sie lediglich krank ist oder langsam damit beginnt, die Koffer für ihre letzte Reise zu packen. Der Tierarzt deines Vertrauens wird dir dabei behilflich sein.

Über die Regenbogenbrücke gehen – so nennen wir den Tod oder das Sterben eines geliebten Tieres. Eine schöne Vorstellung: Unsere Katze läuft über eine bunte Brücke, um im Regenbogenland frei von allen Schmerzen wieder glücklich und in Freiheit auf die Jagd gehen zu können. In der freien Natur ziehen sich die Tiere an einen ruhigen Ort zurück, wenn sie merken, dass ihr Leben zu Ende geht. Auf diesem Weg wollen sie vor Fressfeinden geschützt und in Ruhe sterben. Das ist völlig normal und keineswegs grausam. Es gibt auch sehr betagte Freigänger, die erst Tage nach ihrem Tod von ihren Menschen unter einem Busch im Garten gefunden wurden. Sie hatten sich also instinktiv zur Ruhe gelegt, um die irdische Welt zu verlassen. Der quälende Gedanke, seiner Katze in deren Todesstunde nicht beiseitegestanden zu haben, ist sehr menschlich, aber entspricht nicht der Realität, denn die Katze hat sich genau diesen Weg ausgesucht.

Hatte die Katze einen schweren Unfall oder leidet aufgrund einer Krankheit unter großen, unstillbaren Schmerzen, ist die Entscheidung eindeutig, und der Tierarzt sollte die Katze erlösen, während du sie im Arm hältst und ihr zum letzten Mal dafür dankst, dass sie dein Leben bereichert hat.

Schwieriger ist die Entscheidung, wenn die Katze sehr alt und dementsprechend schwach ist oder Altersleiden hat. Hier stellt sich die Frage, ob die Katze erlöst werden oder auf natürlichem Weg sterben sollte. Der Tod unseres geliebten Haustieres ist sicher ein Thema, mit dem wir uns zu dessen Lebzeiten nicht auseinandersetzen wollen. Außerdem existieren unterschiedliche Meinungen, die teilweise vehement vertreten werden. Dabei sollten meiner Meinung nach die Tiere selbst entscheiden dürfen, wie sie diese Welt verlassen möchten. Du kannst deine Katze fragen, und sie wird dir durch ihren Blick mitteilen, ob du ihr beim Übergang helfen oder einfach nur an ihrer Seite bleiben sollst. Bevor du eine voreilige Entscheidung triffst oder deine Katze auf Anraten eines Tierarztes einschläfern lässt, stelle dir folgende Fragen:

- ✓ Hat deine Katze wirklich unerträgliche Schmerzen oder Krankheitssymptome, die durch schulmedizinische Medikamente nicht mehr gelindert werden können? Oder sind es nur Alterszipperlein, die völlig normal sind und auf die deine Katze ein Recht hat?
- ✓ Macht es dir Angst, dich mit dem Altern und Sterben auseinanderzusetzen?
- ✓ Leidet deine Katze, oder ist es dein eigenes Leid, das du nicht ertragen kannst?
- ✓ Möchtest du keine Zeit investieren, um deine Katze während des Sterbens zu begleiten?
- ✓ Wirst du durch deine Katze schmerzhaft daran erinnert, dass du dich in deinen Augen nicht genug um einen sterbenden Eltern- oder Großelternteil gekümmert hast?
- ✓ Ist dir deine Katze im Alter lästig geworden, oder hast du Sorge, die Kosten für ihre medizinische Versorgung könnten steigen?
- ✓ Willst du lieber den Tierarzt entscheiden lassen, weil du keine Verantwortung übernehmen kannst und Angst vor Schuldgefühlen hast?
- ✓ Oder kannst du immer noch nicht Nein sagen, wenn eine deiner Meinung nach höherrangige Person Forderungen an dich stellt?

Denke in Ruhe darüber nach. Schaffe dir einen Raum, und frage deine Katze, ob sie wirklich gehen will. Frage sie auch, ob sie Schmerzen hat und deine Hilfe benötigt. Höre auf dein Herz, und ziehe eine Vertrauensperson zurate, wenn du dir nicht sicher bist. Einige Tierheilpraktiker haben sich auf Sterbebegleitung spezialisiert und können dir vielleicht wichtige Hinweise geben.

Wenn Gedanken über Schmerzen, Altern und Tod in dir Urängste auslösen, suche dir professionelle therapeutische Hilfe. Der Tag wird kommen, an dem auch du gehen musst – durch deine Katze kannst du dich bereits jetzt mit dem Thema auseinandersetzen und Ängste überwinden. Vielleicht eröffnet sich dir sogar ein völlig neues spirituelles Bewusstsein, das dein Leben fundamental bereichert.

Wenn die Katze diese Dimension verlässt

Im Bezug auf das Sterben unserer Katzen gibt es neben einem Unfall bzw. dem plötzlichen Tod eigentlich nur zwei weitere Möglichkeiten: den natürlichen Sterbeprozess und die Sterbehilfe, also das Einschläfern. Dieses Thema ist für die meisten Menschen sehr schwierig, mit Urängsten behaftet und von Unwissen geprägt. Im Folgenden geht es nicht darum, Vorwürfe zu machen oder eine allgemeingültige Lösung aufzuzeigen. Es kommt einzig und allein darauf an, welchen Weg das Tier einschlagen möchte und ob du emotional und mental in der Lage bist, es auf seinem Weg zu unterstützen.

Jeder Tierbesitzer sollte sich im Vorfeld mit dem Thema Sterben beschäftigen, sofern er sich dazu in der Lage fühlt. Dazu werden Tagesseminare und Webinare angeboten. Auch das Lesen von Fachliteratur ist hilfreich. Jeder von uns wird auch innerhalb der Familie irgendwann einmal mit dem Tod konfrontiert werden. Es wäre für alle Beteiligten ein großer Segen, wenn du deine Angehörigen in ihrer Hilflosigkeit auffangen und dem Sterbenden unterstützend zur Seite stehen könntest.

Der natürliche Sterbeprozess

Die Medizinerin Rosina Sonnenschmidt beschreibt in ihrem Buch »Farb- und Musiktherapie für Tiere – Leitfaden für die tägliche Praxis« die Sterbephasen der Tiere sehr ausführlich. Sterben bedeutet die Ablösung des Bewusstseins und des elektromagnetischen Feldes, also der Aura, vom grobstofflichen Körper. Es ist der Übergang in eine Dimension, die frei von Schmerzen und Ängsten ist. Oder wie die Sterbeforscherin Elisabeth Kübler-Ross es beschrieb: »Sterben ist wie der Umzug in ein schöneres Haus.«

Du solltest dir sicher sein, dass deine alte oder chronisch kranke Katze die Lebensphase erreicht hat, in der sie ihren Körper abstreifen und sich mit der Ewigkeit verbinden möchte. Der Tierarzt deines Vertrauens wird herausfinden, ob die Zeit gekommen ist oder es sich nur um eine akute Erkrankung handelt, die mit einer Nahrungsverweigerung einhergeht. Hat die Sterbephase tatsächlich begonnen, sind sämtliche lebensverlängernden Maßnahmen wie eine Zwangsfütterung sicher nicht im Sinne deines Tieres, und du solltest dich von niemandem dazu drängen lassen. Du kennst deine Katze am besten und verstehst ihre Sprache. Sofern ein Tierarzt ausgeschlossen hat, dass deine Katze unerträgliche Schmerzen hat, bist du daher der einzige Mensch, der entscheiden sollte, ob sie den natürlichen Weg gehen darf oder beim Sterben unterstützt werden soll. Schaue ihr in die Augen, sprich mit ihr, und versuche, ihre Signale zu verstehen. Bist du überfordert, nimm die Hilfe von Fachleuten oder Freunden in Anspruch.

Es gibt keine pauschal definierbaren Anzeichen eines bevorstehenden Sterbeprozesses, weil jede Katze ein wunderbares Individuum ist. Auch ist dieser Prozess völlig unterschiedlich lang. Eine Katze kann die Nahrungsaufnahme einstellen, sich einen ruhigen Platz suchen und noch am selben Abend sterben. Der Sterbevorgang einer anderen Katze kann sich über Wochen hinziehen. Die meisten Katzen, deren Lebenszeit dem Ende zugeht, durchlaufen innerhalb eines unbestimmten Zeitrahmens jedoch die folgenden Schritte:

- ✓ Die Nahrungsaufnahme wird verweigert, später auch die Wasseraufnahme.
- ✓ Die Katze sucht sich einen ruhigen Platz zum Sterben. Manche Freigänger legen sich mitunter unter einen Busch in den Garten.
- ✓ Der Stoffwechsel verlangsamt sich und kollabiert. Ein Geruch von Aceton ist wahrnehmbar.

- ✓ Manche Katzen verlieren ein letztes Mal Körperflüssigkeiten. Es macht daher Sinn, saugstarke Auflagen aus dem Humanbereich einzusetzen und bei Bedarf den Liegeplatz mit frischen Decken auszulegen.
- ✓ Ein letztes Aufbäumen der Katze ist möglich, weil die restlichen Energiereserven nun verbrannt werden.
- ✓ Die Katze hat keine Schmerzen, weil körpereigene Opiate ausgeschüttet werden.
- ✓ Der Atem verlangsamt sich und kommt schließlich zum Stillstand. Manche Katzen atmen vorab für einige Stunden sehr schwer.
- ✓ Nachdem die Atmung aufgehört hat, löst sich die Aura vom Körper, und der Sterbebegleiter kann deutlich ein Gefühl des Friedens und die feinstoffliche Anwesenheit der Katzenseele wahrnehmen.

Wenn du es, aus welchen Gründen auch immer, nicht ertragen kannst, deine Katze auf ihrem letzten Weg zu begleiten, darfst du deswegen keine Schuldgefühle haben. Deine Katze liebt dich und hat für alles Verständnis. Du allein kannst entscheiden, ob du mental und gesundheitlich in der Lage für die Sterbebegleitung bist. Einen völlig verzweifelten, hysterischen Menschen während des Sterbens an der Seite zu haben, hilft keiner Katze. Nimm deinen Liebling in den Arm, und bedanke dich für die wunderschöne gemeinsame Zeit. Bette ihn auf die schönsten Blumen, die du finden kannst, und bitte den Tierarzt deines Vertrauens, zu euch zu kommen und deiner Katze bis zur Regenbogenbrücke zu helfen.

Wenn du dein Tier selbst begleiten möchtest und spürst, dass der Sterbeprozess beginnt, nimm dir einige Tage frei, damit du rund um die Uhr für deinen treuen Freund da sein kannst. Benötigt dein Seelengefährte mehrere Wochen für seine Heimkehr, sorge dafür, dass er es gut hat und jemand nach ihm sieht, während du arbeiten musst. Vertraue darauf, dass alles so geschehen wird, wie es soll. Manche Tiere wollen auch ohne die Anwesenheit ihrer Bezugspersonen sterben.

Schaffe eine friedliche und schöne Stimmung in deinem Zuhause. Sorge für leise Musik, und lege deiner Katze einen Rosenquarz auf ihre Decke, den Stein der Liebe und Harmonie. Damit kannst du nichts falsch machen. Dauert die Sterbephase mehrere Wochen, kannst du deine Katze je nach Symptomen mit stärkenden Farblichtbestrahlungen oder Mitteln aus der Naturheilkunde unterstützen. Sie sollte jedoch stets selbst entscheiden dürfen, was sie möchte. Insbesondere in der letzten Phase, wenn sie ihren Liegeplatz allein nicht mehr verlassen kann, würde ich ihr nicht pauschal bestimmte Bachblüten geben oder Energiesprays in die Aura sprühen. Vielleicht mag sie das gar nicht, ist aber nicht mehr in der Lage, dir ihr Empfinden mitzuteilen. Viel wichtiger ist, dass du als Sterbebegleiter in Harmonie bist und deine Katze von Liebe getragen zur Regenbogenbrücke begleiten kannst. Sorge also dafür, dass du seelisch und mental gefestigt bist, und schaue bereits im Vorfeld nach energetischen Seelenhelfern, die dich durch den Prozess des Loslassens begleiten können. Das können Bachblüten, Tier-, Einhorn- oder Chakraessenzen, Engelsprays, Sellizinelixiere, australische oder kalifornische Blütenessenzen oder ätherische Öle sein. Je heller dein eigenes Licht erstrahlt, desto leichter wird der Übergang für deine Katze werden.

Die Sterbehilfe – das Einschläfern

Wenn du dir sicher bist, dass der Tag des Abschiedes gekommen ist und deine Katze dir durch ihren Blick oder ihr Verhalten signalisiert, dass du ihr helfen sollst, bitte den Tierarzt deines Vertrauens, euch zu Hause zu besuchen. Es sollte sich um einen Menschen handeln, bei dem du sicher sein kannst, dass ihr die gleiche Philosophie verfolgt. Es muss unbedingt eine Person sein, die Tiere liebt, zu der du ein gutes Verhältnis hast und die deine Katze liebevoll und sanft zur Regenbogenbrücke begleitet. Der Einschläferungsinjektion durch ein den Herzmuskel lähmendes Embutramid muss eine Narkoseinjektion vorausgehen, damit die Katze schmerzlos und ruhig im Schlaf sterben kann.

Besorge wunderschöne Blumen, und sorge mit leiser Musik und brennenden Kerzen für eine sanfte Atmosphäre. Die Blumen legst du auf dein Bett, sodass es wie eine Regenbogenbrücke aussieht. Darauf legst du deine Katze, die in ihre Lieblingsdecke gehüllt ist. Nun kannst du Abschied nehmen, ihr für all ihre Liebe danken und ihr ein letztes Mal liebevolle Dinge ins Ohr flüstern oder welche letzte Botschaft du auch immer für sie im Herzen trägst. Bete, streichle ihren Kopf, küsse sie, und liege ganz nah bei ihr, wenn sie sich auf die letzte Reise begibt. Wenn du dir sicher bist, dass dies der richtige Weg ist und eine Erlösung für deine Katze sein wird, kann ich dir aus Erfahrung versichern, dass du in dem Moment des Übergangs und den Stunden danach nichts als Liebe und Dankbarkeit verspüren wirst und das Licht der Seele deiner Katze im Raum deutlich wahrnehmbar sein wird. Auch ein Gefühl der Erleichterung darüber, dass deine Katze nun nicht mehr leiden muss, kann sich bei dir einstellen, das ist ganz normal. Die Trauerarbeit beginnt erst später.

Wenn deine Katze ihre Körperhülle verlassen hat, lasse sie noch einige Stunden auf ihrem Platz liegen, und halte eine Art Totenwache. Öffne ein Fenster, damit die Seele ziehen kann. Wenn du möchtest, kannst du später auch ein sanftes Räucherwerk wie Sandelholz, Palo Santo oder weißen Salbei entzünden, damit die schweren Energien der letzten Tage oder Wochen ebenfalls die Wohnräume verlassen können. Nun verbringe die letzte Zeit ganz bewusst mit deiner Katze, weine, lache, und sei einfach nur da. Das tut gut und ist der erste Schritt der Trauerbewältigung. Du wirst spüren, wann es Zeit für die Beerdigung ist. Vielleicht am nächsten Tag, vielleicht aber auch erst drei Tage später.

Du kannst die Katze in deinem Garten begraben, sofern du nicht in einem Wasserschutzgebiet wohnst. Wenn du keinen Garten besitzt, kannst du sie auch an einem Kraftort in der Natur beerdigen, an dem es erlaubt ist. Mittlerweile gibt es sogar Tierfriedhöfe und Krematorien für Haustiere. In vielen Städten findet man eine Filiale des Kleintierkrematoriums »Im Rosengarten«. Dort kannst du die Asche deines Lieblings auf einem Streubeet inmitten von Büschen und Blumen verstreuen. Du kannst auch die Urne mit der Asche an einem schönen Ort deiner Wahl aufbewahren oder vergraben. Es ist außerdem möglich, aus ein paar Haaren deines Lieblings Schmuck herstellen zu lassen. Oder sie bleiben einfach nur eine schöne Erinnerung an deinen treuen Freund, die du ab und zu in die Hand nimmst oder in einem Amulett bei dir trägst.

Mache dir keine Vorwürfe, wenn du deine Katze in der Vergangenheit in einer Tierarztpraxis hast einschläfern lassen oder sie aufgrund einer Erkrankung oder Operation in einer Tierklinik bleiben musste, wo sie in deiner Abwesenheit verstarb. Im Leben finden wir nicht immer sofort die richtigen Antworten auf unsere Fragen, und wir beginnen, mit dem Schicksal zu hadern. Manches lässt sich erst viel später oder von einer höheren Warte aus erklären. Aber sei gewiss, dass deine Katze es genau so wollte und es ihr nun gut geht. Wir Menschen sind auf der Erde, um zu lernen, und wir können immer nur aus unserem momentanen Wissen heraus Entscheidungen treffen.

Die Zeit der Trauer und Schmerzverarbeitung

In unserer Gesellschaft gibt es keine richtige Trauerkultur, und auch der christliche Glaube lässt viele Fragen, die mit Sterben und Tod zu tun haben, unbeantwortet. Wenn du eine enge Bindung zu deiner Katze hattest, kann ich dir nur ans Herz legen, eine Auszeit zu nehmen, um deinem Schmerz Raum zu geben. Wenn du einfach wie gewohnt weiterfunktionierst, wird sich die Trauer zu einem späteren Zeitpunkt in deinem Leben ein Ventil suchen oder stets ein latenter Begleiter bleiben, der sich wie ein dunkler Schleier um deine Aura legt. Nur wenn du zulässt, den Schmerz in vollem Umfang zu fühlen, wirst du dir selbst bereits während der Trauerphase und in deinem weiteren Leben erlauben können, auch wieder Freude zu empfinden. Jede Träne ist ein kleiner Schritt in Richtung Heilung, doch sie sollte bewusst geweint werden, nicht erst nachts, wenn du schlafen und Kraft sammeln solltest. Vielleicht ist es dir kurzfristig möglich, Urlaub oder eine Krankmeldung einzureichen oder unbezahlten Urlaub zu nehmen. Wenn du Familie hast, mache ihr unmissverständlich klar, wie wichtig diese Auszeit für dich ist. Vielleicht hast du einen Partner oder einen sehr guten Freund, der dich während deiner Auszeit begleiten möchte. Unter Umständen benötigst du diese Zeit aber auch ganz für dich allein.

In diesem Kapitel möchte ich meine Erfahrungen mit dir teilen, das, was mir geholfen hat, den Tod meines Seelenhundes zu verarbeiten. Auch heute noch überollen mich von Zeit zu Zeit starke Trauergefühle wie eine Welle. Doch diesen Momenten, in denen die Trauer aus mir herausbricht, folgt ein wohliges Gefühl der Zuversicht. Nicht gelebte Trauer kann zu einer chronischen Verbitterung und Lebensablehnung führen.

Wandern in der Natur

Wo könnten wir Trauer einfacher zulassen als in der Natur? Und wo könnte sie besser in Leichtigkeit transformiert werden? Der Wind bläst den Kopf frei und trocknet die Tränen, die Stille lässt Raum für Erinnerungen, der Ozean konfrontiert uns mit unserer Herkunft und der Essenz allen Seins. Die Natur reinigt uns, in ihr fühlen wir uns geborgen und dem Himmel ganz nah. Hier können wir sein, wie wir wirklich sind. Wir müssen uns nicht verstellen und werden bedingungslos angenommen – wie von unserem Tier.

Gibt es einen Ort auf dieser Welt, der dich fasziniert und den du gern einmal mit allen Sinnen genießen möchtest? Ein Waldgebiet? Eine Küsten- oder Heidelandschaft? Einen Nationalpark? Möchtest du am Atlantik zelten oder bei einer irischen Oma einkehren, die dich jeden Morgen mit frisch gebackenen Scones verwöhnt? Oder wolltest du schon immer das große Naturschutzgebiet in deiner Nachbarstadt durchwandern und hast bisher nicht die Zeit dafür gefunden? Es gibt viele Möglichkeiten, also finde heraus, welche davon deine Seele nährt, und beginne mit den Vorbereitungen, sobald du dich bereit dazu fühlst. Besorge dir alles, was du zum Wandern brauchst. Deine Auszeit soll kein teurer Luxusurlaub werden, sondern dich mit dem Ursprung des Lebens rückverbinden, damit du den Tod als Teil des Lebens und somit wieder als etwas völlig Normales empfinden kannst.

Wandern befreit das Herz und erfüllt die Seele mit unvergesslichen Eindrücken. Du bewegst dich, änderst stets deinen Blickwinkel und fühlst dich den Tieren ganz nahe. Nirgendwo erkennt man sich selbst dermaßen als Teil eines universellen Kreislaufs und versteht die Jahreszeiten des Lebens so gut wie in der freien Natur. Wandern ist meiner Meinung nach eine wunderbare Möglichkeit, um den Tod eines geliebten Gefährten besser verarbeiten zu können und zurück ins Vertrauen zu finden.

Schreiben oder Malen als Therapie

Das Schreiben oder Malen kann eine gute Hilfe beim Verarbeiten von Verlusten sein. Wenn du dich zu einer Wanderung entschließt, kannst du die Eindrücke des Tages bereits abends zu Papier bringen. Manchmal kommt durch ein trauriges Erlebnis in der Gegenwart auch ganz viel Traurigkeit aus der Kindheit zum Vorschein, die transformiert werden möchte. Durch das Schreiben oder Malen kannst du diesen Gefühlen Gestalt verleihen und ihnen endlich den nötigen Raum geben. Nimm einfach ein Blatt Papier und einen Stift, und beginne mit den ersten Sätzen. Schreibe einen Roman, deine Familiengeschichte oder deine Biografie. Schreibe eine Geschichte über deine Katze und was sie dir bedeutet hat. Oder du verfasst ein Gedicht, in dem du dich für alles bedankst, was sie dir gegeben hat, und für alles um Verzeihung bittest, was du ihr nicht geben konntest. Auch das ist ein wichtiger Teil der Trauerverarbeitung. Du musst deine Zeilen oder Bilder niemandem zeigen, wenn du das nicht möchtest. Schreiben und Malen befreien. Probiere es aus. Ich habe bereits drei Romane verfasst, und jedes Wort darin war ein Stück Vergangenheitsbewältigung und ein Schritt in Richtung Freiheit.

Energetische Wohnraumrenovierung

Sorge dafür, dass du dich während der schwierigen Zeit in deinem Zuhause wohler fühlst als je zuvor. Gestalte die Wände mit Bildern, die dein Herz zum Leuchten bringen, beispielsweise mit hübsch eingerahmten Fotos, die dich mit deiner Katze zeigen, oder Postern, auf denen Naturschauspiele oder Kraftorte abgebildet sind. Spiele beim Dekorieren mit deinen Lieblingsfarben, und gönne dir den Sessel oder das Sitzkissen, den bzw. das du schon so lange haben wolltest. Düfte in Form von ätherischen Ölen oder japanischen Räucherstäbchen können dir täglich eine psychische Unterstützung sein. Jasmin, Sandelholz, Ylang Ylang, Rose, Bergamotte, Limette, Grapefruit, Iris und Neroli können in deinem Körper die Produktion von Endorphinen anregen und zur Entstehung von Glücksgefühlen beitragen. Das Räuchern von Damiana in Kombination mit dem Tragen eines Dumortierits sorgt für einen Hauch von Leichtigkeit inmitten der schweren Trauerarbeit.

Naturheilkunde

Suche dir einen guten Heilpraktiker, mit dem du dein persönliches Konstitutionsmittel erarbeiten kannst, oder nutze andere Mittel, die dir die Naturheilkunde zur Verfügung stellt, für deine Heilung, z. B. das homöopathische Trauermittel Ignatia amara. Auf Seelenebene können dir Bachblüten oder diverse andere Essenzen, Elixiere und energetische Sprays eine gute Hilfe dabei sein, wieder ins Gleichgewicht zu kommen. Schaue dich dahin gehend um, und lasse dich inspirieren. Wenn du bereits während des Sterbeprozesses deiner Katze mit der Einnahme von Essenzen begonnen hattest, führe dies noch einige Wochen oder Monate fort.

Therapeutische Hilfe

Falls du es nicht schaffen solltest, aus eigenem Antrieb wieder in die Spur zu kommen, scheue dich nicht davor, therapeutische Hilfe in Anspruch zu nehmen. Der Verlust eines geliebten Tieres ist nicht selten der Beginn einer Phase, in der man das Leben an sich infrage stellt. Vielleicht ist eine Gesprächstherapie gut für dich. Oder ein guter Homöopath, der dich ganzheitlich begleitet. Es gibt viele Möglichkeiten. Ein paar Sitzungen bei dem für dich passenden Therapeuten können Wunder bewirken.

Entspannungsmethoden und meditative Körperarbeit

Bei der Trauerarbeit geht es v. a. um das bewusste Fühlen und Wahrnehmen sowie um das Zulassen und Durchleben von Gefühlen. Ob Yoga, Tai Chi oder Qi Gong – finde die für dich passende Körperarbeit.

Musik, Tanz und Gesang

Die Musik ist sicher einer der größten und wunderbarsten Heiler dieser Welt. Musik ist Energie, die ganz unterschiedliche Gefühle in uns auslöst. Daher kann sie uns dabei unterstützen, Trauergefühle zuzulassen und zu durchleben. Traue dich, ganz tief in deine Gefühle hineinzugehen, die Musik wird dich tragen.

Wenn du gern tanzt, dann schüttele die Trauer aus dir heraus. Drehe die Musik laut auf, oder gehe mit Freundinnen tanzen, und lasse angestaute Energien nach draußen fließen. Schalte den Kopf aus, und bearbeite die Tanzfläche, bis der Schweiß rinnt. Du wirst sehen, wie gut das tut. Wenn du es lieber ruhiger magst, wäre der meditative Tanz vielleicht eine Möglichkeit, dich und deine Gefühle auszudrücken. Wenn das alles Neuland für dich bedeutet, betritt neue Pfade. Vielleicht ist gerade jetzt der richtige Zeitpunkt dafür.

Eine weitere wunderbare Möglichkeit, seinem Inneren Ausdruck zu verleihen und Blockaden zu lösen, ist das Singen. Ich lege jedem Menschen ans Herz, einige Gesangsstunden zu nehmen, um die eigene Stimme als Werkzeug, sich auszudrücken, neu zu entdecken, insbesondere den Menschen, denen gerade dieses Medium Probleme bereitet, die eigentlich gern singen würden, sich aber nicht trauen. Ich habe immer singen wollen, war jedoch stets zu unsicher. Ich konnte noch nicht einmal einen Satz sprechen, ohne zu stottern. Die Vorstellung, vor anderen Menschen frei sprechen zu müssen oder gar zu singen, war für mich der reine Horror. Ich bin zwar noch immer keine Rampensau und agiere lieber im Hintergrund, gebe aber mittlerweile von Herzen gern Seminare und habe kein Problem mehr damit, vor einer Gruppe ein Lied vorzutragen. Ich war nie bei einem Logopäden, doch ich nutze seit über zwei Jahrzehnten die Wunder von Mutter Erde für meine Heilung: Musik, Gesang, Meditation, Düfte, Steine, Aufenthalte in der Natur, das Schreiben, Malen und vieles mehr.

Ich habe in meinem Leben viele Krisen erlebt. Aber wusstest du, dass das Wort »Krise« nichts anderes als »Wendepunkt« oder »Erneuerung« bedeutet? Auch wenn der Schmerz groß ist – wir gehen einen Schritt weiter und erschaffen etwas Neues.

Sport und gesunde Ernährung

Während einer Phase größter Traurigkeit und Verzweiflung kommt es einem nahezu belanglos vor, auf die eigene Gesundheit zu achten. Wenn das Herz blutet, wird vieles unwichtig – doch gerade das kann der Beginn eines Teufelskreises sein. Wenn dein Körper über Wochen hinweg nicht ausreichend Nährstoffe erhält und zugleich durch deine emotionale Ausnahmesituation geschwächt ist, verlierst du schnell deine Lebenskraft und läufst Gefahr, immer weiter in eine Lähmung zu verfallen. Ich möchte dir hier unbedingt ans Herz legen, auf dich zu achten. Wenn dir Kraft und Appetit für die Zubereitung von gesunden Mahlzeiten fehlen, versorge deine Zellen wenigstens mit guten, bioverfügbaren Vitalstoffen. Du benötigst B-Vitamine für starke Nerven und Vitamin D für die Psyche. Außerdem führt ein Eisenmangel zu einer Antriebslosigkeit, die sich so ähnlich wie eine Depression anfühlen kann.

Auch Bewegung und Sport jeglicher Art, vornehmlich an der frischen Luft, tragen dazu bei, dass deine Zellen mit Sauerstoff versorgt werden und du dich körperlich vitaler fühlst. Schlacken werden durch die Poren ausgeschieden, und nach einer Dusche fühlst du dich gleich viel besser. Ein Peeling mit einem basischen Badesalz macht die Haut geschmeidig und reinigt dich energetisch. Mache Körperübungen, dehne dich, und lasse dich massieren.

Die Sehnsucht nach unserem geliebten Tier wird immer bestehen bleiben, und wir müssen lernen, mit dem Verlust zu leben. Doch wir können viel dafür tun, unser Herz zu heilen und es für ein neues Tier zu öffnen. Du allein darfst entscheiden, ob und wann es so weit sein wird. Nimm dir dafür alle Zeit, die du brauchst.

> Wie die Geburt gehört auch der Tod zum Leben. Deine Katze geht nur voraus – eines Tages werdet ihr euch wiedersehen.

Mein geliebter Seelengefährte …

gehe auch du mutig durch die Dunkelheit

Ich bin das wunderbarste Geschöpf dieses Planeten. Auch du bist wundervoll, geliebter Mensch. Für deine Seele und für mich bist du perfekt und eine Bereicherung für diese Welt. Du weißt es nur noch nicht. Fange endlich an, es zu glauben, damit in deinem Leben wieder Wunder geschehen können!

Mich interessiert nicht die Bohne, was andere von mir denken. Verschwende keine Zeit und Energie mehr, dir darüber Gedanken zu machen, was andere von dir halten. Das ist völlig unwichtig und begrenzt dich. Reiße endlich die Maske herunter, und sei der Mensch, der du wirklich bist! Nur so bist du authentisch und findest wahre Freunde. Deine Seele wird sich freuen. Und dein Inneres Kind wird ein Zuhause finden.

Das Leben ist ein riesiges Wunschkonzert. Lege deine anerzogenen Verhaltensmuster ab, und beginne ein neues Leben ganz nach deinen Wünschen. Heute noch! Lasse Musik in deine Seele, und kreiere deine eigene Melodie des Lebens. Du bist der Komponist deines Wunschkonzertes, vergiss das nie!

Für mich bin ich selbst das wichtigste Individuum auf dieser Welt. Nimm auch du dich wieder wichtig. Fange endlich an, dich zu fühlen, auf deine innere Stimme zu hören und auf deine Bedürfnisse zu achten! Nur wenn es dir gut geht, kannst du deinen Mitmenschen und dieser Welt helfen. Das hat nichts mit Egoismus zu tun, sondern mit Selbstliebe.

Ich bin einfach nur ich selbst, authentisch und frei. Habe wieder mehr Vertrauen, und richte deinen Fokus auf die guten Dinge, die in dieser Welt passieren – dann wirst du auch Positives in dein Leben ziehen. Es gibt nichts, wovor du dich fürchten musst. Wenn du wieder lernst, einfach nur zu SEIN, wirst du erleben, wie sich Freiheit anfühlt.

Ich zeige, wenn mir etwas nicht passt. Friss Ärger und Sorgen nicht in dich hinein. Sprich mit deinen Mitmenschen, meditiere, oder gehe in den Wald, und erzähle den Bäumen von deinen Emotionen. Alles andere kann dich krank machen. Reflektiere deine Gefühle, und finde heraus, ob sie echt sind oder mit alten Verletzungen zu tun haben, die der Heilung bedürfen.

Menschen, die dich nicht so lieben, wie du bist, passen nicht in dein Leben oder müssen selbst noch ganz viel lernen.

Du kannst dich glücklich schätzen, ein perfektes Geschöpf Gottes wie mich beherbergen und umsorgen zu dürfen. Sei auch du selbstsicher und dir deiner Stärken bewusster. Du bist wunderschön und hast tolle Eigenschaften, du bist einzigartig, genau wie ich. Ich muss zugeben, dass ich großes Glück habe, bei dir sein zu dürfen. Ich liebe dich.

Ich soll auf ein wunderschönes, aufregendes Katzenleben verzichten, weil du kein Vertrauen und Angst vor dem Tod hast? Mein lieber Seelengefährte, ich kann deine menschlichen Ängste verstehen – aber bitte habe doch Vertrauen in die Kreisläufe des Lebens. Alles geschieht zur rechten Zeit, das musst du mir glauben. Auch der Tod gehört dazu – egal, wann er eintreten wird. Irgendwann ruft es jeden von uns zurück nach Hause, und wir werden heimkehren. Doch unsere Trennung voneinander wird nur auf Zeit sein, denn eines Tages werden wir uns wiederbegegnen. Der Tod ist nichts, wovor du dich fürchten musst. Er ist ein Übergang in eine Welt voller Leichtigkeit, Liebe und Freude. Ich warte dort auf dich und werde dich in Empfang nehmen, wenn es so weit ist.

Bis dahin wünsche ich mir für dich, dass du genauso viele Spuren auf der Erde hinterlassen wirst, wie ich sie in deinem Herzen hinterlassen habe. Wenn ich eines Tages vorausgehe, darfst du noch bleiben und dein Licht weitergeben. Für diese Aufgabe wünsche ich dir ganz viel Kraft, Freiheit, Freude, Mut, Stärke, Authentizität, Vertrauen, Liebe und unzählige Glücksmomente mit einem vierbeinigen Herzeroberer an deiner Seite.

Deine Katze

Und sei gewiss:

Jeder dunklen Nacht folgt ein Sonnenaufgang,
und das Licht erstrahlt von Neuem.

Danksagung

Tiere, Naturheilkunde, Schreiben – jeden Tag, wenn ich nach dem Aufwachen meine Füße auf den Boden setze, danke ich den Engeln, dass ich meine drei großen Leidenschaften miteinander verbinden und leben darf. Täglich mache ich neue Erfahrungen mit Tieren, bin bereits vor Jahrzehnten der Naturheilkunde begegnet und lerne noch heute ständig dazu. Außerdem habe ich das Privileg, lesen und schreiben zu können sowie im Besitz eines Laptops zu sein. Das alles sind Geschenke, und ich empfinde sie keinesfalls als Selbstverständlichkeit. Dass mir meine Verleger Heidi und Markus Schirner noch dazu die Möglichkeit bieten, meine Bücher in die Welt zu bringen, und mir eine großartige Lektorin wie Claudia Simon an die Seite gegeben haben, rundet meinen Reichtum ab.

Ich danke dir, lieber Leserin, liebem Leser, dass du mein Buch in den Händen hältst, und ich freue mich, wenn es dich inspiriert hat und du es weiterempfiehlst. Ich danke allen Katzen dieser Welt für ihre unerschütterliche Transformationsarbeit und die unbeschreiblichen Glücksmomente, die sie in den Alltag ihrer Menschen zaubern. Ich danke Mausi, Sunny, Lilly, Lulu, Tolpatsch und allen anderen Katzen, denen ich begegnen durfte.

Mein geliebter Streuner, du warst und bist noch immer mein Held. Wenn ich einen Blick hinter den Horizont werfen könnte, würde ich vielleicht sehen, wie du deinem Freund Basco auch heute noch eine Maus vor die Nase legst und Chelly mit deinem übermäßigen Selbstbewusstsein zur Weißglut treibst. Vielleicht würde ich aber auch sehen, wie ihr glücklich über eine Blumenwiese dem Sonnenuntergang entgegenlauft. Ich wünschte, ich könnte meine Nase noch ein einziges Mal in euer Fell stecken. Ich liebe euch tausendmal von hier aus bis zur Sonne und zurück. Aus tiefstem Herzen sage ich Danke, dass ihr mich ein Stück weit begleitet habt … meine geliebten Seelenfreunde.

Quellennachweis

Arvay, Clemens G.: Der Biophilia-Effekt – Heilung aus dem Wald. Ullstein Verlag 2016

Becvar, Dr. Wolfgang: Naturheilkunde für Katzen – Grundlagen, Methoden, Krankheitsbilder. Kosmos Verlag 2003

Brensing, Karsten: Das Mysterium der Tiere – Was sie denken, was sie fühlen. Aufbau Verlag 2017

Gesellschaft für Vitalpilzkunde e. V., Haydnstr. 24, 86368 Gerstenhof

Gienger, Michael: Die Steinheilkunde – Ein Handbuch. Neue Erde Verlag 1995

Grimm, Hans-Ulrich: Alles bio oder was? – Der schöne Traum vom natürlichen Essen. Hirzel Verlag 2002

Grimm, Hans-Ulrich: Katzen würde Mäuse kaufen – Schwarzbuch Tierfutter. Heyne Verlag 2009

Hay, Louise L.: Heile deinen Körper – Liebe deinen Körper. Lüchow Verlag 2004

Kempinger, Andrea und Heinz: Energetische Farblichtanwendungen. Skript

Kinkade, Amelia: Tierisch einfach – Warum und wie Sie Tiere verstehen und mit ihnen sprechen können. Reichel Verlag 2006

Knischewski, Miriam: www.katzen-fieber.de

Lindner, Jasmin und Knischewski, Miriam: Simsalabim, 3 x schwarzer Kater – Clickern ganz ohne Zauberei. Books on Demand 2017

MuTIG GbR: www.dubarfst.eu

PETA (People for the ethical treatment of animals) Deutschland e. V., Stuttgart: Kindern Mitgefühl vermitteln. Flyer

Prester, Mechthild, 1. Vorsitzende des THP (Ältester Verband der Tierheilpraktiker Deutschlands seit 1931 e. V.), Hölkenbusch 11, Münster: Schulungsunterlagen

Quast, Carolin: Homöopathische Konstitutionsmittel für Katzen – mit 22 Cartoons. Sonntag Verlag 2007

Reinhart, Erich und Greef-Karstens, Christiane: Therapeutischer Index der Biologischen Tiermedizin. Aurelia Verlag 2008

Roy, Ravi und Lage-Roy, Carola: Homöopathischer Ratgeber Mensch und Tier. Lage und Roy Verlag 1994

Sonnenschmidt, Dr. Rosina: Farb- und Musiktherapie für Tiere – Leitfaden für die tägliche Praxis. Sonntag Verlag 2000

Spezzano, Chuck und Patrick, Janie E.: Heilung des Körpers durch den Geist – Krankheit als körperlicher Ausdruck psychischer Störungen. Via Nova Verlag 2002

www.artgerecht-tier.de: Schairon GmbH, vertreten durch Klaus-Rainer und Ralf Töllner und Manfred Heinrich Heßel

Ziegler, Dr. Jutta: Tierärzte können die Gesundheit ihres Tieres gefährden – Neue Wege in der Therapie. mvg Verlag 2013

Bildnachweis

www.shutterstock.com:
S. 7: # 770472871 (© Gideon Ikigai); S. 9: # 450669361 (© J. Romanova); S. 10: # 498458641 (© ittipon); S. 14: # 70327072 (© gillmar); S. 19: # 633597044 (© Alexander Kirch); S. 21: # 229163272 (© Jan Faukner); S. 22: # 770472463 (© Gideon Ikigai); S. 25: # 641264110 (© Bachkova Natalia); S. 28: # 275592011 (© MelashaCat); S. 30: # 162633491 (© vvvita); S. 32: # 571645789 (© shuttergeek); S. 35: # 625604651 (© thanongsak kongtong); S. 37: # 708111754 (© Fahkamram); S. 40: # 51592525 (© Mirek Srb); S. 42: # 521299648 (© Sergey Zaykov); S. 43: # 1024573276 (© Varavin88); S. 46: # 1019296285 (© Rutina); S. 51: # 58331482 (© Karuka); S. 53: # 526853899 (© Chendongshan); S. 59: # 477999967 (© WaitForLight); S. 61: # 183071315 (© Master-L); S. 65: # 157021817 (© Zuzule); S. 66: # 62827552 (© Eric Isselee); S. 70: # 504938320 (© irinaorel); S. 75: # 389883226 (© Reluk); S. 77: # 630882269 (© Visit Roemvanitch); S. 80: # 697632172 (© rachanon cumnonchai); S. 83: # 667886572 (© Aleksei Verhovski); S. 85: # 69649771 (© Stefan Simmerl); S. 86: # 126384320 (© Marie C Fields); S. 90: # 687466093 (© Anna Hoychuk); S. 93: # 664262239 (© Shelly Still); S. 97: # 515625682 (© Doug McLean); S. 99: # 1019056135 (© Kotkoa); S. 100: # 485205184 (© SK Herb); S. 105: # 405639223 (© SamJonah); S. 106: # 764420698 (© savitskaya iryna); S. 109: # 198546524 (© Armin Staudt); S. 111: # 443045425 (© Chamille White); S. 118: # 259729697 (© Esin Deniz); S. 122: # 130181813 (© marinaks); S. 125: # 312859358 (© Marina Lohrbach); S. 129: # 149488010 (© gornostay); S. 132: # 557795188 (© fizkes); S. 135: # 140076430 (© BrAt82); S. 139 (Nephrit): # 729156565 (© Zelenskaya); S. 141: # 726393712 (© ko-twin); S. 142: # 764026390 (© AntonMaltsev); S. 145: # 221442418 (© Nikki Zalewski); S. 146: # 1017720130 (© Bachkova Natalia); S. 149: # 565582708 (© Morgentau); S. 151: # 251695207 (© Alena Ozerova); S. 153: # 639770692 (© Bachkova Natalia); S. 156: # 424867081 (© andrewpotter4); S. 158: # 561433420 (© Africa Studio); S. 161: # 112778770 (© karamysh); S. 164: # 613531853 (© Veera); S. 166: # 294467780 (© Grigorita Ko); S. 169: # 82322182 (© Smit); S. 173: # 392439412 (© alexilena); S. 178: # 239053093 (© The Len); S. 180: # 166275389 (© Telekhovskyi); S. 182: # 330682019 (© Rrraum); S. 183: # 229980238 (© Kuttelvaserova Stuchelova); S. 184: # 555160072 (© Ivanova Krasa); S. 187: # 644437342 (© Astrid Gast); S. 188: # 686739115 (© Africa Studio); S. 190: # 37989514 (© digitalienspb); S. 192: # 571926487 (© SIBAShouse); S. 195: # 244068178 (© Ivanova N); S. 199: # 247710817 (© Africa Studio); S. 201: # 1009391929 (© Sureeporn Teerasatean); S. 203: # 102272188 (© Eskemar); S. 207: # 57890992 (© Eric Fahrner); S. 209: # 555341800 Lunatta); S. 211: # 147028439 (© chochowy); S. 212: # 488483482 (© Leo Kostik); S. 215: # 155551841 (© correct pictures); S. 216: # 118666261 (© Denis Rozan); S. 220: # 172039964 (© Lubava); S. 223: # 693523090 (© Africa Studio); S. 225: # 699420520 (© kthaikla); S. 226: # 169542317 (© Katerina Maksymenko); S. 229: # 83470021 (© Dmitry Bruskov); S. 230: # 527806570 (© noreefly); S. 233: # 564559450 (© VLADIMIR LVP); S. 236: # 342840317 (© Natalia Andrushkiv); S. 238: # 199881416 (© cpaulfell); S. 240: # 141802603 (© Runa Kazakova); S. 244: # 599212739 (© Nukul suksumang); S. 247: # 220844614 (© absolutimages); S. 251: # 142870015 (© Shvaygert Ekaterina); S. 253: # 507456550 (© PHOTOCREO Michal Bednarek); S. 255: # 177520094 (© Olesya Kuznetsova); S. 256: # 624289415 (© Maxplay photographer); S. 259: # 661029007 (© Daykiney); S. 261: # 519392227 (© Smolina Marianna); S. 263: # 726710044 (© Gladskikh Tatiana); S. 265: # 689876356 (© PhotoSunny); S. 266: # 186576278 (© Knumina Studios); S. 269: # 381147907 (© Dark Moon Pictures); S. 277: # 526891984 (© FCSCAFEINE); S. 282: # 564833170 (© Plus69)

Bilder auf S. 102–104: mit freundlicher Genehmigung der Gesellschaft für Vitalpilze e. V., www.vitalpilze.de

Alle weiteren Fotos sind von der Autorin.

Hundefachbuch, Lebensratgeber und Herzöffner in einem

Schirner Verlag

Susanne Orrù-Benterbusch
Dein Seelenhund zeigt dir den Weg
Ein Praxisleitfaden für eine gesunde und glückliche Mensch-Hund-Beziehung

264 Seiten
ISBN 978-3-8434-1295–7

Dieses Buch ist eine Liebeserklärung an alle Hundeseelen dieser Welt. Es lässt Sie erkennen, dass Ihr Hund nicht nur ein treuer Weggefährte, sondern zugleich eine große Hilfe für Ihr geistiges und spirituelles Wachstum ist – Ihr Seelenhund.
Die erfahrene Tierheilpraktikerin Susanne Orrù-Benterbusch lädt Sie ein, die Beziehung zu Ihrem vierbeinigen Begleiter neu zu entdecken. Zudem erfahren Sie alles Wichtige rund um das Thema »Hundegesundheit« – von der optimalen Ernährung über den Umgang mit Parasiten und Umweltgiften bis hin zu Energiearbeit. Lassen Sie sich auf das Abenteuer Hund ein, und genießen Sie die schönste Zeit Ihres Lebens!

Danke für deine REZENSION

– Gemeinsam sind wir mehr –

Liebe Leserin, lieber Leser,

von Herzen danken wir dir, dass du dieses Buch in den Händen hältst und es bis zum Ende gelesen hast. Das bedeutet uns, dem Schirner Verlag und seinen Autoren, sehr viel. Aus voller Überzeugung und mit Hingabe widmen wir uns seit vielen Jahren Themen, die unser aller Lebensqualität und Bewusstwerdung dienlich sind, und hoffen, einen Beitrag für eine lichtvollere Welt leisten zu können. Wenn dir unsere Arbeit gefällt, möchten wir dich bitten, dir einige Minuten Zeit zu nehmen, um dieses Buch zu rezensieren. Warum? Die meisten Menschen lesen Rezensionen, bevor sie ein Buch kaufen, da sie hierdurch einen Eindruck bekommen, ob und wie der Inhalt des Buches den Leser erreicht hat. Eine kurze Rezension ist dabei ebenso hilfreich wie eine lange, sehr ausführliche. Um es auf den Punkt zu bringen:

Eine Rezension ist heutzutage die beste Werbung für ein Autorenwerk!

Wenn du den Schirner Verlag und seine Autoren neben dem Buchkauf auch anderweitig unterstützen willst, dann bitten wir dich: Schreibe für jedes Werk eine Rezension – am besten auf der Seite, wo du es gekauft hast, und zusätzlich beim Schirner Verlag und bei Amazon. Das wäre nicht nur eine Wertschätzung für die Autoren, sondern kann dazu beitragen, dass die Verkaufszahlen steigen und der Schirner Verlag auch in herausfordernden Zeiten Bestand hat.

WIE SCHREIBT MAN EINE REZENSION?

Grundsätzlich sollte eine Rezension aus der eigenen, subjektiven Sicht geschrieben werden, da es sich um eine persönliche Meinung handelt. Du kannst in zwei Sätzen deine Gefühle zu dem Buch äußern oder eine längere Rezension verfassen. Falls du nicht weißt, wie du beginnen sollst, hier ein paar Anregungen:

- War das Buch leicht verständlich geschrieben? Wie hat dir die Sprache gefallen? Wie war die Aufteilung zu den verschiedenen Themen?
- War es unterhaltsam? War es deiner Meinung nach mit Herzblut und Liebe geschrieben? Wie hat es auf dich gewirkt?
- Hat es dein Herz berührt? Konntest du dich wiederfinden?
- War es tief greifend genug? Hast du viel Neues gelernt?
- Hat es gehalten, was der Titel und die Buchbeschreibung versprochen haben? Hat es deine Erwartungen erfüllt?
- Was macht das Buch besonders? Warum sticht es heraus im Vergleich zu anderen Büchern, die ein ähnliches Thema behandeln?
- Würdest du das Buch weiterempfehlen oder verschenken?

Dankeschön

lesen, fliegen, landen
Schirner Verlag